网络智能化中的深度强化学习技术

戚 琦 付霄元 庄子睿 王敬宇 廖建新◎著

Deep Reinforcement Learning for Network Intelligence

人民邮电出版社

北 京

图书在版编目（CIP）数据

网络智能化中的深度强化学习技术 / 戚琦等著. ——
北京：人民邮电出版社，2023.4
ISBN 978-7-115-57263-9

Ⅰ. ①网… Ⅱ. ①戚… Ⅲ. ①机器学习—算法—研究
Ⅳ. ①TP181

中国版本图书馆CIP数据核字(2021)第176677号

内 容 提 要

　　随着人工智能技术的广泛应用，网络智能化近年来受到广泛的关注，已经成为下一代移动通信与未来网络的重要技术。阿尔法围棋（AlphaGo）之后，深度强化学习不断推陈出新，为网络中的决策问题提供了有效的潜在解决方案。本书系统介绍了网络智能化中深度强化学习的基本理论、算法及应用场景。全书共 8 章，针对互联网、移动通信网、边缘网络、数据中心等典型网络，阐述了网络管理、网络控制、任务调度等决策需求，深入论述了深度强化学习的模型构建与应用技术。第 1 章介绍了网络智能的需求与挑战；第 2 章介绍了先进的深度强化学习模型与方法；第 3～6 章论述了无线接入优化、网络管理、网络控制与任务调度等普遍网络管控任务中，深度强化学习技术的应用方法；第 7 章和第 8 章论述了深度强化学习在流媒体控制以及自组织网络等典型场景中的最新研究进展。

　　本书可为高等院校计算机和通信相关专业的本科生、研究生提供参考，也可供对网络智能化与深度强化学习领域感兴趣的研究人员和工程技术人员参考。

◆ 著　　　　戚　琦　付霄元　庄子睿　王敬宇　廖建新
　　责任编辑　代晓丽
　　责任印制　马振武

◆ 人民邮电出版社出版发行　　北京市丰台区成寿寺路 11 号
　　邮编　100164　　电子邮件　315@ptpress.com.cn
　　网址　https://www.ptpress.com.cn
　　固安县铭成印刷有限公司印刷

◆ 开本：700×1000　1/16
　　印张：16　　　　　　　　　　2023 年 4 月第 1 版
　　字数：305 千字　　　　　　　2023 年 4 月河北第 1 次印刷

定价：149.80 元

读者服务热线：(010)81055493　印装质量热线：(010)81055316
反盗版热线：(010)81055315
广告经营许可证：京东市监广登字 20170147 号

序　言

　　移动通信与网络技术作为行业数字化转型的重要基础，已成为推动社会进步的巨大动力。随着全球各类新应用的爆发式增长，系统性能与资源效率在技术竞争中将起决定性作用。因此，代替人工的自动化、智能化成为网络控制与管理追求的目标。

　　近年来，人工智能在许多领域取得了前所未有的成果，也在移动通信与网络领域引发了网络智能的新方向。从智能水平上来看，5G 主要在网络优化、智能运维、数据分析等局部领域使用了人工智能。6G 网络将智能化全面赋予整个网络，使人与网络节点可以通过语义交互进行更深的信息交互，将知识加载众多网元节点，使其像人类一样具备自主学习、自主感知、自主决策的能力，人与网络节点融为一体，共同演进。

　　当今，网络智能化竞争的关键取决于基础理论研究水平。本书是一本全面详细阐述深度强化学习在网络领域应用方法的学术著作，面向互联网、移动通信网、边缘网络等典型网络，深入分析了各类场景的建模以及深度强化学习的应用方法。作者戚琦博士及合作者来自北京邮电大学网络与交换技术国家重点实验室，在网络智能与深度强化学习方向具有丰富的经验，已经取得了一些有影响力的研究成果。本书以通俗易懂的语言，结合常见的网络管控实际场景，介绍了如何解决管控实际问题，对于期望快速学习网络智能化中的深度强化学习技术的科研与工程人员，是值得阅读的高新技术著作。本书学术思想新颖，具有较强的前瞻性，内容具体而实用，对移动通信与网络技术发展具有很大推动作用。

中国工程院院士

前　言

深度学习和强化学习相结合的思路在十几年前已有学者进行了尝试，但其真正成功的开端是 2013 年 David Silver 教授在神经信息处理系统大会（Conference and Workshop on Neural Information Processing Systems，NeurIPS）的深度学习研讨会（Deep Learning Workshop）中提出的深度强化学习的思想。通过在强化学习的智能体结构中增加深度神经网络，人们有效解决了 Atari 游戏中高维状态空间与动作空间拟合的问题。2016 年 3 月，一个叫阿尔法围棋（AlphaGo）的机器人横空出世，以 4：1 击败围棋世界冠军、职业九段棋手李世石，成为近年来人工智能领域的里程碑事件。AlphaGo 火爆全球，在外行看来，AlphaGo 只是能够击败人类围棋选手的人工智能机器人。实际上，AlphaGo 是一个用深度强化学习训练好的程序，能够在巨大的围棋求解空间中进行探索，找到一条最优路径。此后，深度强化学习在人工智能领域备受关注，机器视觉与自然语言处理方向涌现出诸多采用深度强化学习解决问题的新思路。

在计算机与通信网络领域，研究者通常将各类网络场景与管控决策建模为带约束的优化问题，且这些优化问题的求解多为 NP 难（NP-hard）问题，多采用启发式算法。然而，随着新业务的涌现，网络场景千变万化，网络设计者和管理者很难继续通过单纯的数学建模、问题求解和功能搜索等方式应对网络飞速发展的需求。事实上，网络智能化一直是网络管理与控制追求的目标。将人工智能与网络技术进行一定程度上的融合，成为技术发展的必然趋势。

网络管理与控制的诸多任务均可抽象为序列决策问题。深度强化学习技术为新一代网络中的自主决策问题提供了有效的潜在解决方案，已成为目前网络智能化的重要实现途径。以马尔可夫决策过程为基础理论，以深度神经网络为环境拟合方法，通过适当的奖励函数设计提供优化目标，强化学习智能体通过学习状态与动作之间的映射关系（策略）来使奖励最大化。深度强化学习在网络智能化领域的应用，具有系统性、通用性，对于未来网络机制优化、网络架构演进具有重要意义。目前，通过对网络环境的有效拟合与感知以及经验积累与长期收益优势，深度强化学习在解决诸如拥塞控制、路径选择、资源调度，以及移动边缘计算和缓存等某些特定领域中的决策问题可获得较好策略，从而引起了人们极大的关注。

我们始终致力于网络智能化的探索，从 2G 时代的智能网到 6G 时代的内生智能，近五年来一直从事基于深度强化学习的网络智能化研究。我们自 2012 年起已开始研究基于马尔可夫决策过程的异构网络切换控制问题，然而，由于状态转移概率难以建模，并且传统强化学习算法效果不佳，这一思路只能暂时搁置。2016 年，我们关注到 AlphaGo 采用的深度强化学习方法，这为控制决策问题开启了新思路。在这一探索和实践过程中，我们研究了大量相关的前沿资源，发现深度强化学习最大的难点在于如何将网络管控任务建模为序列决策问题，如何设计状态空间、动作空间以及合理的奖励函数。

本书面向互联网、移动通信网、边缘网络、数据中心、自组织网络等，以深度强化学习方法为基础，综述了学术界网络智能化的前沿成果，深入分析了各类场景的建模方法，以及强化学习模型的构建与应用。我们希望通过诸多案例和方法的探讨和论述，将深度强化学习的探索经验分享给更多希望从事网络智能化领域的研究者，便于有兴趣的读者进一步钻研探索。

全书共 8 章，大体可分为 2 个部分。第一部分，背景与基础，包括第 1～2 章。第 1 章从网络智能化的需求与挑战出发，向读者呈现网络智能化领域数十年的研究历程以及在人工智能时代涌现的需求和挑战；第 2 章详细阐述了深度强化学习的基础理论与前沿方法，尤其是在网络管理与控制领域具有应用前景的诸多新方法。第二部分包括第 3～8 章，详细阐述网络智能化领域的深度强化学习技术，基本覆盖了当前网络中广泛使用深度强化学习的各个方向。

尽管在本书写作过程中我们采用了大量最新的学术论文作为素材，但是学术探索日新月异，可以预见，在本书出版之后，深度强化学习技术在网络智能化领域的应用会出现更多有价值的研究成果。本书的第 2 章对当前深度强化学习的理论进行了深入阐述，目前有些理论尚未应用在网络管理与控制的场景中，但是符合网络特点的模型与算法，尤其是网络动态性、扩展性、实时性等方面的研究，未来一定会有所突破。本书凝聚了团队很多老师和同学的智慧，但内容难免有疏漏、错误之处，还望读者不吝告知（邮箱：qiqi8266@bupt.edu.cn），日后加以勘误，不胜感激。

特别感谢为本书提供素材的北京邮电大学网络智能研究中心的陈德智博士、董天健博士、何波博士、冯童童博士，以及邓浩东、李松洋、韩荣鑫、吴志康、桂志祎、朱少雄、宁婉怡、盛道旭、吴季桦等同学。

目　录

第 1 章
网络智能概述

随着社会、经济和科学技术的飞速发展，移动通信网络、云计算、边缘计算、物联网、车联网、工业互联网等技术不断突破，网络规模与复杂度持续增长，各类智能终端遍布网络。新型业务更为个性化、多样化，并对网络能够迅速灵活地提供服务提出了更高要求。例如，视频直播、自动驾驶、虚拟现实、远程操控等新业务场景，对网络带宽、时延、覆盖、容量等性能提出了差异化需求，使网络规模和复杂度进一步增加。同时，新业务涌现使数据呈现爆发式增长，对网络传输质量、资源分配效率提出了巨大挑战。传统网络管理与控制单纯依靠人类制定策略或设计算法，无法根据网络状态的动态变化提供最优资源调度方案，将难以适应未来网络的发展趋势。

如何设计高效的机制与算法，减少人力成本，实现一定程度的自动化、智能化管理与控制，使网络自身具备应对场景变化的能力，是网络发展面临的重要挑战。充分利用遍布于网络中的海量数据，挖掘其价值，并将传统的人工经验转化为可学习可生成的策略，提高网络性能，实现网络智能化，是网络技术应对这一挑战，实现持续发展目标的有效途径。

近年来，人工智能在深度学习（Deep Learning，DL）和强化学习（Reinforcement Learning，RL）领域取得了重大突破，能够充分利用海量数据进行有效分析，支撑各类决策、优化、预测等问题。新型图形处理器（Graphics Processing Unit，GPU）、中央处理器（Central Processing Unit，CPU）等芯片技术以及各类并行计算平台，为人工智能算法的训练与推理提供了算力支持。由此，利用人工智能理论与技术，基于海量、多维度数据解决网络中的各类复杂问题，通过各类网络技术与人工智能多层次多维度的融合发展，持续优化网络，为未来网络研究开启了新的方向。

1.1 概述

1.1.1 网络架构的持续演进

伴随业务多元化发展，为了适应规模日益增加且业务应用动态变化的网络环境，通信网络与计算机网络领域不断提出网络功能软件化、虚拟化、服务化的设计思想。

以电信网络为主体的通信网络，架构从最初的人工交换，迈出了智能化的第一步，变革为程控交换。程控交换机是采用计算机进行"存储程序控制"的交换机，将各种控制过程编写为计算机程序，存入存储器，利用对外部状态的扫描数据和存储程序来控制，管理整个交换系统的工作。与人工交换相比，程控交换机可更好地适应需求变化，增加新业务往往只需要改变软件（程序和数据）即可满足不同外部条件（如市话局、长话局等的不同需求）的需要。同时，为了便于管理和维护，可通过故障诊断程序进行故障检测和定位，迅速及时地处理紧急故障。

随着业务不断创新，每增加一种新业务，网络中的程控交换机需要增加一部分软件或者硬件。由于程控交换机数量非常庞大，类型多种多样，新业务上线工作量巨大。为此，智能网技术应运而生，其思想是将网络的交换功能与控制功能分离，在原有通信网络的基础上增加网络结构，为用户提供新业务。智能网技术可向用户提供业务特性强、功能全面、灵活多变的移动新业务，具有很大市场需求，已逐步成为现代通信提供新业务的首选解决方案。

传统的"呼叫控制"功能是和业务结合在一起的，不同的业务所需要的呼叫控制功能不同。为了将呼叫控制与业务分离，提出了在电信网络中加入软交换实体，实现传统程控交换机的"呼叫控制"。软交换是与业务无关的，提供的呼叫控制功能是各种业务的基本呼叫控制。

互联网体系架构也在不断演进，Mckeown 等[1]提出了一种新型网络创新架构，即软件定义网络（Software Defined Network，SDN）。SDN 的核心思想是通过将网络设备的控制面与数据面分离，实现网络流量的灵活控制。这种由软件定义的灵活控制方式，使网络作为管道变得更加智能，为网络及应用的创新提供了良好的平台，同时也成为网络虚拟化的一种实现方式。软件定义网络思想将网络智能控制剥离出来，由逻辑上集中的控制器负责所有的决策控制，并具备实时收集海量网络数据的能力，赋予了未来网络更灵活可控的能力。

云计算兴起之后，整个通信网络不断引入虚拟化思想，使软硬件逐渐分离，网络功能从传统硬件专用设备中解耦，将核心网各种网元功能部署在通用服务器之上，而不需专用硬件。由此，提出网络功能虚拟化（Network Function Virtualization，NFV）理念，硬件承担计算和转发任务，软件实现不同的网络功能（Network Function，NF），并可以灵活组装为满足不同需求的服务功能链。具体实现方面，随着软件架构思想的发展，NF 以微服务形式部署，有机连接成服务网络，构建起更为灵活开放的网络架构。

同时，由于各类应用不断涌现且快速增长，大量数据从边缘网络通过回传链路和核心网发送至云数据中心，造成网络负担过重。为了满足业务实时性需求，降低网络流量，在边缘网络设备中增加计算、存储等功能，将无线接入、数据缓存和云计算等不同层面的技术有机融合，提出本地化执行业务的边缘计算。

网络具有分层性质，各层角色不同，从最初的程控交换机到如今微服务架构的核心网，网络架构的发展，与系统架构、软件设计方面互相促进，在不断进行解耦、虚拟化、分布化、开放、互联的过程中，自动化、智能化的网络管理与控制成为迫切需求。

1.1.2 网络管理与控制的挑战

网络与通信技术至今已经发展了数十年，涌现了 SDN、5G、云计算，以及新型的开发模式。这些新的网络技术的引入使得网络变得更加灵活和强大，但同时也变得非常复杂。

随着智能终端和基础设施的快速发展，以及各类应用（如虚拟现实和增强现实、远程手术和全息投影）的多样化需求，现有网络（如 4G 和 5G 网络）可能无法完全满足快速增长的流量需求。此处，运营商现在面临着一个前所未有的复杂网络，同时运营着 3G、4G、5G 和固网，如果再引入这些新的网络技术，将更加难以依赖人工处理诸多部署运维工作。

未来网络的架构将会动态变化。在传统的网络中，根据具体业务设计并部署一个独立的系统，网络架构固定，网元也非常明确，整个大网的设计和部署周期 5～10 年才会发生一次变化。但是未来业务和网络功能将呈现原子化，并按需地编排组合所需要的原子业务功能和原子网络功能，包括引入网络切片的概念。在 NFV 技术兴起后，网络层次则更多。在传统的网络里通常一个网络设备由一个厂商来提供，当设备承载的业务出现问题时，则由相应厂商解决问题。引入 NFV 技术的最大优势在于软硬件解耦，引入管理与编排（Management and Orchestration，MANO）系统，实现动态的管理和编排，避免了厂商锁定。

为了获得更好的性能，人们基于最优化理论研究了更有效的算法，以获得最优或次优解。传统优化算法具有启发性，所得到的系统性能远未达到最优，难于满足网络的性能要求。许多研究假设网络环境是静态的。但未来网络复杂度增加，从而引入更复杂的数学公式和算法，而这些算法由于决策时间较长，不适用于实际的动态网络。此外，考虑到 5G 网络中节点数量庞大，传统的集中式网络管理算法由于计算量大、收集全局信息的成本高而不可行。

（1）需求

业务需求更加差异化和个性化，要求网络能更高效、灵活地适配客户和行业的需求，做到随需匹配。

（2）效率

网络多制式叠加，云化网络分层解耦，使得网络的运维更加复杂，传统以人为主的运维模式已经无法满足成本和效率的要求，需要引入新的技术和手段来降低运维投入，提高运维效率。

（3）资源调度

底层云网基础设施需要为上层业务提供更加灵活、敏捷的资源调度能力，同时还需要提高资源利用率，且能够实时调整。运营商的网络传统上是由人工统计各层网络下一年的业务需求，通过部署大量的冗余设备容量来保证峰值的业务需求。引入 NFV 之后可以动态地进行资源的分配，但目前 NFV 在规范中给网络功能分配多少资源都是通过 NFV 的模板来定义的，模板定义了不同级别的规格并提前写入，一旦业务量达到静态设置的阈值则进行扩容。但模板方式相对较为死板，运营商更需要预测业务量的变化趋势，进行动态地资源分配和调整，并下发给网络设备执行。

（4）运维

传统网络的管控为开环结构，规划、部署、配置、维护、优化等流程分散且烦琐复杂，严重依赖运维人员的人工经验，对运维人员技术要求高，在当今 5G 时代，很多场景下已无法满足业务应用多样性的需求。未来网络架构实时动态变化，在更加复杂的网络环境下，发生的故障点也会变多，需要准确定位哪一层哪一个设备出现问题，甚至哪个厂商设备的问题。由此，网络的管理和运维需要引入更多的自动化和人工智能化的手段进行异常发现与故障定位，甚至主动故障预测、识别与修复。

1.1.3　网络智能的兴起

随着深度学习、大数据、云计算和 GPU 等信息技术的发展，人工智能所需的算法、算料和算力取得了重要突破。以深度神经网络为代表的人工智能技术飞速发展，大幅跨越了科学与应用之间的技术鸿沟，在大数据环境下对多方位的数据进行有效的智能分析，支撑各类决策、优化、预测等问题，在计算机视觉、自然语言处理、人机对弈等领域取得了显著进步，甚至超过人类的表现。

网络技术演进至今，单纯的数据运算、问题求解和功能搜索等已经很难适应其飞速发展的需求，随着人工智能的突破与应用，移动通信以及未来网络技术将进一步与人工智能融合，使网络设计速度更快，更具成本效益。目前，业界普遍看好人工智能在网络管理与控制领域的应用前景。

自 2016 年人工智能技术兴起后，从学术界到产业界不断推进网络与人工智能技术的融合。谷歌于 2016 年提出基于机器学习的零触觉网络（Zero Touch Network）概念，通过机器学习让网络自适应运营业务的变化，从而自动扩容、自动编排新业务。同年，学术界也开始网络智能化的研究，Mestres 等[2]提出知识定义网络等概念。Gartner 在 2017 年发布基于算法的 IT 运维（Algorithmic IT Operations，AIOps，也称为智能运维）报告，把网络智能运维的关注点集中于智能检测、预测、根因分析 3 个维度[3]。人工智能帮助管理、维护和保护网络。同年，思科系统公司（以下简称思科）提出意图网络，通过语义理解技术将用户的意图转换为网络资源的自动部署和自动保障需求。2018 年华为技术有限公司（以下简称华为）提出自动驾驶网络，中兴通讯股份有限公司（以下简称中兴）提出自主进化网络。总结来看，网络智能化将具有以下优势。

（1）强大的学习能力

人工智能超强的学习能力，可以使机器系统能够利用已有的训练数据通过数据挖掘来处理海量数据，并通过对低层次信息的学习、分析和推理等环节，提升相关概念的层次和等级获取更有价值的信息；也可以减少简单重复性网络操作，实现基于历史数据的前瞻性预防预测、高复杂性多维分析和寻求资源与业务需求的最优解，进一步实现网络与服务的智能化管理。

（2）强大的理解和推理能力

在瞬息变化的网络环境中，存在着很多模糊不确定的信息，资源的状态信息在发送到网络管理系统时可能已经发生了变化。利用人工智能及其特有的推理、协作能力和模糊逻辑处理方式，可以最大限度地优化计算机网络的环境，进一步提升网络管理和信息处理的能力。

（3）协同合作能力

由于网络的范围和规模都在不断增长，网络结构复杂性也在快速增长，这给网络技术管理提出了更高的要求。利用人工智能的非线性协作能力可以有效地协调网络中的不同层级的关系，实现网络各层之间的协同管理。

（4）降低成本

在对计算机网络信息进行解析时，一般都是通过搜索不同的算法得以实现，传统的方式需要进行大量的计算，对网络管理的整体速度造成了一定的影响。人工智能技术所采用的控制算法可以快速、高效且一次性完成最优的计算任务，不但节省了计算资源，还可以实现对计算机网络管理的高效处理。

人工智能（Artificial Intelligence，AI）具有强大的学习能力、推理能力和智能识别能力，这使得网络能够在不需要人为干预的情况下学习和适应支持不同的业务。运用人工智能平台对大数据进行分析处理的下一代承载网络智能化解决方案可为用户提供更灵活、更高效、更开放、更高质量的网络运营管理服务。近年来，人工智能作为一种新的设计和优化高智能 6G 网络的范式得到了广泛的应用。为了解决网络管理和控制的实际问题，需要在网络的规划、建设、维护、优化以及运营等各阶段全面引入人工智能，并基于网络控制、管理、运维三大能力，保障网络的连接和性能，实现网络自治闭环，助力运营商构筑更加灵活、高效的信息基础设施。

Kato 等[4]利用深度学习来优化空间与空地综合网络的性能，并展示了如何利用深度学习来选择最适合卫星网络的路径。事实上，任何传统上可以用策略规划和优化问题公式来解决的任务，从理论上都可以用强化学习解决。目前深度强化学习已广泛应用于各层面的决策控制问题，通过尝试与反馈指导，可学习如何解决复杂的网络管理和控制问题，例如流量调度和资源分配等。以移动边缘计算和无人机通信作为案例。

① 移动边缘计算（Mobile Edge Computing，MEC）将是新兴 6G 网络的一项重要的支持技术，MEC 可以在无线接入网（Radio Access Network，RAN）或 SDN 内部提供计算、管理和分析设施，并与各种设备紧密相连。在 MEC 网络中，由于资源多维性、访问随机性和连接动态性等特点，使得决策优化、知识发现和模式学习变得复杂。因此，传统的算法（如拉格朗日对偶）在这种复杂网络中可能面临局限性。人工智能技术可以从收集到的数据中提取有价值的信息，学习和支持 MEC 中不同的优化、预测和决策功能。基于强化学习的边缘计算资源管理是一种无模型的方案，它不需要历史数据，而且可以用于学习环境动态特征并实时做出适当的控制决策。强化学习框架中，在每个步骤中，通过与环境交互获得状态（例如，设备移动性、需求动态和资源条件）后，可能的资源管理解决方案（例如，能量管理、资源分配和任务调度）包含在候选操作集合中。每个强化学习智能体（例如，设备或服务中心）选择最佳操作或随机选择一个操作以使其回报最大化，其中奖励可由数据速率、时延、可靠性等网络指标决定。

② 无人机通信将集成到 6G 网络中，无人机的高速移动性可能导致频繁的切换。此外，高数据速率、高可靠性和低时延等多种业务需求增加了处理高效切换的难度。同时，设备和无人机的高机动性导致其位置的不确定性。人工智能技术之一，即深度强化学习（Deep Reinforcement Learning，DRL）结合深度学习和强化学习从经验中学习，能够解决复杂的决策任务，通过无人机随时间变化的移动行为，学习实时优化的切换策略，同时最小化传输时延并保证可靠的无线连接。在基于 DRL 的切换控制场景中，每个无人机都可以被视为学习智能体，通过与环境交互来学习控制策略。每个智能体感知环境状态（例如，链路质量、当前位置和速度）并发现

最合适的操作（例如，移动性和切换参数）以获得最大的回报，其中，奖励可由通信连接、时延、容量等决定。无人机可以学习如何自动、稳健地移动和切换，如何降低切换时延和切换失败概率，最终为地面设备提供更好的服务。

1.2　网络智能的基础

1.2.1　大数据

大数据时代给人们带来的最大改变是人们不再热衷于寻找因果关系，很多的决策开始基于分析和数据做出，而并非基于经验和直觉。大数据技术的诞生和发展为大数据的应用提供了更多可能。大数据最广泛的应用是预测，通过大数据进行预测分析可以帮助更好地预测未来可能发生的情况，比如根据用户的历史行为以做出更好的切换控制决策。此外，基于大数据训练的聊天机器人也被用于处理客户查询等应用场景，以提供更加个性化的交互模式，同时减少对人工的需求。随着物联网（Internet of Things，IoT）技术的发展，智能手环、音箱、眼镜等用户设备能够收集、分析和处理数据，使大数据的来源更为丰富。同时，边缘计算为减少数据从终端发送到云端的时延等问题提供了良好的解决方案。网络、用户、应用等不同领域的大数据为网络智能提供了重要的数据基础。

1.2.2　算力支持

算力的提升对数据的产生和处理，以及对算法的优化和快速迭代起到了催化剂的作用，推动了人工智能系统的整体发展，是近年来人工智能取得快速发展的核心推动力。在人工智能的 3 个基本要素中，算力的提升直接提高了数据的数量和质量，提高了算法效率和演进速度，成为推动人工智能系统整体发展并快速应用的核心要素和主要驱动力。

算力是基于芯片、加速计算、服务器等软硬件技术和产品的完整系统，也是承载人工智能应用的基础平台。近年来，云计算的发展改变了算力的部署方式和获得方式，降低了算力的成本，有效降低了人工智能的门槛。伴随算力的提升，尤其是 GPU 等技术应用于人工智能之后，使产业界看到了人工智能实际应用的可能，推动算法走出实验室，更多地与产业和行业相结合，衍生出丰富的与行业应用和场景相关的算法分支，从而形成了算力、算法和数据的良性互动，促进了人工智能生态的快速发展和繁荣。

人工智能计算具有并行计算的特征，按照工作负载的特点主要分为训练（Training）和推理（Inference）两个阶段。传统的通用计算无法满足海量数据并行计算的要求，于是以 CPU+GPU 为代表的加速计算应运而生，并得到了快速发展，成为当前主流的人工智能算力平台，尤其是在面对训练类工作负载时具有很高的效率和明显的优势。推理类工作负载具有实时性要求高、场景化特征强、追求低功耗等特征，在不同的应用场景下呈现明显的差异化，除了 GPU 加速计算解决方案以外还出现了众多新的个性化算力解决方案。例如，基于现场可编程门阵列（Field Programmable Gate Array，FPGA）、专用集成电路（Application Specific Integrated Circuit，ASIC）、精简指令集计算机微处理器（Advanced Reduced Instruction Set Computing Machine，ARM）、数字信号处理（Digital Signal Processing，DSP）等架构的定制芯片和解决方案，其计算平台呈现明显的多样化特征。算力的提升是系统工程，不仅涉及芯片、内存、硬盘、网络等所有硬件组件，同时也要根据数据类型和应用的实际情况对计算架构、资源的管理和分配进行优化。目前提升算力的手段主要有两种：一种是与应用无关的，通过对架构和核心组件的创新，提升整体系统的算力水平；另一种是与应用强相关的，通过定制芯片、硬件和系统架构，为某个或某类应用场景和工作负载提供算力。

实现海量并行计算且能够对计算进行加速的 AI 芯片有 GPU、FPGA、ASIC 等。GPU 采用大规模并行计算架构，是专为图像处理设计的单芯片处理器。其存储系统实际上是一个二维的分段存储空间，包括一个区段号（从中读取图像）和二维地址（图像中的 x、y 坐标）。GPU 采用了数量众多的计算单元和超长的流水线，但只有非常简单的控制逻辑，并且省去了缓存。GPU 特殊的硬件架构使其相比 CPU 具有以下优势：拥有高带宽的独立显存；浮点运算性能高；几何处理能力强；适合处理并行计算任务；适合进行重复计算；适应图像或视频处理任务；能够大幅度降低系统成本。但 GPU 用于云端训练也有短板，通过 CPU 调用 GPU 才能工作，而且本身功耗非常高。同时，GPU 在推理方面需要对单项输入进行处理时，并行计算的优势未必能够得到很好的发挥，会出现较多的资源浪费。FPGA 具有算力强劲、功耗优势明显、灵活性好、成本相对低的优势，被广泛用于 AI 云端和终端的推理。国外包括亚马逊、微软都推出了基于 FPGA 的云计算服务；而国内包括腾讯云、阿里云均在 2017 年推出了基于 FPGA 的服务，百度大脑也使用了 FPGA 芯片。ASIC 是一种为特定目的、面向特定用户需求设计的定制芯片，具备性能更强、体积小、功耗低、可靠性更高等优点，在大规模量产的情况下，还具备成本低的特点。与 GPU、FPGA 不同，ASIC 只是一种技术路线或者方案，其呈现出的最终形态与功能也是多种多样的。近年来，越来越多的公司开始采用 ASIC 芯片进行深度学习算法加速，其中表现最为突出的 ASIC 是谷歌的张量处理芯片（Tensor Processing Unit，

TPU）。TPU 是专门针对 TensorFlow 等机器学习平台而打造的，该芯片可以在相同时间内处理更复杂、更强大的机器学习模型。谷歌通过数据中心测试显示，TPU 的处理速度平均比当时的 GPU 或 CPU 的处理速度快 15～30 倍，性能功耗比（TFOPS/Watt）也要高出 30～80 倍。

1.2.3 集中式控制

集中式控制的网络中处理和控制功能都高度集中在一个或少数几个节点上，所有的信息流都必须经过这些节点之一。因此，这些节点是网络处理和控制的中心，其余的大多数节点则只有较少的处理和控制功能。

集中式网络的主要优点是实现简单，故早期的网络都属于这一种，目前仍有采用。例如广域网的非骨干部分，为了降低建网成本，仍采用集中控制方式和较低的通信速率实现。其缺点是实时性差，可靠性低，缺乏较好的可扩充性和灵活性。

对于整个网络环境来说，网络的集中式指的是控制平面的结构。图 1-1 所示为控制平面与数据平面分布式选项的谱系图。

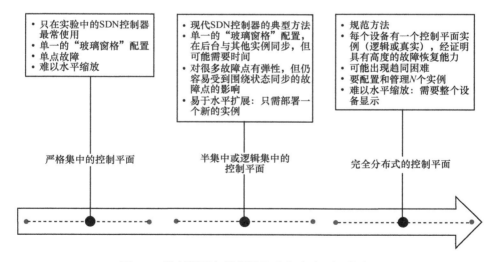

图 1-1 控制平面与数据平面分布式选项的谱系图

完全分布式的控制平面管控代价较大，尤其是全网策略同步与资源配置难度高、风险大。目前网络中常用半集中或逻辑集中的控制平面结构。这种集中式的结构有利于手机全网数据，并将智能模型生成的策略进行统一下发，是网络智能化推进的重要支撑结构。

1.3　网络智能的现状

1.3.1　意图网络

意图网络是近年来的一个新兴网络技术概念，成为继软件定义网络后又一变革性网络技术。传统的软件定义网络允许用户在应用层面对网络进行编程，尽管它提高了运维效率，但用户仍然需要了解网络底层的具体实现细节，限制了非专业用户对网络的管理与控制。同时，在网络技术迅速发展的时代，随着用户、设备和分布式应用程序数量的快速增加，网络环境也变得越来越复杂，通过用户操作来调整静态网络资源不再是一个高效率的运维方法。

与传统的软件定义网络不同，意图网络是为了快速响应不同业务需求，保证业务连续性和稳定性而提出的一个全新网络架构。顾名思义，意图网络是指根据用户的意图，即业务需求，基于以控制器为主导的网络，使用人工智能和机器学习，通过捕获用户意图，将意图转化为一个可以在整个网络上实现自动化应用部署的策略。简单来说，用户只需要描述自己的需求，而不需要知道具体实现方式，意图网络即可自动地满足用户的需求。意图网络通过持续监控网络，提供对网络活动的实时可见性，以此来验证策略是否符合期望意图。同时，它还会预测潜在偏差并采取反馈措施，来确保策略与用户意图的一致性。在架构上，意图网络可以看成一种更高级的软件定义网络，采用"自顶向下"构建网络的系统设计思路，一些软件定义网络控制器，例如开放网络操作系统（Open Network Operating System，ONOS）、OpenDaylight 等，也开放了面向意图的北向接口。然而，从本质来看，软件定义网络使用集中式控制器来驱动整个网络，意图接口可以作为其中的一个应用。意图网络始终由"意图"驱动网络，是一种更加智能、自动化的网络模型。

典型的意图网络架构如图 1-2 所示，包含以下 4 个主要模块。

（1）转译验证模块

意图网络捕获用户意图，并将其转换为一个可在整个网络上实现自动化部署的网络策略。该网络的最终目标是持续监控和调整网络性能，以确保预期业务结果的一致性。

（2）自动化部署模块

意图网络将在转译验证模块阶段生成的策略通过自动化编排，安装部署到物理或虚拟网络基础设施中。

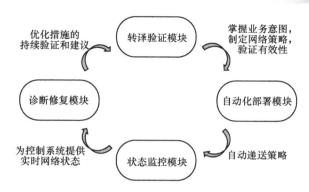

图 1-2　典型的意图网络架构

（3）状态监控模块

由于网络的状态会不断变化，策略实现状态可能与验证的状态不一致，为保证网络可以及时地满足用户需求，系统需要对网络状态进行实时监控。

（4）诊断修复模块

根据状态监控输出的实时网络状态，系统需要检验执行策略与用户初始意图的一致性。意图网络基于机器学习和相关分析来持续监控管理网络，在网络未达到所需意图时，意图网络会根据反馈采取修复措施（如阻塞流量、修改网络容量等）修复策略与初始意图之间的偏差。

相比于常规网络，意图网络有着明显的优势。

（1）时间方面

意图网络大大减少了人工操作，自动地将用户需求转化为可自动化部署的策略。用户不用再手动配置、验证、更改网络，意图网络通过不断监控自身，可以立即发现性能问题，并使用机器学习算法提供最佳的解决方案。同时，在意图网络下，业务目标可以快速实现为最佳网络配置，管理员可以方便地审查配置，节省了大量用于规划、测试和手动配置的时间。

（2）安全性方面

意图网络不断监控自身并修复问题，使网络始终遵守网络管理员设置的任何策略，降低违规导致的风险。同时，持续监控带来的另一个好处就是可以寻找威胁，系统可以立即识别安全漏洞并进行修复。意图网络通过监控自身不断收集数据，为网络管理员提供有关网络性能、安全威胁等多方面有价值的信息，保证更好地满足需求。

意图网络作为一种新兴网络技术，为网络发展提供了极大的潜在价值。网络领域内涌现了一系列新产品和初创企业，以解决构建意图网络所需的开放数据平台、自主网络操作、网络故障诊断等问题。以下列举了近年来意图网络在工业领域的相关应用。

在思科发布的以应用为中心的架构（Application Centric Infrastructure，ACI）中，应用程序被抽象定义为一组策略，减少了网络设置的复杂性。同时，ACI通过连接各个虚拟化基础设施，大大提升了意图网络中自动化部署的效率。在ACI下，用户可以构建一个基于一致性模型的云网络，能够跨地域实时部署和迁移应用程序。针对企业网络，思科还提出了数字化网络架构（Digital Network Architecture，DNA）解决方案，利用"意图"来解决网络运营和管理的问题。在传统网络场景中，运维人员需要耗费大量的时间和精力进行调查，来找到网络问题的来源和解决办法。DNA 的提出为运维人员提供了一个全局的网络视野，意图网络能根据"管理意图"的改变直接进行相应调整。此外，思科 DNA 中心通过遥测技术收集信息，并基于可视化网络来预测趋势，评估影响，提前应对问题，从而实现网络故障的自动修复。

Juniper Contrail 产品链中的安全软件（Security Software）能够保护在任何虚拟环境中运行的应用程序，提供动态可扩展的网络虚拟化和分布式、意图驱动的安全解决方案，使网络能够根据管理者的意图重定向可疑流量，在云服务和基础设施之间保护应用程序，并能够主动修复以降低网络操作的风险。

华为云数据中心网络（CloudFabric）是一个意图驱动的云网络，支持意图网络的自动配置、预测分析和持续验证优化。其目标是为用户构建一个具有大带宽、低时延、零丢包、智能运维的云数据中心网络。该解决方案提高了数据中心的伸缩性，实现了公共云和私有云的统一管理，降低了构建和运营成本，目前应用于许多的互联网企业。

目前，意图网络已经得到了广泛的关注，学术界和工业界均对其进行了深入研究。然而，意图网络要想实现真正的大范围落地，研究人员仍然还需要在意图转译、策略验证、跨域通信等方面进行进一步的研究，不断改进现有技术，完善意图网络架构中的闭环，实现更加成熟和智能的网络自治。

1.3.2　自动驾驶网络

自动驾驶是人们长期以来的美好愿景。曾经，人们将自动驾驶的梦想映射到科幻片中；而现在，随着人工智能技术的飞速发展，自动驾驶正在从理想照进现实，特斯拉等汽车的自动驾驶功能已经让很多人享受到了便利、舒适的乘车体验。自动驾驶汽车技术可以根据复杂的路况环境智能地做出调整，而自动驾驶网络的概念正是受到了自动驾驶汽车技术的启发。如今，电信网络行业面临着巨大的结构性挑战：第一，网络可用性和安全性越来越高，随着网络领域的深入发展，网络成为了社会生活和生产的重要基础设施，但网络接入点越多意味着可能遭受的网络攻击越多；第二，网络规模和复杂性急剧上升，基站的数量会大大增加，同时业务类别会越来越多，结合实际的应用场景，增强移动宽带（Enhanced Mobile Broadband，eMBB）、超可靠低时延通信（Ultra Reliable and Low Latency Communication，uRLLC）和大规模机器类型通信（Massive Machine Type Communication，mMTC）等切片会有千变万化的形态，管理也会更加复杂；第三，人力和成本有限，随着网络管理要求越来越高，单靠投入更多的运维人员来解决该问题并不现实，企业也不会无限地投入成本，这迫使人们转向更高效和自动化的运维系统。

自动驾驶网络是华为在 2018 年首次提出的重大网络战略，将通信网络各组成部分与人工智能技术跨域、跨层级全面融合，通过系统级的创新来解决电信网络的结构性问题，利用人工智能、数字孪生等技术，打造一个智能化的网络，实现更好的性能和效率。华为在 2020 年《自动驾驶网络解决方案白皮书》中概述了自动驾驶网络的目标架构，如图 1-3 所示。

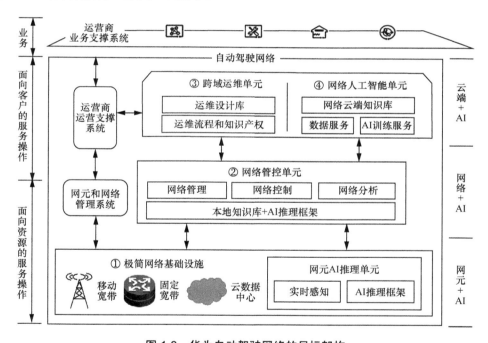

图 1-3　华为自动驾驶网络的目标架构

该目标架构涵盖了电信网络的所有方面，包括无线、接入、传输、光通信、数据中心等，主要包括四大模块。

（1）极简网络基础设施

一方面，利用更简洁的网络架构、协议、部署方案等，来抵消海量站点和网络超高带宽带来的复杂性；另一方面，增强网络设备的智能性，引入更多实时感知器件和 AI 推理能力。

（2）网络管控单元

该模块融合了网络管理、网络控制和网络分析，利用不断注入更新的本地知识库和 AI 推理框架，将上层业务和应用意图翻译为网络行为，实现网络数据采集、网络感知、网络决策和网络控制一体化，同时本地的智能化感知和决策能力也在不断优化增强。

（3）跨域运维单元

该模块提供运维流程、知识产权和运维设计库，通过灵活的业务编排，根据自身网络特点，能够快速迭代开发出新的业务模式和运维流程。

（4）网络人工智能单元

该模块是网络 AI 设计和开发的基础平台，对上传到云端的各种网络数据，持续进行 AI 训练生成模型，注入其他 3 个模块中，提高网络的智能性。同时，运营商面向规、建、维、优过程训练出来的各种模型都在该单元中统一管理，充分共享，减少了重复开发和训练。

自动驾驶网络的显著特点是敏捷、智能与极简，作为网络领域的新兴发展战略，自动驾驶网络已经在生产级别得到了有效的应用。而现阶段，自动驾驶网络建设仍然面临一些难点。例如，网络建设周期较长，人工智能落地面临"过度疲劳"问题，需要对场景进行有效评估，选择人工智能短期可见收益的应用场景，提升人工智能技术应用能力，进而推动规模化应用。此外，自动驾驶网络仍然缺乏有效数据，当前约 85% 人工智能训练输出结果有误，能够得到有效利用的价值数据量较少。这需要各行业企业不断积累数据治理经验，提高数据质量。自动驾驶网络的研究是一个长期的过程，需要不断优化各个层级模块，也需要相关产业各方的共同努力，才能实现一个全场景、全系列的万物互联的智能网络。

1.3.3　知识定义网络

知识定义网络是基于"知识平面"概念提出来的一种网络新架构，同样也是一种人工智能在网络管理与控制上的应用。"知识平面"是一种利用机器学习和认知技术管理与控制网络的新结构，可以自动化运行和调整网络配置，以改变人工管理和优化网络的方式。然而，网络的分布式属性成为了部署知识平面的最大挑战。每个节点（即交换机、路由器）对整个系统只有部分控制权，而策略学习的最终目标是全局性的控制，因此具有局限性节点的全局性策略学习尤为复杂。为了减轻在分布式系统网络中学习的复杂性，软件定义网络提供了一个逻辑上的集中控制平面。除此之外，网络遥测技术能够将实时的数据包、流量、配置和网络状态监控的其他相关信息，集中到网络分析平台，获得更丰富的网络视图。

知识定义网络利用了软件定义网络的集中控制和遥测技术的集中视图来部署

知识平面，即知识平面可利用机器学习来收集网络信息，并利用这些知识，使用软件定义网络的逻辑集中控制来管理与控制网络。知识定义网络借鉴了许多其他领域的想法，尤其是黑箱优化、反馈控制系统、神经网络、强化学习等。其架构如图 1-4 所示。

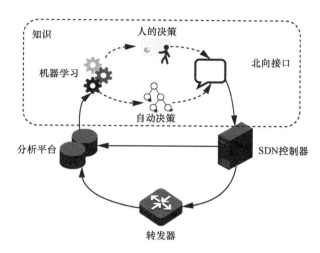

图 1-4　知识定义网络架构

知识定义网络主要包含以下 4 个步骤。

① SDN 控制器、转发器→分析平台：分析平台意在通过收集足够的网络信息提供一个全局的网络视图，因此，实时监控数据并转发数据包，以获得更细粒度的信息。同时，分析平台还会查询软件定义网络控制器，来获取当前的控制管理状态。

② 分析平台→机器学习：机器学习是知识平面的核心，利用网络当前和历史信息来学习网络行为并生成知识，主要包括监督学习、无监督学习和强化学习 3 种方法。利用强化学习在软件定义网络控制器中改变配置并获得奖励，不断优化网络，从而学习哪种配置行为能够获得最佳的网络配置。

③ 机器学习→北向接口：根据网络运营商是否参与决策过程，知识平面有两种不同的应用方式。一种方式是闭环，即通过学习获得的网络模型可以代表网络运营商自动决策，寻找最优配置。在无监督学习下，通过软件定义网络控制器提供的北向接口，利用发现的知识自动改进网络。另一种方式是开环，即网络运营商仍然负责决策，但获得了知识平面的辅助。机器学习模型可以用作验证或性能估计的工具，为网络运营商提供建议。

④ 北向接口→SDN 控制器：北向接口为网络应用程序提供了一个通用接口来控制网络元素，而软件定义网络控制器将其转换为特定的控制指令，帮助将决策者的意图翻译成网络指令。

⑤ SDN 控制器→转发器：软件定义网络控制器将解析出来的控制指令通过南向接口推送到转发器，以便根据在知识平面中的决策对数据平面进行编程。

基于机器学习的知识平面技术将极大可能解决现有网络的常见问题，以下列举了一些知识定义网络的可能应用领域。

（1）覆盖网络中的路由

当一个网络必须在另一个网络上实例化时，覆盖网络是一种常见的部署方案。在大部分部署中，底层网络属于一个不同的管理域，因此它的细节信息（如拓扑、配置等）对上层网络管理员是隐藏的。通常上层的边缘节点会通过某些链路连接到底层网络来分配流量。因此，网络管理员希望找到最佳的链路策略来优化全局性能。机器学习技术通过分析系统中输入输出的相关性能，建模隐藏网络，为网络管理员提供最优链路建议。

（2）网络功能虚拟化中的资源管理

在网络功能虚拟化中，防火墙等网络功能不再需要特定的硬件设备，而是通过运行在硬件之上的虚拟网络功能的形式实现。虚拟网络功能的设置对整个系统性能有着重要影响，因此系统希望获得最优的虚拟网络功能布局。通过机器学习技术，知识平面可以对虚拟网络功能的资源需求进行建模，优化虚拟网络功能的布局，从而优化整个网络的性能。

（3）从网络日志中提取知识

网络日志会记录网络的运行状况和故障（连接中断、数据包丢失等），而在知识定义网络下，可以利用无监督学习来关联日志记录的事件并发现新的知识。这些知识可以作为建议用于开环情况下的网络管理员决策，也可以在闭环情况下自动决策。

（4）5G 网络

5G 网络在设计上是一个无线的软件定义网络，同时，它还涉及了网络功能虚拟化。因此，知识定义网络可以很容易地应用于 5G 网络中。除此之外，5G 网络也需要新的技术解决方案，因此知识定义网络可以利用收集到的数据信息，预测用户的状态，为用户设计智能路由算法，同时提升物理层的吞吐量。

知识定义网络具有许多潜在优势，但获得大范围推广也存在着一些挑战。第一，现有的机器学习技术是基于现有应用如计算机视觉、推荐系统等驱动的，而知识定义网络代表着一种新的应用，需要调整现有的机器学习机制，重视"图"（即网络拓扑）与各类状态表征的作用，因为它决定了网络的性能。第二，机器学习生成的模型通常是非确定性的，很难被理解，在训练时需要使用有代表性的训练集。一般来说，需要理解模型精度、网络特征与训练集大小之间的关系，然而知识平面可能无法观察到所有可能的网络状态，因此需要对代表性的配置网络进行测试，并考虑是否能产生代表性的数据集。第三，从传统网络到软件定义网络，再到知识定义网络，都需要网络管理员和研究人员使用新的技能和思维方式，来适应新的网络架构。

要解决知识定义网络的现有挑战，需要研究人员继续深入研究人工智能和网络科学的交叉领域。

1.3.4　标准化工作

2019 年，电信管理论坛（TeleManagement Forum，TMF）发布了业界首部《自治网络白皮书》并成立工作组，第三代合作伙伴计划（3rd Generation Partnership Project，3GPP）、全球移动通信系统协会（Global System for Mobile Communication Association，GSMA）、欧洲电信标准化协会（European Telecommunications Standardization Institute，ETSI）和中国通信标准化协会（China Communications Standards Association，CCSA）也启动自治网络"架构和分级定义"，推出了一系列的研究报告、技术规范、白皮书等。

2020 年 7 月，中国移动牵头的 Rel 17 自动驾驶网络分级标准项目在 3GPP 立项通过，标志着业界对自治网络分级以及相关自动化支撑技术的标准化工作正式启动；2020 年 8 月，TMF 在业界发起倡议，向各大标准组织发送正式联络函，邀请他们加入自动驾驶网络工作组，促进跨组织的观点分享与标准协同，促进行业形成合力。

5G 接入网、核心网采用较多虚拟化技术，例如 5G 切片、5G 基于服务的架构（Service Based Architecture，SBA）和微服务思想的核心网。在虚拟化 5G 网络中，异构移动服务、多样化的网络需求和租户定义的管理策略共存，导致需要部署定制化、具有时变性的网络基础设施。这反过来又要求我们在网络的控制、管理和编排方面提供自动化的解决方案。

目前，3GPP 和其他标准化组织正在努力定义基于 AI 的数据分析框架，已经开始设想将人工智能集成到移动网络架构中。这些框架适合于移动网络的自主和高效控制、管理和协调。通过收集网络基础设施中的有效数据，从数据中推断知识，对于有效的人工智能决策至关重要。例如，3GPP 已将以下模块并入其标准化架构中：网络数据分析功能（Network Data Analytics Function，NWDAF）、管理数据分析功能（Management Data Analytics Function，MDAF）。其他标准化组织，如开放无线接入网（Open-Radio Access Network，O-RAN）联盟，其体系结构中也设计了类似实体。ETSI 定义了行业规范组中关于体验式网络智能（Experiential Networked Intelligence，ENI）和零接触网络与服务管理（Zero Touch Network and Service Management，ZSM）的设计思路。

3GPP SA2（Service and Architecture，业务和系统结构组）于 2017 年启动了面向 5G 网络的自动化使能技术研究工作，对核心网中的 NWDAF 进行了增强。NWDAF 从各种途径，例如，NF、操作维护管理（Operation Administration and

Maintenance，OAM）等，收集数据，并基于机器学习算法来提供数据分析功能。R16（Release 16）版本中提出在公共陆地移动网（Public Land Mobile Network，PLMN）中部署单个或多个可协作的 NWDAF 实例，进行数据分析交互以及数据模型共享。考虑到数据隐私和安全的问题，3GPP TR（Technical Report，技术报告）23700-91 Solution #24 引入联邦学习，基于分布在不同 NWDAF 实例的数据集构建机器学习模型。其主要思想是客户端 NWDAF 在本地使用其自己的数据训练本地机器学习模型，并将训练好的机器学习模型共享给服务器 NWDAF。利用来自不同客户端 NWDAF 的 ML 模型，服务器 NWDAF 可以将它们聚合为最优机器学习模型或者模型参数，然后将最优机器学习模型或模型参数发送回客户端 NWDAF。规范研究了以下两方面的内容：注册和发现多个支持联邦学习的 NWDAF 实例；如何在多个 NWDAF 实例之间的联邦学习训练过程中共享机器学习模型或模型参数。关于在多个 NWDAF 实例之间使用联邦学习的具体流程，可以参考 3GPP TR 23700-91。

1.4　网络智能的实现途径

随着智能设备（如智能手机、智能汽车和智能家居设备）和网络技术（如云计算和网络虚拟化）的快速发展，网络中的数据流量呈指数级增长。为了优化流量分布和管理大量设备，网络变得越来越异构和复杂，通常涉及多种设备，运行多种协议，并支持多种应用程序。大规模部署的异构网络基础设施增加了网络的复杂性，对有效组织、管理和优化网络资源提出了许多挑战[5]。因此，提升网络管理、网络控制的智能性成为这些挑战的解决方案，而目前实现网络智能的主要途径，主要是实现各项机器学习方法在网络场景下的应用[6]。

机器学习方法与理论有着众多分支，其中在网络问题中所涉及的机器学习方法大致可以分为 3 类：监督学习、无监督学习以及强化学习，其中包含的主流算法如下。

1.4.1　监督学习

监督学习是一种标签学习技术。监督学习算法通过一个有标签的训练数据集（即输入和已知输出）来建立系统模型，表示输入和输出之间的学习关系。经过训练后，当一个新的输入被输入到系统中时，训练后的模型可以得到期望的输出[7-8]。本节将详细介绍被广泛使用的监督学习算法，如 k 近邻、决策树、随机森林、支持向量机和神经网络。

1．k 近邻

k 近邻是一种监督学习算法，其中数据样本的分类基于该未分类样本的 k 近邻来确定。k 近邻的过程非常简单：如果 k 个最近邻中的大多数属于某一类，则未分类的样本将被分类到该类中。k 值越高，噪声对分类的影响越小。由于距离是 k 近邻的主要度量，因此可以用切比雪夫、曼哈顿、欧几里得和欧几里得平方等函数来定义未标记样本与其邻域之间的距离。k 近邻目前已经被应用在流量分类[9]、用户体验质量预测[10]、传输质量预测[11]和分布式拒绝服务（Distributed Denial of Service，DDoS）攻击检测[12]等问题中。

2．决策树

决策树是一种通过学习树进行分类的方法。在树中，每个节点表示一个数据的特征（属性），所有分支表示导致分类的特征的连接，每个叶节点是一个类标签。通过将未标记样本的特征值与决策树的节点进行比较，对未标记样本进行分类。决策树具有知识表达直观、实现简单、分类精度高等优点。迭代二叉树三代（Iterative Dichotomister，ID3）、C4.5 和分类回归树（Classification and Regression Tree，CART）是 3 种广泛应用的决策树，可以实现训练数据集的自动分类。其中最大的区别是用于建立决策树的分裂准则，ID3、C4.5 和 CART 采用的分裂准则分别是信息增益、增益比和基尼指数。决策树目前被应用在流量识别[13]、服务质量预测[14]、资源分配[15]等问题中。

3．随机森林

随机森林，也称为随机决策森林，可用于分类和回归任务。随机森林由许多决策树组成。为了减少决策树方法的过拟合，提高精度，随机森林只随机选取特征空间的一个子集来构造每个决策树。用随机森林方法对一个新的数据样本进行分类的步骤是：① 将数据样本放到森林中的每一棵树上；② 每棵树给出一个分类结果，即树的"投票"；③ 数据样本将被划分为投票最多的类别。随机森林目前被应用在业务识别[16]、服务质量评估[17]和恶意攻击检测[18]等问题中。

4．支持向量机

支持向量机的基本思想是将输入向量映射到高维特征空间。目标是在特征空间中寻找一个分离的超平面，使不同类别之间的边距最大化。边距是超平面和每个类的最近数据点之间的距离，相应的最近数据点即为支持向量。对于非线性可分问题，支持向量机的映射通过应用不同的核函数来实现，如多项式函数、高斯核函数和径向基函数。核函数选择是支持向量机的关键，与数据分布相关，直接影响分类的精度。支持向量机目前被应用在业务分类[19]、资源分配[20]和入侵检测[21]等问题中。

5．神经网络

神经网络是由大量简单的处理单元组成的计算系统。这些处理单元并行工作，从历史数据中学习经验知识。神经网络的概念受到人脑的启发，人脑使用神经元来执行高度复杂、非线性和并行的计算。在神经网络中，其节点相当于人脑中神经元的组成部分，这些节点使用激活函数来执行非线性计算。神经网络由多层神经层组成，第一层是输入层，最后一层是输出层，输入层和输出层之间的层是隐藏层。每一层的输出就是下一层的输入，最后一层的输出就是结果。通过改变隐层数和每层节点数，可以训练复杂模型，提高神经网络的性能。神经网络可用于监督学习和无监督学习两大类。下面将介绍可用于监督学习的几种神经网络，无监督学习的神经网络将在 4.1.2 节自组织映射算法部分进行介绍。

（1）深度神经网络

单隐层神经网络一般称为浅层神经网络。相比之下，在输入层和输出层之间具有多个隐藏层的神经网络被称为深度神经网络。在很长一段时间里，浅层神经网络经常被使用。为了处理高维数据和学习日益复杂的模型，需要具有更多隐藏层和神经元的深层神经网络。然而，深度神经网络增加了训练难度，需要更多的计算资源。近年来，硬件数据处理能力（如 GPU 和 TPU）的发展和激活函数的优化使得训练深层神经网络成为可能。在深层神经网络中，每一层的神经元根据前一层的输出训练一个特征表示，称为特征层次。特征层次结构使得深度神经网络能够处理大型高维数据集。与其他机器学习技术相比，深度神经网络具有更高的性能。常规的深度神经网络目前被应用在流量分类[22]、攻击检测[23]和异常检测[24]等领域。

（2）卷积神经网络

卷积神经网络和递归神经网络是两种主要的深度神经网络。卷积神经网络是一种前馈神经网络。连续层间的局部稀疏连接、权值共享和池化是卷积神经网络的 3 个基本思想。权值共享是指同一卷积核中所有神经元的权值参数相同。局部稀疏连接和权值共享可以减少训练参数的数量。在保持特征不变性的同时，可以使用池化来减小特征的大小。这 3 种基本思想大大降低了卷积神经网络的训练难度。卷积神经网络被应用在网络攻击[25]和流量感知[26]等问题中。

（3）递归神经网络

在前向神经网络中，信息从输入层定向传输到输出层。递归神经网络是一个有状态的网络，使用内部状态来处理顺序数据。与传统的深度神经网络在每一层使用不同的参数相比，递归神经网络在所有时间步长上共享相同的参数。这意味着在每个时间步上，递归神经网络执行相同的任务，只是输入不同，这大大减少了需要训练的参数总数。递归神经网络目前被应用在网络攻击[27]、用户体验质量优化[28]和异常检测[29]等问题中。

1.4.2　无监督学习

与监督学习不同的是，无监督学习给出了一组没有标签的输入（即没有输出）。

无监督学习的目标是根据样本数据之间的相似性将样本数据分为不同的组，从而在未标记数据中发现模式、结构或知识。无监督学习在聚类和数据聚合中有着广泛的应用。本节将详细介绍广泛使用的无监督学习算法，例如 k-均值和自组织映射。

1．k-均值

k-均值是一种流行的无监督学习算法，用于将一组未标记的数据识别成不同的聚类。为了实现 k-均值，只需要两个参数，即初始数据集和所需的聚类数目。当聚类数目为 k 时，用 k-均值解决节点聚类问题的步骤是：① 通过随机选取 k 个节点来初始化 k 个聚类质心；② 用距离函数来标记每个节点最近的质心；③ 根据当前节点的成员资格分配新的质心；④ 如果收敛条件有效，则算法结束，否则返回步骤②。k-均值目前应用在 DDoS 攻击检测[12]、路由优化[30]和路径选择[31]等问题中。

2．自组织映射

自组织映射又称为自组织特征映射，是目前最流行的无监督神经网络模型之一。自组织映射通常用于降维和数据聚类。该算法有两层，一个输入层和一个映射层。当使用自组织映射进行数据聚类时，映射层中的神经元数目等于所需的聚类数目，每个神经元都有一个权向量。利用自组织映射解决数据聚类问题的步骤如下。① 初始化映射层中每个神经元的权值向量；② 从训练数据集中选取一个数据样本。③ 利用距离函数计算输入数据样本与所有权值向量的相似度。权重向量相似度最高的神经元称为最佳匹配单元（Best Matching Unit，BMU）。自组织映射基于竞争学习，即每次只有一个 BMU。④ 计算 BMU 的邻域。⑤ 在 BMU 的邻域（包括 BMU 本身）中的神经元的权重向量被调整到输入数据样本。⑥ 如果收敛条件有效，则算法结束，否则返回步骤②。自组织映射目前在网络智能领域应用有限，仅被应用在 DDoS 攻击检测[32]问题中。

1.4.3　强化学习

1．强化学习

强化学习由一个智能体及其状态空间和动作空间组成。智能体是一个学习实体，它通过与环境交互来学习知识，根据历史经验采取最大化其长期收益的最佳行动。长期收益是一种累积的折扣收益，它既与眼前的收益有关，也与将来的收益有关。在一个典型的强化学习环境中，在每个时间步上，智能体监控并采集环境状态，根据状态信息从动作空间中选择一个动作，接收对应的奖励值来表示该动作的好坏，并转换到下一个时间步的状态。智能体的目标是学习最优行为策略，即从状态空间到动作空间的直接映射，使期望的长期收益最大化。根据学到的策略，智能体可以选择出给定状态下的最佳对应动作。强化学习目前被广泛应用于各项网络智能领域，包括路由优化[33]、资源分配[34]、拥塞控制[35]和多路径调度[36]等。

2. 深度强化学习

传统的强化学习的主要优点是它不需事先对环境进行精确数学建模即可有效工作。然而，传统的强化学习存在着对最优行为策略收敛速度慢、无法求解高维状态空间和行为空间的问题等缺点。为解决这些问题，深度强化学习方法被提出。深度强化学习的核心思想是利用深度神经网络强大的函数逼近特性来逼近值函数。在训练深度神经网络后，以状态-动作对作为输入，深度强化学习能够估计长期收益，评估结果可以指导智能体选择最佳的行为。深度强化学习目前被应用于流量工程[37]、拥塞控制[38]、网络资源调度[39]、多路径调度[40-41]和路由优化[42]等网络智能领域。

3. 基于强化学习的博弈论

博弈论关注理性决策者之间的战略互动。一场博弈通常包括一组玩家、一组策略和一组效用函数。玩家是决策者，效用函数被玩家用来选择最优策略。合作博弈论和非合作博弈论是博弈论的两个分支。在合作博弈论中，博弈双方进行合作，形成多个联盟。玩家选择策略，最大限度地利用他们的联盟。相反，在非合作博弈论中，博弈双方相互竞争，各自选择策略，以实现自身效用的最大化。在网络领域，通常假设节点是自私的，因此大多采用非合作博弈论求解网络智能问题，得到的评估结果可以指导强化学习的智能体选择最佳的动作。基于强化学习的博弈论目前被应用在资源调度[43]、网络功能编排[44]和网络资源优化[45]等问题中。

1.5 网络智能的愿景与挑战

1.5.1 网络智能的愿景

我们设想一个通用网络，其可以根据用户位置和活动做出决策，无缝地将数据路由到最佳目的地，以完成正在执行的任务，任何时候都不会影响使用体验。且不需考虑使用 Wi-Fi、移动网络、蓝牙等接入技术。人们将不需要移动电话、可穿戴设备或任何其他设备来访问此连接，无数应用程序将成为一个虚拟的、互联的生态系统，未来全面的网络智能化将使这一切成为可能。

从技术发展角度而言，网络向智能化全面演进的最终目标是使网络系统逐步实现自主操作，通过数据驱动进行自学习、自演进，实现网络系统的智能自治，使网络投资效率、运营运维效率达到最优。

网络的智能化演进是一个长期的过程，需要结合客户网络现状、技术成熟度以及网络演进策略等逐步推进。目前华为参考自动驾驶分级思想，提出后 5G（Beyond

5G，B5G）和 6G 时代网络智能化将逐步实现 5 级智能化（L1～L5）的设想。自动驾驶网络从客户体验、解放人力的程度和网络环境复杂性等方面，定义了网络的自动驾驶分级标准。

L0 手工运维：具备辅助监控能力，所有动态任务都依赖人执行。

L1 辅助运维：系统基于已知规则重复性地执行某一子任务，提高重复性工作的执行效率。

L2 部分自治网络：系统可基于确定的外部环境，对特定单元实现闭环运维，降低对人员经验和技能的要求。

L3 有条件自治网络：在 L2 的能力基础上，系统可以实时感知环境变化，在特定领域内基于外部环境动态优化调整，实现基于意图的闭环管理。

L4 高度自治网络：在 L3 的能力基础上，系统能够在更复杂的跨域环境中，面向业务和客户体验驱动网络的预测性或主动性闭环管理，早于客户投诉解决问题，减少业务中断和客户影响，大幅提升客户满意度。

L5 完全自治网络：这是网络发展的终极目标，系统具备跨多业务、跨领域的全生命周期的闭环自动化能力，真正实现无人驾驶。

华为自动驾驶网络分级体系，为现有网络向全面智能化演进提供了一条可衡量、可实践的指导性路径。关键场景的实践需要遵循由点及线到面的逐步演进策略，从关注面向网元的自动化设备管理走向关注面向全场景的自动化，最终实现核心网端到端自治的目标。

此外，为了推动网络向智能自治目标迈进，中兴推出自主进化网络（uSmartNet）解决方案，通过在网络的不同层面全面引入人工智能，使三大进化（网络进化、运维进化、运营进化）推动网络智能化不断提高，实现网络随愿、运维至简、业务随心。自主进化网络方案主要考虑人与机器之间的分工协作、逐步解放人力，与自动驾驶网络类似，自主进化网络将网络演进过程划分为 5 个阶段，各级别特征如下。

L1 辅助运行：部分场景下依据人工定义的规则由工具辅助完成数据收集和监测过程，分析、决策和需求映射由人工完成，通过工具简化部分人工操作，不支持完整流程的智能化闭环。

L2 初级智能化：部分场景可实现从数据感知、分析和执行的智能化，主要依赖于专家经验的静态策略，同时决策和需求映射仍依赖人工，支持网元级小范围的智能化闭环。

L3 中级智能化：针对大部分场景，系统自动完成数据感知、分析和执行，可以在一定范围内进行策略的动态调整，复杂决策仍然依赖人工，可完成单域级的智能化闭环。

L4 高级智能化：数据感知、分析、决策、执行全部由系统自动完成，系统的决策水平也可不断迭代优化，大多场景形成完整的智能化闭环，仅部分场景需人工参与需求映射或决策优化。

L5 完全智能化：在全部场景中，由系统完成需求映射、数据感知、分析、决策和执行的完整智能化闭环，实现全场景完全自治，系统可以通过自我学习进行持续演进。

随着智能化等级的逐渐提升，越来越多的工作由系统承担，网络管理和运维人力获得极大地优化。但无论何时，网络系统仍然在人的掌控中，人随时可以介入干预并拥有最高权力。

1.5.2 网络智能的挑战

目前网络智能化已经开展了广泛研究，在网络智能架构、网络中具体任务的模型设计、人工智能模型的训练与推理机制等方面取得了诸多重要成果，但是要实现未来全面智能化的美好愿景，仍面临诸多挑战。

（1）如何使用人工智能技术

网络智能化算法或方案通常从网络各层资源的海量组合选项中，寻求网络与需求、场景、资源、效率等的最佳匹配，如，多输入多输出（Multiple Input Multiple Output，MIMO）自适应、互联网协议（Internet Protocol，IP）路径调优、智能切片等。因此，如何设计有效的人工智能模型与训练方案，提高计算效率和计算精度，是首要的问题。近年来，学术界普遍利用卷积神经网络、时序神经网络、图网络等方式感知与表征网络状态，期望减少复杂计算，提高收敛速度，提高训练精度。

（2）如何解决数据问题

海量的数据收集和复杂的网络结构给人工智能支持的学习和训练过程带来了挑战。有限的计算资源可能不足以处理大量的高维数据以满足训练的准确率。未来，深度强化学习与联邦学习结合，以及持续在线学习、终身学习等是解决数据问题的可行方案。

（3）如何解决网络环境动态变化且难以预测的问题

由于动态变化场景的采样率较低或未包含在训练数据中，使模型重训练以获取适应新环境的策略，非常耗时。此外，移动网络终端个数、边缘计算节点以及业务场景等变化使任务数量改变、网络拓扑变化，进而可能导致原有模型输入或输出结构不可用。

（4）智能模型的可扩展性、健壮性与灵活性问题

6G 网络（如车载网络和无人机网络）在某些方面表现出高动态性，如基站关联、无线信道、网络拓扑和移动性动态。特别地，加入或离开网络的设备或终端可以具有不同的服务质量（Quality of Service，QoS）和体验质量（Quality of Experience，QoE）要求。动态网络中的所有这些不确定性都要求不断更新人工智能学习算法的

参数。智能模型的健壮性、可扩展性和灵活性是支持潜在的无限数量交互实体和在现实世界动态网络中提供高质量服务的关键。

面向 5G 与 6G 时代的网络智能化发展，网络管理和控制的诸多任务均可抽象为序贯决策问题。以马尔可夫决策过程为基础理论，以深度神经网络为环境拟合方法，深度强化学习已成为目前网络智能化的重要实现途径。通过对网络环境的有效拟合与感知，通过经验积累与长期收益优势，深度强化学习在解决诸如拥塞控制、路径选择、绿色通信，以及移动边缘计算和缓存等某些特定领域的决策问题中可获得较好策略，从而引起了极大的研究关注。深度强化学习在网络智能应用领域具有系统性、通用性，对于未来网络机制优化、网络架构演进具有重要意义。

参考文献

[1] MCKEOWN N, ANDERSON T, BALAKRISHNAN H, et al. OpenFlow: enabling innovation in campus networks[J]. Computer Communication Review, 2008, 38(2): 69-74.

[2] MESTRES A, RODRIGUEZ-NATAL A, CARNER J, et al. Knowledge-defined networking[J]. ACM SIGCOMM Computer Communication Review, 2016, 47(3): 2-10.

[3] CAPPELLI W, FLETCHER C, PRASAD P. 12 steps to artificial intelligence for IT operations excellence[R]. Gartner, 2017.

[4] KATO N, FADLULLAH Z M, TANG F, et al. Optimizing space-air-ground integrated networks by artificial intelligence[J]. IEEE Wireless Communications, 2018, 26(4): 1240-1247.

[5] DU J, JIANG C, WANG J, et al. Machine learning for 6G wireless networks: carry-forward-enhanced bandwidth, massive access, and ultrareliable/low latency[J]. IEEE Vehicular Technology Magazine, 2020, 15(4): 122-134.

[6] XIE J, YU F R, HUANG T, et al. A survey of machine learning techniques applied to software defined networking (SDN): research issues and challenges[J]. IEEE Communications Surveys and Tutorials, 2018, 21(1): 393-430.

[7] KOTSIANTIS S B. Supervised machine learning: a review of classification techniques[C]// Proceedings of the 2007 conference on Emerging Artificial Intelligence Applications in Computer Engineering: Real Word AI Systems with Applications in eHealth, HCI, Information Retrieval and Pervasive Technologies. New York: ACM Press, 2007: 3-24.

[8] HASTIE T, TIBSHIRANI R, FRIEDMAN J. The elements of statistical learning. 2001[J]. Journal of the Royal Statistical Society, 2004, 167(1): 192-192.

[9] UDDIN M, NADEEM T. TrafficVision: a case for pushing software defined networks to wireless edges[C]//2016 IEEE 13th International Conference on Mobile Ad Hoc and Sensor Systems (MASS). Piscataway: IEEE Press, 2017: 37-46.

[10] ABAR T, LETAIFA A B, ASMI S E. Machine learning based QoE prediction in SDN networks[C]//Wireless Communications and Mobile Computing Conference. Piscataway: IEEE Press, 2017: 1395-1400.

[11] ROTTONDI C, BARLETTA L, GIUSTI A, et al. Machine-learning method for quality of transmission prediction of unestablished lightpaths[J]. IEEE/OSA Journal of Optical Communications and Networking, 2018, 10(2): A286-A297.

[12] BARKI L, SHIDLING A, METI N, et al. Detection of distributed denial of service attacks in software defined networks[C]//2016 International Conference on Advances in Computing, Communications and Informatics (ICACCI). Piscataway: IEEE Press, 2016: 2576-2581.

[13] QAZI Z A, LEE J, JIN T, et al. Application-awareness in SDN[J]. Proceedings of ACM SIGCOMM, 2013, 43(4): 487-488.

[14] JAIN S, KHANDELWAL M, KATKAR A, et al. Applying big data technologies to manage QoS in an SDN[C]//2016 12th International Conference on Network and Service Management (CNSM). Piscataway: IEEE Press, 2017: 302-306.

[15] CAI F, GAO Y, LEI C, et al. Spectrum sharing for LTE and Wi-Fi coexistence using decision tree and game theory[C]//Wireless Communications and Networking Conference. Piscataway: IEEE Press, 2016: 1-6.

[16] HE B, WANG J, QI Q, et al. Towards intelligent provisioning of virtualized network functions in cloud of things: a deep reinforcement learning based approach[J]. IEEE Transactions on Cloud Computing, 2020, 10(99): 1.

[17] PASQUINI R, STADLER R. Learning end-to-end application QoS from openflow switch statistics[C]//Network Softwarization. Piscataway: IEEE Press, 2017: 1-9.

[18] SONG C, PARK Y, GOLANI K, et al. Machine-learning based threat-aware system in software defined networks[C]//2017 26th International Conference on Computer Communication and Networks (ICCCN). Piscataway: IEEE Press, 2017: 1-9.

[19] ROSSI D, VALENTI S. Fine-grained traffic classification with Netflow data[J]. Proceedings of ACM IWCMC. 2010, 479-483.

[20] SIEBER C, OBERMAIR A, KELLERER W. Online learning and adaptation of network hypervisor performance models[C]//2017 IFIP/IEEE Symposium on Integrated Network and Service Management. Piscataway: IEEE Press, 2017, 1204-1212.

[21] PING W, CHAO K M, LIN H C, et al. An efficient flow control approach for sdn-based network threat detection and migration using support vector machine[C]//IEEE International Conference on E-business Engineering. Piscataway: IEEE Press, 2017: 56-63.

[22] FRANCOIS F, GELENBE E. Optimizing secure sdn-enabled inter-data centre overlay networks through cognitive routing[J]. 2016 IEEE 24th International Symposium on Modeling, Analysis and Simulation of Computer and Telecommunication Systems. Piscataway: IEEE Press, 2016: 283-288.

[23] NAKAO A, PING D U. Toward in-network deep machine learning for identifying mobile applications and enabling application specific network slicing[J]. IEICE Transactions on Communications, 2018, 101(7): 1536-1543.

[24] TANG T A, MHAMDI L, MCLERNON D, et al. Deep learning approach for network intrusion detection in software defined networking[C]//International Conference on Wireless Networks and

Mobile Communications. Piscataway: IEEE Press, 2016: 258-263.

[25] SCHNEIBLE J, LU A. Anomaly detection on the edge[C]//2017 IEEE Military Communications Conference. Piscataway: IEEE Press, 2017: 678-682.

[26] LI C, WU Y, SUN Z, et al. Detection and defense of DDoS attack-based on deep learning in OpenFlow-based SDN[J]. International Journal of Communication Systems, 2018, 31(5): 1-15.

[27] D'ANGELO G, PALMIERI F. Network traffic classification using deep convolutional recurrent autoencoder neural networks for spatial–temporal features extraction[J]. Journal of Network and Computer Applications, 2021, 173(102890): 1-16.

[28] CHEN M, MOZAFFARI M, SAAD W, et al. Caching in the sky: proactive deployment of cache-enabled unmanned aerial vehicles for optimized quality-of-experience[J]. IEEE Journal on Selected Areas in Communications, 2017, 35(5): 1046-1061.

[29] TANG T A, ZAIDI S, MCLERNON D, et al. Deep recurrent neural network for intrusion detection in SDN-based networks[C]//IEEE International Conference on Network Softwarization (NetSoft 2018). Piscataway: IEEE Press, 2018: 202-206.

[30] BUDHRAJA K K, MALVANKAR A, BAHRAMI M, et al. Risk-based packet routing for privacy and compliance-preserving SDN[C]//IEEE International Conference on Cloud Computing. Piscataway: IEEE Press, 2017: 761-765.

[31] WEI K L, LIN M T, YANG Y H. A machine learning system for routing decision-making in urban vehicular Ad Hoc networks[J]. International Journal of Distributed Sensor Networks, 2015, 11(13): 1-13.

[32] BRAGA R, MOTA E, PASSITO A. Lightweight DDoS flooding attack detection using NOX/OpenFlow[C]//The 35th Annual IEEE Conference on Local Computer Networks. Piscataway: IEEE Press, 2010: 10-14.

[33] SENDRA S, REGO A, LLORET J, et al. Including artificial intelligence in a routing protocol using software defined networks[C]//2017 IEEE International Conference on Communications Workshops (ICC Workshops). Piscataway: IEEE Press, 2017: 670-674.

[34] HAW R, ALAM M, HONG C S. A context-aware content delivery framework for QoS in mobile cloud[C]//Network Operations and Management Symposium. Piscataway: IEEE Press, 2014: 1-6.

[35] NIE X, ZHAO Y, LI Z, et al. Dynamic TCP Initial windows and congestion control schemes through reinforcement learning[J]. IEEE Journal on Selected Areas in Communications, 2019, 37(6):1231-1247.

[36] WU H, ALAY O, BRUNSTROM A, et al. Peekaboo: learning-based multipath scheduling for dynamic heterogeneous environments[J]. IEEE Journal on Selected Areas in Communications, 2020, 38(10): 2295-2310.

[37] XU Z, JIAN T, MENG J, et al. Experience-driven networking: a deep reinforcement learning based approach[C]//IEEE INFOCOM 2018 - IEEE Conference on Computer Communications. Piscataway: IEEE Press, 2018: 1871-1879.

[38] JAY N, ROTMAN N H, GODFREY P B, et al. A deep reinforcement learning perspective on internet congestion control[C]//Proceedings of the 36th International Conference on Machine

Learning. New York: ACM Press, 2019, 97(19): 3050-3059.

[39] CHINCHALI S, HU P, CHU T, et al. Cellular network traffic scheduling with deep reinforcement learning[C]//32nd AAAI Artificial Intelligence Conference. Piscataway: IEEE Press, 2018: 766-774.

[40] XU Z, TANG J, YIN C, et al. Experience-driven congestion control: when multi-path TCP meets deep reinforcement learning[J]. IEEE Journal on Selected Areas in Communications, 2019, 37(6): 1325-1336.

[41] ZHANG H, LI W, GAO S, et al. ReLeS: a neural adaptive multipath scheduler based on deep reinforcement learning[C]//IEEE Conference on Computer Communications. Piscataway: IEEE Press , 2019: 1648-1656.

[42] HE B, WANG J, QI Q, et al. DeepHop on edge: hop-by-hop routing by distributed learning with semantic attention[C]//ICPP'20: 49th International Conference on Parallel Processing. Piscataway: IEEE Press, 2020, 1-11.

[43] NARMANLIOGLU O, ZEYDAN E. Learning in SDN-based multi-tenant cellular networks: a game-theoretic perspective[C]//Integrated Network and Service Management. Piscataway: IEEE Press, 2017, 929-934.

[44] ORO S D, GALLUCCIO L, PALAZZO S, et al. A game theoretic approach for distributed resource allocation and orchestration of softwarized networks[J]. IEEE Journal on Selected Areas in Communications, 2017, 35(3):721-735.

[45] ZHANG H, DU J, CHENG J, et al. Incomplete CSI based resource optimization in SWIPT enabled heterogeneous networks: a non-cooperative game theoretic approach[J]. IEEE Transactions on Wireless Communications, 2017, 17(3): 1882-1892.

第2章
深度强化学习方法

2017 年 5 月，在中国乌镇围棋峰会上，随着基于深度强化学习方法的阿尔法围棋（AlphaGo）以三比零的全胜战绩击败柯洁，其在围棋领域再无敌手。AlphaGo成为了人工智能技术的标志，开启了现在的 AI 时代。深度强化学习通过结合新兴的深度神经网络与传统的强化学习方法，在需要长期规划且状态复杂的任务中展现了非凡的威力，并随之被应用到了更广泛的领域之中。

在 5G 及 B5G 网络中，面对需要长期规划，且基于局部信息的网络环境，自组织、自决策已经成为新一代网络节点设备的要求。人工智能技术，尤其是近年来兴起的深度强化学习技术为新一代网络中的自主决策问题提供了有效的解决方案。强化学习通过设计适当的奖励函数为智能体提供优化目标，智能体通过学习状态与动作之间的映射关系（策略）来使奖励最大化，从而得到有效的解决方案。

本章从基本的强化学习概述开始，逐步展开介绍深度强化学习领域中的各类方法。在 2.1 节中，我们给出强化学习的基本概念。在 2.2 节中，我们介绍单智能体深度强化学习方法，包括深度 Q 学习（Q-learning）算法及其相关的改进算法、策略梯度（Policy Gradient，PG）方法及其相关的改进方法，并简要介绍基于最大熵设计的最大熵算法。单智能体深度强化学习方法可以作为网络的集中控制器为网络提供控制策略，或作为后文中多智能体深度强化学习方法的基础。在 2.3 节中，我们介绍多智能体深度强化学习方法，包括复杂行为的涌现、多智能体间的相互通信、基于合作的算法设计和对其余个体建模的方法。多智能体场景与网络场景天然契合，并已经在网络领域得到了很多应用。在 2.4 节和后面小节中，我们介绍强化学习方法在一些领域中的变体，包括针对稀疏奖励设计的分层强化学习方法、复杂环境快速适应的迁移与多任务强化学习方法和对奖励设计再设计的逆强化学习方法等。

2.1 强化学习方法概述

2.1.1 马尔可夫决策过程

马尔可夫决策过程（Markov Decision Process，MDP）是序列决策（Sequential Decision Making，SDM）的基础理论。个体与环境实时交互，在每一个时刻 t，会收到来自环境的状态 s。基于状态 s，个体执行动作 a，其后动作 a 作用到环境中，个体得到一个对应的奖励值 r_t，同时环境进入新状态，个体进入下一轮交互[1]。图 2-1 所示为马尔可夫决策过程。

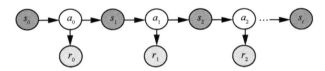

图 2-1 马尔可夫决策过程

马尔可夫决策过程通过一个 5 元组进行描述：$<S,A,R,P,\gamma>$，其中：S 是环境状态空间，环境状态的有限集合；A 是个体的动作空间，个体动作的有限集合；R 是个体的奖励函数；P 是状态转移概率函数；$\gamma \in (0,1]$ 是一个折扣因子。

特别说明，R 来自英文单词 Reward，相关文献中可翻译为奖励或回报，为了便于读者理解，本书在不同语境中使用了"奖励"与"回报"两种说法，其含义一致。

个体根据环境状态 s 制定策略，同时通过策略 π 决定执行动作 a 与环境进行交互。

$$\pi(a\,|\,s) = \mathbb{P}[a_t = a\,|\,s_t = s] \tag{2-1}$$

其中，$\mathbb{P}$ 是概率记号，$\mathbb{P}[a_t = a\,|\,s_t = s]$ 给出策略在 t 时刻状态 s_t 为 s 时，决定的动作 a_t 为 a 的概率。

根据马尔可夫性，下一状态的产生只与当前状态有关。对于时刻 t 时的具体状态 s，具体动作 a 和下一时刻 $t+1$ 时的状态 s'，状态转移概率定义如下。

$$P_{ss'}^a = P[s_{t+1} = s'\,|\,s_t = s, a_t = a] \tag{2-2}$$

若在时刻 t，得到即时奖励值 R_t，那么期望奖励函数定义如下。

$$R_s^a = \mathbb{E}\left[R_t | s_t = s, a_t = a\right] \tag{2-3}$$

期望奖励函数可以对个体在当前状态 s 所采取的动作 a 进行评估，是个体与环境在一轮交互后，环境反馈给个体的信息。

从状态 s 出发，经过一系列的状态转移最终到达终点，得到一条路径，每次状态转移都会有一个 R。这里引入 G，表示从 s 开始一直到终点的所有 R 之和。t 时刻的 G 可表示如下。

$$G_t = R_{t+1} + \gamma R_{t+2} + \cdots = \sum_{k=0}^{\infty} \gamma^k R_{t+k+1} \tag{2-4}$$

因为离 s 越远的状态对 G 的影响越小，所以式（2-4）加了一个折扣因子 γ 来表达衰减。其实，马尔可夫决策过程的一个主要目标是找到一条具有最大回报的路径。对于一些简单的问题，我们可以把所有的路径列举出来计算，但是遇到复杂的问题，穷举几乎是不可能的。因此对于一个具体的状态 s，考虑 G 的期望值，即价值函数，如下。

$$\begin{aligned}
V(s) &= \mathbb{E}\left[G_t | s_t = s\right] = \\
&\quad \mathbb{E}\left[R_{t+1} + \gamma R_{t+2} + \gamma^2 R_{t+3} + \cdots | s_t = s\right] = \\
&\quad \mathbb{E}\left[R_{t+1} + \gamma(R_{t+2} + \gamma R_{t+3} + \cdots) | s_t = s\right] = \\
&\quad \mathbb{E}\left[R_{t+1} + \gamma G_{t+1} | s_t = s\right] = \\
&\quad \mathbb{E}\left[R_{t+1} + \gamma V(s_{t+1}) | s_t = s\right]
\end{aligned} \tag{2-5}$$

式（2-5）利用价值函数定义推导得到一个递归的过程。根据最后的推导结果，一个状态 s 的价值 $V(s)$ 由两部分组成：一部分是 R_{t+1}，它代表即时奖励的期望，而根据即时奖励的定义，它与下一个状态无关；另一个是下一时刻的状态 s_{t+1} 的价值期望。

策略 π 会影响个体的执行动作，动作进而影响环境状态，所以不同的策略 π 会导致不同的累计奖励的期望，也就是价值函数。

$$V_\pi(s) = \mathbb{E}_\pi\left[G_t | s_t = s\right] \tag{2-6}$$

$$q_\pi(s,a) = \mathbb{E}_\pi\left[G_t | s_t = s, a_t = a\right] \tag{2-7}$$

其中，$q_\pi(s,a)$ 表示在策略 π 下从状态 s 出发，已采取动作 a 之后得到的折扣累积奖励，被称为状态–动作值函数。

2.1.2 多臂赌博机

多臂赌博机（Multi-Armed Bandit，MAB）是一个经典问题，也被称为顺序资源分配问题，被广泛应用于广告推荐系统、源路由和棋类游戏中，通常用来作为强化学习的入门级演示。假设 k 个拉杆对应 k 个动作，每个动作 a 被执行后都会对应一个期望的回报 $q_*(a) = \mathbb{E}[R_t \mid a_t = a]$，$a_t$ 是在第 t 步选择的动作，R_t 是在第 t 步选择的动作得到的回报。这里无法获取每一个动作的准确期望回报，因此只能估计每一个动作的期望回报，假设这个估计值为 $Q_t(a)$，整体的目标是使 $Q_t(a)$ 和 $q_*(a)$ 尽量接近[1]。图 2-2 所示的是多臂赌博机的意象图。

图 2-2 多臂赌博机的意象图

在多臂赌博机模型中，常见的策略是贪婪策略和 ε-greedy 策略。贪婪策略可以表示为 $a_t = \mathrm{argmax}_a Q_t(a)$，而 ε-greedy 策略改进了贪婪策略。除了 ε-greedy 策略，上限置信边界（Upper Confidence Bound，UCB）[2]行为选择策略也可以加入探索的成分。上限置信边界行为选择策略如下。

$$a_t = \mathrm{argmax}_a \left[Q_t(a) + c\sqrt{\frac{\ln(t)}{N_t(a)}} \right] \qquad (2\text{-}8)$$

当总采样次数 t 增大，而动作 a 被采样的次数 $N_t(a)$ 不变，式（2-8）第二项就会逐渐增大，使探索总能够发生，c 可以用来调节开发和探索的比例。

另外，还可以使用样本均值（Sample-Average）估计法和加权均值（Weighted-Average）法对每个动作 a 的期望回报 $q_*(a)$ 进行估计。样本均值估计法关于估计值 $Q_t(a)$ 的计算式如下。

$$Q_t(a) = \frac{\sum_{i=1}^{t-1} R_i \times 1_{a_i=a}}{\sum_{i=1}^{t-1} 1_{a_i=a}}$$ (2-9)

如果分母趋于无穷大，根据大数定理，$Q_t(a)$ 收敛到 $q_*(a)$。更一般地，样本均值可写成式（2-10）的形式。

$$Q_n = \frac{R_1 + R_2 + \cdots + R_{n-1}}{n-1}$$ (2-10)

进一步可以得到式（2-11）。

$$Q_{n+1} = Q_n + \frac{1}{n}(R_n - Q_n)$$ (2-11)

其中，$R_n - Q_n$ 是偏差项（Error）。与样本均值估计法不同的是，加权均值法将步长 $\frac{1}{n}$ 更改为 α，$\alpha \in (0,1]$，更新式（2-11）如下。

$$Q_{n+1} = Q_n + \alpha(R_n - Q_n)$$ (2-12)

通过简单的推导可以得到式（2-13）。

$$Q_{n+1} = (1-\alpha)^n Q_1 + \sum_{i=1}^{n} \alpha(1-\alpha)^{n-i} R_i$$ (2-13)

2.1.3 蒙特卡洛树搜索与时间差分方法

（1）蒙特卡洛树搜索

蒙特卡洛树搜索（Monte Carlo Tree Search，MCTS）是在决策空间中随机抽取样本，根据搜索结果建立搜索树，在给定域内寻找最优决策的一种方法。MCTS 对可表示为序列决策树的人工智能方法产生了深远影响，特别是游戏和规划问题。

MCTS 通过不断迭代地构建搜索树，直到达到某个预定义的计算预算门限（通常是时间、内存或迭代限制），此时停止搜索，并返回表现最好的动作。搜索树中的每个节点表示一种状态，指向子节点的箭头表示导致后续状态的动作。

在 MCTS 中，基于强化学习模型 M_v 和模拟策略 π，当前状态 s_t 对应的完整状态序列如下。

$$\left\{s_t, a_t^k, R_{t+1}^k, s_{t+1}^k, a_{t+1}^k, \cdots, s_T^k\right\}_{k=1}^K \sim M_v, \pi \tag{2-14}$$

根据状态序列，可以构造一棵 MCTS 的搜索树，然后近似计算状态–动作值函数 $Q(s_t, a)$ 和最大 $Q(s_t, a)$ 对应的动作。

$$Q(s_t, a) = \frac{1}{N(s_t, a)} \sum_{k=1}^K \sum_{u=t}^T 1_{s_{uk}=s_t, a_{uk}=a}^{R_{uk}} \tag{2-15}$$

$$a_t = \mathrm{argmax}_a Q(s_t, a) \tag{2-16}$$

相较于贪婪策略，棋类问题经常使用上限置信区间算法，常用的如式（2-17）所示。

$$\mathrm{score} = \frac{w_i}{n_i} + c\sqrt{\frac{\ln N_i}{n_i}} \tag{2-17}$$

式（2-17）用来计算可选动作节点对应的分数。其中，w_i 是节点 i 的胜利次数，n_i 是节点 i 的模拟次数，N_i 是所有模拟次数，c 是探索常数，根据经验进行调整，c 越大越偏向于广度搜索，反之则偏向于深度搜索。

MCTS 的策略分为以下两个阶段。

第一个阶段是树内策略（Tree Policy）：当模拟采样得到的状态存在于当前的 MCTS 时使用的策略。树内策略可以使用 ε-greedy 策略，还可以使用上限置信边界行为选择策略，随着模拟的进行，策略可以得到持续改善。

第二个阶段是默认策略（Default Policy）：如果当前状态不在 MCTS 内，使用默认策略来完成整个状态序列的采样，并把当前状态纳入搜索树中。默认策略可以使用随机策略或基于目标价值函数的策略。

图 2-3 所示为蒙特卡洛树搜索的一次迭代过程。MCTS 通过采样建立 MCTS 搜索树，并基于选择、扩展、模拟和反向传播 4 个步骤来持续优化树内策略，进而对状态下的动作进行选择，非常适合状态数、动作数海量的强化学习问题。

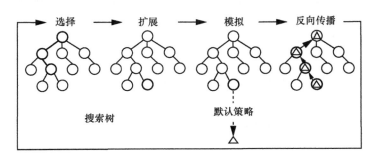

图 2-3　蒙特卡洛树搜索的一次迭代过程

（2）时间差分方法

时间差分（Temporal Difference，TD）方法[3]是一种重要的基础强化学习方法。与动态规划方法和蒙特卡洛树搜索相比，TD 方法的主要不同点在值函数估计上面。

TD 方法更新函数的公式为

$$V(s_t) \leftarrow V(s_t) + \alpha\left[R_{t+1} + \gamma V(s_{t+1}) - V(s_t)\right] \tag{2-18}$$

其中，$R_{t+1} + \gamma V(s_{t+1})$ 为 TD 目标，$\delta_t = V(s_t) + \alpha\left[R_{t+1} + \gamma V(s_{t+1}) - V(s_t)\right]$ 为 TD 的偏差。时间差分方法计算值函数的精髓在于其结合了蒙特卡洛树搜索的采样方法和动态规划的步步为营（即 Bootstrapping，利用后继状态的值函数估计当前值函数），其示意如图 2-4 所示。在图 2-4 中，s_t 表示 t 时刻的状态，a 是采取的动作，r 是收到的立即回报，s'是下一状态，T 表示终止。

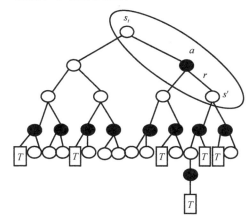

图 2-4　时间差分方法计算值函数示意

时间差分方法的 TD 目标为 $R_{t+1} + \gamma V(s_{t+1})$，若 $V(s_{t+1})$ 采用真实值，则 TD 估计也是无偏估计，然而在试验中 $V(s_{t+1})$ 用的也是估计值，因此时间差分方法属于有偏估计。与蒙特卡洛树搜索相比，时间差分方法只用到了一步随机状态和动作，因此 TD 目标的随机性比蒙特卡洛树搜索中的目标要小，进而其方差也比蒙特卡洛树搜索的方差小。

2.1.4　值迭代与策略迭代

前文介绍了强化学习的基础模型——马尔可夫决策过程，求解这个动态规划问题的方法主要有值迭代（Value Iteration）和策略迭代（Policy Iteration）。马尔可夫决策过程的序列决策问题的结构如图 2-5 所示。

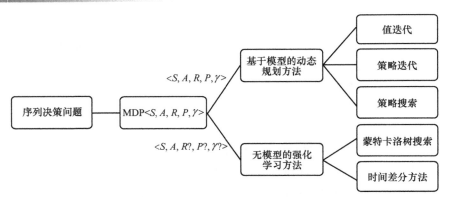

图 2-5　马尔可夫决策过程的序列决策问题的结构

（1）值迭代

值迭代在迭代过程中，只更新价值函数，更新公式如下。

$$V_{k+1}(s) = \max_a \mathbb{E}\left[R_{t+1} + \gamma v_k(s_{t+1})|s_t = s, a_t = a\right] = \\ \max_a \sum_{s',r} p(s',r|s,a)\left[r + \gamma v_k(s')\right] \tag{2-19}$$

得到收敛的值函数后，输出一个确定的策略，如下。

$$\pi(s) = \max_a \sum_{s',r} p(s',r|s,a)\left[r + \gamma v(s')\right] \tag{2-20}$$

在强化学习中，Q-learning 算法是一个经典的值迭代算法。

（2）策略迭代

策略迭代收敛过程如图 2-6 所示，从一个初始化的策略出发，先进行策略评估，然后改进策略，评估改进的策略，再进一步改进策略，经过不断迭代更新，直到策略收敛，这种算法被称为"策略迭代"。

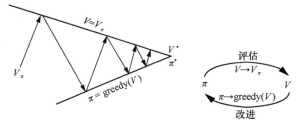

图 2-6　策略迭代收敛过程

策略评估（Policy Evaluation），在当前策略 π 下计算出每个状态 s 下的值函数 $V_\pi(s)$，参考 2.1.1 节提到的值函数，可进一步得到在 T 轮迭代过程中的策略迭代。

$$V_\pi^T(s_t) = \sum_{a_t} \pi(a_t|s_t) \sum_{s_{t+1}} P(s_{t+1}|s_t,a_t)\left(r_{a_t}^{s_{t+1}} + \gamma V_\pi^{T-1}(s_{t+1})\right) \tag{2-21}$$

计算策略的值函数是为了找到更好的策略，因此我们需要根据策略评估得到的每个状态的值函数对策略进行改进。

策略改进（Policy Improvement），在每个状态 s 时，对每个可能的动作 a 计算采取这个动作后到达的下一个状态 s' 的状态–动作值函数。选取可以到达状态–动作值函数最大的动作，以此更新策略 $\pi(s)$。

计算当前的状态–动作值函数，如式（2-22）所示。

$$q_\pi^T(s_t,a_t) = \sum_{s_{t+1}} p(s_{t+1}|s_t,a_t)\left[r_{a_t}^{s_{t+1}} + \gamma V_\pi^T(s_{t+1})\right] \tag{2-22}$$

通过当前的状态–动作值函数，更新策略 $\pi(s)$，如式（2-23）所示。

$$\pi^{T+1}(s) = \mathrm{argmax}_a q_\pi^T(s,a) \tag{2-23}$$

经过以上两个步骤就完成了策略迭代。

2.2　深度强化学习

在 2.1 节中，我们对于强化学习方法做了概述。然而，随着网络规模的增长，网络任务与网络目标间复杂的组合关系、网络状态空间维度与网络智能体可采取的动作空间维度呈指数增长，并由此带来了被称作"维数诅咒"的问题，即高维状态空间与动作空间之间的映射关系变得十分复杂，即使有近乎无限的时间与数据，也难以期望用传统的基于表格的方式求解。事实上，"维数诅咒"在过去的数十年间阻碍了强化学习在实际问题中的大量应用。

随着深度神经网络的兴起，基于函数近似的求解方法成为解决"维数诅咒"的新技术[4]。在许多实际场景中，网络智能体可能永远在面对未曾遇到过的新状态。为了在这些状态下做出合理的决策，智能体必须从过往的经历（数据）与当前状态之间隐含的关联性中去推断解决方案。在本节中，我们引入深度神经网络作为学习数据间关联性的有效方法，其能够提供一定的经验泛化能力。

然而，在网络实践中，并不能单纯依赖深度神经网络的拟合能力[5]。在与强化学习结合后，深度神经网络需要面对传统监督学习中不会遇到的诸多挑战，例如非平稳性、自举、奖励标签稀疏或时延等。在本节中，我们深入探讨单智能体场景中的 4 类主流深度强化学习方法，并为本书之后的内容提供基础。

图 2-7 所示为常见的无模型强化学习算法。

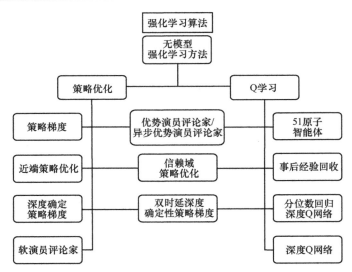

图 2-7　常见的无模型强化学习算法

2.2.1　深度 Q 网络

对于基于价值的强化学习算法，我们可以使用深度神经网络对算法中的价值函数做近似逼近。深度神经网络作为一种有监督的学习模型，一般用小样本随机梯度下降（Mini-batch Stochastic Gradient Descent，Mini-batch SGD）进行优化，需要一批满足独立同分布假设的数据。然而，在强化学习方法中，数据是通过个体一次次与环境互交采集而来的，前后样本存在一定关联性[6]。

传统的 Q-learning 算法采用 Q 表格存储状态–动作对应的 Q 值。但是当状态或动作维度很高时，Q 表格会变得过于庞大，从而降低学习效率，特别是在连续状态空间与连续动作空间的情况下这一现象尤为突出。深度 Q 网络（Deep Q-Network，DQN）将深度学习与强化学习相结合[6]，实现了从状态感知到动作执行的端到端的深度学习。此时，利用神经网络强大的表达能力，对状态输入输出进行转换，如图 2-8 所示。通过神经网络拟合价值函数，以代替 Q 表格产生 Q 值，使得相近的状态得到相近的输出动作。这样，通过与深度神经网络结合，DQN 在高维甚至连续的状态动作空间上，具有很好的效果。

为了打破数据之间的关联性，DQN 采用了经验回放（Experience Replay）机制，如图 2-9 所示。该机制存放在系统探索环境得到的数据中，然后进行随机采样，并在储存的数据中更新深度神经网络的参数，通过随机采样获取小批量样本数据，能够大幅降低样本数据之间的关联性，从而满足数据独立同分布的假设。同时，一个数据能够多次使用，也提高了数据利用率。

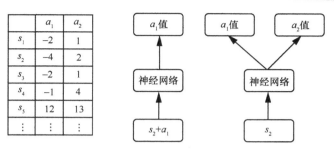

图 2-8　状态输入输出转换

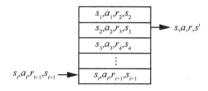

图 2-9　经验回放机制

当神经网络作为有监督模型时，需要大量带标签的样本进行训练，但是强化学习与环境交互后只有奖励值作为返回值，所以如何构造有监督的数据成为第一个问题。可将这个问题转化为回归问题，使用奖励值来构造标签，得到式（2-24）。

$$y_i = E_{s' \sim S}\left[r + \gamma \max_{a'} Q\left(s', a'; \theta_{i-1}\right) | s, a \right] \qquad (2\text{-}24)$$

其中，s 是状态空间 S 的任意状态，根据得到的标签，基于 Q-learning 来确定损失函数。在 DQN 中的损失函数定义为式（2-25）。

$$L_i\left(\theta_i\right) = E_{s, a \sim \rho(\cdot)}\left[\left(y_i - Q\left(s, a; \theta_i\right)\right)^2 \right] \qquad (2\text{-}25)$$

最小化损失函数，使估计的价值函数与真实的价值函数相差越来越小，并可以使用随机梯度下降等方法更新参数。

训练神经网络的数据需满足独立同分布，但是强化学习的理论模型为马尔可夫决策过程，其前后状态和反馈有依赖关系，使得通过与环境进行交互得到的数据并不是独立的。这一问题可以通过上文提及的经验回放机制解决。

在 DQN 中，经常同时使用两个 Q 网络[7]。DQN 流程如图 2-10 所示。估计 Q 网络用来训练参数和预测 Q 值；目标 Q 网络是估计 Q 网络的一个副本，两者结构完全相同，用来预测目标 Q 值，构造带有标签的数据。目标 Q 网络每隔一段时间更新为估计 Q 网络的参数。采取两个 Q 网络的原因是解决使用非线性网络表示值函数时出现的不稳定问题，使用这种双网络结构一定程度降低了当前 Q 值和目标 Q 值的相关性，提高了算法稳定性。

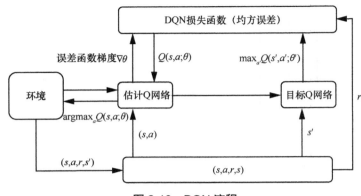

图 2-10　DQN 流程

在标准的 Q-learning 和 DQN 中，更新 Q 值通常采取一个 max 算子，用于选择最大的 Q 值完成更新[8]。这使得收敛的 Q 值会得到一个过高的估计值，从而导致过于乐观的价值估计。双 DQN（Double-DQN）就是为了防止这种情况发生，将选择操作与计算操作解耦。这种解耦机制体现在从估计 Q 网络中选择具有最大 Q 值的动作，将这个动作在目标 Q 网络中得到的 Q 值用于更新。

Double-DQN 的目标值表示为式（2-26）。

$$Y_t^{DoubleQ} = R_{t+1} + \gamma Q\big(s_{t+1}, \mathrm{argmax}_a Q\big(s_{t+1}, a; \theta_t\big); \theta_t'\big) \tag{2-26}$$

其中，θ_t 和 θ_t' 分别是估计 Q 网络与目标 Q 网络对应的参数。

2.2.2　策略梯度方法

（1）策略梯度算法

强化学习中较为常见的方法是基于值函数的方法和基于策略的方法，这两种方法一般适用于不同的环境，也各有优缺点。2.2.1 节主要介绍了基于值函数的方法，它适用于解决状态空间较小的简单问题，在这类问题中，值函数或值表格可以高效地利用经验和数据并很好地收敛。基于策略的方法更适用于处理状态空间较大，尤其是连续状态空间和高维度状态空间问题。但是在基于策略的方法中，方差较大导致的模型不易收敛是一个明显的困难，因此，2.2.3 节将进一步介绍策略梯度单调提升的优化算法。

策略梯度算法不再以值的形式衡量当前状态下动作选择的好坏，而是直接输出该状态下应当采取的动作（确定性策略梯度）或者给出每个动作的分布（随机策略梯度）。其中，随机策略梯度算法以提供动作分布的方式进行决策，可以试探到各种概率不为零的动作，具有很好地试错探索的效果，增强了传统强化学习中"试探"

与"开发"平衡问题中的探索性，降低了确定性贪心策略带来的求解的局部性。这种从状态输入直接到动作输出的策略梯度算法，很好地利用了深度神经网络的拟合能力，可适用于大空间甚至连续空间的环境。

策略梯度首先需要有一个优化的目标函数 $J(\theta)$，作为某种性能的量度，是模型最终优化希望得到的最大化性能指标，θ 表示模型的参数。目标函数的更新则近似于 J 的梯度上升，如式（2-27）所示。

$$\theta_{t+1} = \theta_t + \alpha \widehat{\nabla J(\theta_t)} \tag{2-27}$$

其中，$\widehat{\nabla J(\theta_t)}$ 是一个随机估计，期望是 $J(\theta)$ 对参数 θ_t 的梯度的近似。我们将所有符合这个框架的方法称作策略梯度算法[4]。当然，策略梯度算法可以同时包含其他值函数估算的部分，下文中提到的多种策略梯度算法都将包含这种策略梯度与值函数模型的组合。

（2）演员评论家算法

演员评论家（Actor-Critic）算法是策略梯度与值函数模型的经典组合。演员负责生成动作的决策，由策略梯度算法构成，输入为当前状态，输出为当前状态下不同动作的分布（随机策略梯度算法）。评论家负责计算当前状态下执行动作前后的值函数，类似于 DQN，通过输入的状态及动作拟合出值函数，只不过这里的值函数只用于评价演员决策的好坏，不用于决策本身，对演员起辅助作用。

演员评论家算法结合了策略梯度算法和值函数算法，用两套神经网络做两次拟合，思路和设想很好，但和大多数策略梯度方法一样，收敛性存在劣势，因此研究者基于此思路提出了诸多改进。

（3）异步优势的演员评论家算法

异步优势的演员评论家（Asynchronous Advantage Actor-Critic，A3C）算法，通过多线程的异步方法产生大量经验，这种多个智能体同时并发产生的数据避免了经验回放性过强的问题，改进了普通演员评论家算法的收敛性问题。

A3C 算法结构如图 2-11 所示，A3C 算法的主要优化是异步训练框架。演员评论家算法的经验收集与训练依赖于智能体自身，样本偏少且模型训练抖动较大。A3C 算法用多个线程与环境交互，并产生经验数据，这些线程互不干扰独立运行，当与环境交互到一定次数后，在自己的线程内计算梯度，然后更新公共神经网络，而自身网络参数也会每隔一段时间从公共网络中更新。因此，多个线程的智能体大量的与环境交互后，可用更多的经验计算梯度并更新，这些更广泛、高质量的经验能帮助模型更快收敛。

此外，A3C 算法对网络结构也做了优化，将之前独立的演员和评论家两个网络放在一起，即输入当前状态以后可以输出状态价值和对应的策略，但是仍然可以将其看作独立的部分。

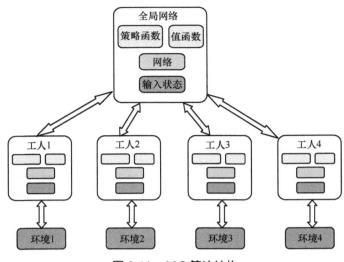

图 2-11　A3C 算法结构

（4）深度确定策略梯度算法

在 A3C 算法中，通过多线程的方法改善演员评论家难以收敛的问题是一种思路，通过双网络来降低模型抖动则是另一种思路。

随机性策略梯度（Stochastic Policy Gradient，SPG）算法给出了当前状态下的动作分布、鼓励模型进行探索，而深度确定策略梯度（Deep Deterministic Policy Gradient，DDPG）算法采用了确定性策略梯度（Deterministic Policy Gradient，DPG）算法，直接根据当前状态输入，输出一个确定的动作，降低了模型的理论效果，由于确定性策略使模型寻求最优解的过程变得贪婪，容易陷入局部最优。但是 DDPG 算法的优势在于其有利于简化模型、易于收敛，在有些环境中，动作空间是高维度的离散值或连续值，若采用 SPG 算法则需要数量极大且丰富的样本量才能使模型收敛，简化这一问题可以有助于处理高维离散空间或连续空间的决策问题。

在使用 DPG 算法的演员基础上，组合神经网络拟合的值函数评论家构成了演员评论家结构。在此基础上，DDPG 算法除了继续引入常用的经验回放，还使用了两个网络，即当前网络和目标网络。因此，行动当前网络、行动目标网络、评价当前网络、评价目标网络这 4 个网络构成了 DDPG 算法的核心。目标网络是最终训练希望得到的网络，当前网络则在与环境交互与经验池计算的过程中不断更新，定期复制自身参数并以一定比例替换到目标网络中。值得注意的是，当一次动作执行后，当前评价网络基于状态和此次动作计算行动前状态的 Q 值，而行动后状态的 Q 值首先需要目标行动网络根据新状态给出预测动作，然后由目标评价网络根据新状态和预测动作给出 Q 值。

（5）双时延深度确定性策略梯度（Twin Delayed Deep Deterministic Policy Gradient，TD3）算法

策略梯度算法中也存在累积误差带来的高偏差问题，对值函数估计的误差会在多次更新后被累积，从而导致不好的状态被赋予了偏高的价值。在基于值函数的 DQN 方法中，Double-DQN[7]可以解决值函数估计偏高的问题，即采用两个独立的目标值函数网络来解耦更新操作和选择动作操作，以此防止过估计带来的高偏差。

双时延深度确定性策略梯度算法解决了在演员评论家结构的策略梯度方法中值函数的误差问题。TD3 算法由 DDPG 算法的模型改进而来，将原先 4 个网络改为 6 个，把评论家又分成两个独立的评价网络，同时仍然具有当前网络和目标网络两种，以此解决原先评论家的高偏差问题。尽管两个评价网络共享同样的经验池，但模型参数互相独立，各自输出当前状态下采取某一动作的值，二者取最小值作为真正的评价值。

此外，TD3 算法使用了时延更新策略的方法。与 DDPG 算法思想相同的是，使用目标网络和当前网络，定期以一定比例从当前网络向目标网络更新。与 DDPG 算法不同的是，TD3 算法的网络并不同步更新，评论家比演员更新的频率更快，当前网络的参数也每隔一段时间更新至目标网络。这是因为高频率地更新值函数使得评论家更准确，之后再指导演员更新效果更好。

TD3 算法还使用了目标策略平滑的正则化，目标是使学到的价值函数在动作的维度上更加平滑，消除值函数的一些错误突变，不让一些值函数错误的尖峰导致动作决策的大幅波动，这样动作空间中的目标动作周围的一小片区域的值能够更加平滑。具体方法是在目标行动网络的值中加上一个随机噪声，噪声可以视为一种正则化方式，使值函数的更新更加平滑。

（6）分布式分布深度确定性策略梯度（Distributed Distributional Deep Deterministic Policy Gradient，D4PG）算法

分布式分布深度确定性策略梯度算法主要针对 DDPG 算法做了一些改进和尝试，并进行了实验验证。首先是演员分布式地与环境交互采样，这一点与 A3C 算法相似，多个演员共同采样后存入共享的经验缓存区，策略更新后将结果同步到各个演员中。其次将评论家输出的价值改为价值函数分布，原本输出的价值可以看作分布的期望。此外，D4PG 算法还采用了 n 步时间差分误差的方法，减少了更新的方差，并采用优先经验回放，提高离线策略的经验利用效果，加快模型训练。

实验结果表明：采用评论家输出价值函数分布后性能普遍提升；使用 n 步时间差分后目标网络效果普遍提升；而优先经验回放则在不使用输出价值函数分布时作用较大，但是使用输出价值函数分布之后效果并不明显。

2.2.3 策略梯度单调提升优化算法

在面对复杂问题时，传统策略梯度算法难以保证收敛，不恰当的参数可能会导致模型剧烈抖动，如何优化策略梯度算法是一个重要问题。从策略梯度到 DPG 算法中，策略更新都是以 $\theta_{\text{new}} = \theta_{\text{old}} + \alpha \nabla_\theta J$ 完成，其中，θ 表示模型的参数，α 表示步长，J 是优化函数。步长的选择十分重要，如何让目标函数单调上升，而不是反复摇摆难以收敛是本节关注的问题。同时，样本利用率低也是策略梯度算法的主要问题，因此需要大量采样来解决。

（1）重要性采样——从在线策略到离线策略的技巧

策略梯度的更新函数一般看作式（2-28）的形式。

$$E_{x \sim p}[f(x)] \tag{2-28}$$

其中，采样服从于 θ_t 的分布，需要在 π_{θ_t} 策略下进行采样，然后计算梯度，再更新策略参数至 θ_{t+1}，此时下一步更新时需要重新在 $\pi_{\theta_{t+1}}$ 策略下采样计算。这是一种边更新边采样的在线策略方法，而由此产生的问题是每次更新策略之前都需要反复与环境交互采样，效率较低。

为了改变这种方式，采用离线策略的方法训练数据，对数据的采样进行调整，通过改变所采样本权重的方式拟合新策略参数采样的分布。可以推导出，若要将服从 p 分布的采样变为服从 q 分布，只需要乘以一个由二者分布之比 $\frac{p(x)}{q(x)}$ 组成的权重。

$$E_{x \sim p}[f(x)] = \int f(x) p(x) \mathrm{d}x = \int f(x) \frac{p(x)}{q(x)} q(x) \mathrm{d}x = E_{x \sim q}\left[f(x) \frac{p(x)}{q(x)} \right] \tag{2-29}$$

由此，我们找到一种不需要按新策略重新采样而通过加权的方法，实现对新策略下采样分布的模拟。

需要注意的是，某种策略下状态的分布难以求解，在策略变化差距不大的情况下可忽视这一项，而在某一状态下动作的分布则容易求解，由此可近似重要性采样。该方法需要保证前后参数变化后对动作和状态的分布影响变化较小。通过这种重要性采样的方法，采样后批量迭代训练策略函数的离线策略功能，大大提高了训练效率。

（2）最小限最大化算法与优势函数

最小限最大化（Minorize-Maximizatio，MM）算法是一种迭代算法，首先找到一个易于优化的函数，代替需要优化的目标函数。强化学习的目标函数是最大化累积折扣回报的期望 η，如式（2-30）所示。

$$\eta(\pi_\theta) = \underset{\tau \sim \pi_\theta}{E}\left[\sum_{t=0}^{\infty} \gamma^t r_t\right] \tag{2-30}$$

其中，π_θ 表示参数为 θ 的策略，$\gamma \in [0,1]$ 为长期影响因子也称为折扣因子，r_t 表示 t 时刻的回报。

　　MM 算法要找到一个替代函数 M，作为 η 函数的下界函数，每次迭代过程中找到 M 函数上的最佳点，并将最佳点作为迭代后的最新策略，并根据新策略重新评估新的 M 函数，重复迭代过程如图 2-12 所示。

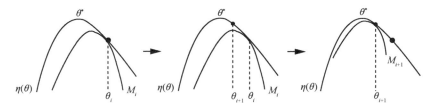

图 2-12　重复迭代过程

　　只要 M 函数选取合理，在 θ 附近足够逼近真实回报函数 η，并且 θ 调整的步幅较小，就可以实现单调优化。

　　在策略梯度算法中，目标函数设为 $A(s,a)$，也就是最终想要优化得到的优势函数。优势函数是指在状态 s 下选择动作 a 相比于选择其他动作获得平均价值的差。

$$A_\pi(s,a) = Q_\pi(s,a) - V_\pi(s) = E_{s'P(s'|s,a)}\left[r(s) + \gamma V^\pi(s') - V^\pi(s)\right] \tag{2-31}$$

　　信赖域策略优化（Trust Region Policy Optimization，TRPO）算法和近端策略优化（Proximal Policy Optimization，PPO）算法均属于 MM 算法。

　　（3）信赖域策略优化算法[9]

　　在 TRPO 算法出现之前，大部分的强化学习算法很难保证单调收敛。策略梯度优化问题中，如果环境较为复杂，策略参数微弱的改变就可能极大地影响状态分布和动作分布。而 TRPO 算法用统计学方法，解决了合理步长的设定问题。

　　假设 η 为累积折扣回报期望函数，那么 $\eta(\tilde{\pi})$ 表示在策略 $\tilde{\pi}$ 下的累积折扣回报的期望，则有式（2-32）。

$$\eta(\tilde{\pi}) = \underset{\tau|\tilde{\pi}}{E}\left[\sum_{t=0}^{\infty} \gamma^t r(s_t)\right] \tag{2-32}$$

可以使用优势函数对式（2-32）进行改写。最终优化的函数是含有优势函数的一项，即新旧策略的回报差。

$$\eta(\tilde{\pi}) = \eta(\pi) + \sum_s \rho_{\tilde{\pi}}(s) \sum_a \tilde{\pi}(a|s) A_{\tilde{\pi}}(s,a) \qquad (2\text{-}33)$$

其中，ρ 表示折扣访问频率。

$$\rho_\pi(s) = P(s_0 = s) + \gamma P(s_1 = s) + \gamma^2 P(s_2 = s) + \cdots \qquad (2\text{-}34)$$

其中，P 表示概率函数。如式（2-33）所示，新策略的累积折扣回报期望函数等于旧策略的累积折扣回报期望加上优势函数在新策略的概率分布下以概率进行加权的和，因此只要优势函数概率和大于零，新策略的优化就是单调递增的。TRPO 算法的第一个技巧是忽略状态分布的变化，仍然使用旧策略的状态分布，实现对原目标函数（即这里的累积折扣回报期望函数）的一阶近似。事实上，当新旧策略很接近时，采用旧的状态分布替代新的状态分布是合理的。因此，式（2-33）中的 $\rho_{\tilde{\pi}}(s)$ 可以被替换为 $\rho_\pi(s)$。

关于在新的策略下如何产生动作 a 的问题，TRPO 算法采用了重要性采样的方法，将新状态分布的期望转换成旧状态分布的期望，由此得到新回报函数 $L(\tilde{\pi})$。

$$L_\pi(\tilde{\pi}) = \eta(\pi) + E_{s \sim \rho_{\theta_{\text{old}}}, a \sim \pi_{\theta_{\text{old}}}}\left[\frac{\tilde{\pi}_\theta(a|s)}{\pi_{\theta_{\text{old}}}(a|s)} A_{\theta_{\text{old}}}(s,a) \right] \qquad (2\text{-}35)$$

式（2-35）表示新回报函数为旧回报函数 $\eta(\pi)$ 与旧参数下的优势函数 $A_{\theta_{\text{old}}}(s,a)$ 做重要性采样后的期望的和。其中，重要性采样的权重为新旧策略 $\tilde{\pi}_\theta$ 和 $\pi_{\theta_{\text{old}}}$ 在当前状态下选择动作 $\pi(a|s)$ 之比。期望关于状态的分布则沿用了旧策略下的状态分布 $s \sim \rho_{\theta_{\text{old}}}$。

如此，新策略的回报函数可以看作真实回报函数在旧策略处的一阶近似。

$$L_{\pi_{\theta_{\text{old}}}}(\pi_{\theta_{\text{old}}}) = \eta(\pi_{\theta_{\text{old}}}) \qquad (2\text{-}36)$$

$$\nabla_\theta L_{\pi_{\theta_{\text{old}}}}(\pi_\theta)|_{\theta=\theta_{\text{old}}} = \nabla_\theta \eta(\pi_\theta)|_{\theta=\theta_{\text{old}}} \qquad (2\text{-}37)$$

这种近似方法只在旧策略参数附近可近似于真实函数，因此，必须对参数的变化进行限制。TRPO 算法主要解决的是步长设置问题，策略梯度下恰当的步长能够让目标函数单调增加正是模型收敛的关键，因此 TRPO 算法把策略看作一个概率分布，引入计算新旧两个分布的库尔贝克-莱布勒散度（Kullback-Leibler Divergence，KL 散度），反映改进后新状态分布的变化程度，构建不等式进行约束，D 为 π 和 $\tilde{\pi}$ 两个概率分布之间的距离，如式（2-38）所示。

$$\eta(\tilde{\pi}) \geqslant L_\pi(\tilde{\pi}) - C\underset{\mathrm{KL}}{\max}(\pi,\tilde{\pi}), C = \frac{2\varepsilon\gamma}{(1-\gamma)^2} \tag{2-38}$$

式（2-38）给出了 $\eta(\tilde{\pi})$ 的下界，利用这一下界就可以证明策略的单调性。设下界函数为 $M(\pi)$。

$$M_i(\pi) = L_{\pi_i}(\pi) - C\underset{\mathrm{KL}}{\max}(\pi_i,\pi) \tag{2-39}$$

由此，只需找到式（2-39）中使 M_i 最大的策略即可，则问题转化为求下界函数的最优化问题，如式（2-40）所示。

$$\max_\theta\left[L_{\theta_{\mathrm{old}}}(\theta) - C\underset{\mathrm{KL}}{\max}(\theta_{\mathrm{old}},\theta)\right] \tag{2-40}$$

根据最初的回报函数，可以找到一个约束条件，即基于最大 KL 散度计算分布差别的约束条件。这一约束条件决定了合理步长的设置，只要在约束条件内的步长都可以使模型单调收敛。

实际情况中，最大 KL 散度约束难以计算，因为有无穷多的状态就意味着有无穷多的最大散度约束条件，我们可以用平均 KL 散度替代最大 KL 散度。

$$\bar{D}_{\mathrm{KL}}^{\rho_{\theta_{\mathrm{old}}}}\left(\theta_{\mathrm{old}},\theta\right) \leqslant \delta \tag{2-41}$$

最终的 TRPO 算法的梯度表示为

$$\max_\theta E_{s\sim\pi_{\theta_{\mathrm{old}}},a\sim\pi_{\theta_{\mathrm{old}}}}\left[\frac{\pi_\theta(a|s)}{\pi_{\theta_{\mathrm{old}}}(a|s)}A_{\theta_{\mathrm{old}}}(s,a)\right] \tag{2-42}$$

$$E_{s\sim\pi_{\theta_{\mathrm{old}}}}\left[D_{\mathrm{KL}}\left(\pi_{\theta_{\mathrm{old}}}(\cdot|s)\|\ \pi_\theta(\cdot|s)\right)\right] \leqslant \delta \tag{2-43}$$

即，新旧策略在同一状态下的不同策略分布的 KL 散度 $D_{\mathrm{KL}}\left(\pi_{\theta_{\mathrm{old}}}(\cdot|s)\|\ \pi_\theta(\cdot|s)\right)$ 的期望小于约束值 δ。在以上约束条件下，优化参数 θ 使得满足状态分布 $s\sim\pi_{\theta_{\mathrm{old}}}$，满足动作分布 $a\sim\pi_{\theta_{\mathrm{old}}}$，满足新策略动作分布 $\pi_\theta(a|s)$ 比旧策略动作分布 $\pi_{\theta_{\mathrm{old}}}(a|s)$ 的比值加权的优势函数 $A_{\theta_{\mathrm{old}}}(s,a)$ 的期望最大。

TRPO 算法的参数优化示意如图 2-13 所示，真实函数是 η 回报函数，通过转变优势函数在新分布的概率和，可获得 η 回报函数在当前 θ 参数处的一阶近似。步长大小的设置使 η 回报函数单调递增不会震荡，引入了新旧策略的平均 KL 散度来保证前后分布不会差距过大而导致一阶近似 L 函数失效。最终将策略梯度优化问题转变为带约束的最优化问题，保证了策略梯度的单调和收敛。

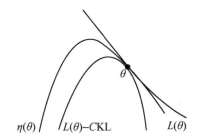

图 2-13　TRPO 算法的参数优化示意

值得注意的是，新旧策略的差异并不是简单指参数空间的距离，而是参数改变后的策略做出决策的动作空间、状态空间分布差距，因此这里不使用欧氏距离计算新旧参数向量差距，而是采用 KL 散度计算新旧参数造成分布的差距。但是如图 2-13 所示，θ 参数左右移动没有体现出分布的变化。而简单的策略梯度，仅仅是在 θ 参数维度求出了梯度，让参数向着梯度方向移动，但参数移动与参数导致的分布改变之间的关系非同一般。有些关键参数会导致分布产生严重变化。例如，传统的 DDPG 算法，步长较小时，耗时超长难以优化，而步长较大时，则陷入巨大抖动甚至雪崩式下跌，其中一个非常重要的原因就是参数变化导致的分布变化不可知，这一问题在环境复杂、动作状态空间庞大的任务中尤为明显。

（4）近端策略优化（Proximal Policy Optimization，PPO）算法

近端策略优化[10]算法与 TRPO 算法相似，都是解决策略梯度中的步长问题。TRPO 算法在面对一阶近似的 L 函数与真实函数之间如何选择步长时，通过平均 KL 散度来约束步长，在约束范围内对 L 函数的改进可使真实回报函数有积极改进。与之相比，PPO 算法采用拉格朗日乘子法的方式优化，去掉了约束条件，将约束条件加入到优化的目标函数中。

PPO 算法优化的目标函数 $J(\theta)$ 如下。

$$J_{\mathrm{PPO}}^{\theta'}(\theta) = J^{\theta'}(\theta) - \beta \mathrm{KL}(\theta, \theta') \tag{2-44}$$

$$J^{\theta'}(\theta) = E_{(s_t, a_t) \sim \pi_{\theta'}} \left[\frac{p_\theta(a_t \mid s_t)}{p_{\theta'}(a_t \mid s_t)} A^{\theta'}(s_t, a_t) \right] \tag{2-45}$$

其中包括优化函数在新策略参数下期望 $J^{\theta'}(\theta)$ 和系数为 β 的新旧策略 KL 散度。需要说明的是，PPO 算法的 β 值需要提前手动输入，类似于学习率。需要先设置 KL 这一项整体的阈值，每次参数更新后对比 KL 项是否超出阈值，超出或不足都将相应地调整 β 值，以控制整体 KL 限制条件的比重。

PPO2 算法是对 PPO 算法的改进，对目标函数进行了优化。

$$J_{\text{PPO2}}^{\theta^k}(\theta) \approx \sum_{(s_t,a_t)} \min \left[\frac{p_\theta(a_t \mid s_t)}{p_{\theta^k}(a_t \mid s_t)} A^{\theta^k}(s_t,a_t), \text{clip}\left(\frac{p_\theta(a_t \mid s_t)}{p_{\theta^k}(a_t \mid s_t)}, 1-\varepsilon, 1+\varepsilon \right) A^{\theta^k}(s_t,a_t) \right]$$

$$(2\text{-}46)$$

如式（2-46），首先对重要性采样的动作分布权重进行了裁剪操作，可较为直接地表达和解决"分布远近"的问题。我们希望这个权重在一定区间内，这样可以忽略偏差直接进行优化迭代。若权重在一定区间外说明分布变化过大，这样就得对其做裁剪操作，然后再根据优势函数 A 来给出适当的权重。图 2-14 所示为参数优化对比，其形象地说明了这一问题，黑色虚线表示式（2-46）的最小（min）函数中第一项，灰色虚线表示第二项，实线表示整体取最小值会有两种情况，优势函数大于零或小于零。当优势函数大于零时说明该动作是好动作，若重要性采样权重没有超出上界，则进行正常优化，否则说明变化稍大，这时不可再扩大权重，避免步幅太大适得其反；当优势函数小于零，说明这是一个不好的动作，重要性采样权重越小越好。

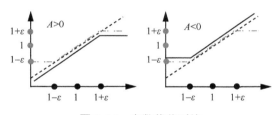

图 2-14　参数优化对比

目前 PPO 算法主要指的是 PPO2 算法，实验证明在一些任务中，其表现要优于 A2C 和 TRPO 等算法。相比于 TRPO 算法，PPO 算法的效果更好且更容易实现。PPO2 算法与 PPO1 算法相比也省去了计算 KL 散度的过程，用简单的裁剪函数和 min 函数的组合实现同样功能。在官方 OpenAI 发布的文档中，PPO2 算法是利用 GPU 加速的，速度相比 PPO 算法快 3 倍左右。

（5）克罗内克系数的演员评论家算法

使用克罗内克系数的演员评论家（Actor Critic using Kronecker-Factored Trust Region，ACKTR）算法[11]也是基于 TRPO 算法改进而来的，其目的是提高采样效率，减少样本量。ACKTR 算法使用了自然梯度和克罗内克系数近似曲率（Kronecker-Factored Approximate Curvature，K-FAC）算法更新评价动作网络，这里不再详述 K-FAC 算法，相关内容可见文献[12]。这是首个将 K-FAC 算法近似的自然梯度下降算法与 TRPO 算法结合，在评价动作网络中应用自然梯度。ACKTR 算法克服了 TRPO 算法需要多次计算的 Fisher 矩阵（对数似然函数关于参数的导数的二阶矩）问题，且 K-FAC 算法能在短时间内近似出 Fisher 矩阵，更新时间接近

SGD。但是自然梯度下降算法是二阶优化，其样本利用率大于随机梯度下降，因此在简化了 TRPO 算法计算过程的基础上实现了较高的样本利用率。

2.2.4　最大熵算法

软演员评论家（Soft Actor-Critic，SAC）[13]算法是最大熵算法中一个经典的算法。SAC 算法是一个使用随机策略的离线策略算法，其主要特征是熵正则化，熵在信息领域中是用来描述信息的确定性的量，在 SAC 算法中，被用来描述策略的随机性，策略越随机则其熵越大。增加熵意味着策略的随机性增强，可以增加更多的探索，防止策略过早地收敛到局部最优，也可以提高后续的学习速率。利用 SAC 算法训练策略可以最大限度地权衡期望回报和熵。

关于熵的计算方式，假设 $x \sim P$，P 是一个分布，那么 x 的熵 H 的计算方式为

$$H(P) = E_{x \sim p}\left[-\ln P(x)\right] \tag{2-47}$$

为了权衡期望回报和熵，回报函数需要在累加奖励值的基础上，添加一个与当前时间步对应策略的熵成比例的奖励，那么奖励函数如下。

$$R_t = \sum_{t=0}^{\infty} \gamma^t \left(R(s_t, a_t, s_{t+1}) + \alpha H\left(\pi(\cdot|s_t)\right) \right) \tag{2-48}$$

其中，α 是熵正则化系数。

最优策略对应的最大期望奖励值为

$$\pi^* = \mathrm{argmax}_\pi E_{\tau \sim \pi}\left[\sum_{t=0}^{\infty} \gamma^t \left(R(s_t, a_t, s_{t+1}) + \alpha H\left(\pi(\cdot|s_t)\right) \right) \right] \tag{2-49}$$

其值函数对应为

$$V^\pi(s) = E_{\tau \sim \pi}\left[\sum_{t=0}^{\infty} \gamma^t \left(R(s_t, a_t, s_{t+1}) + \alpha H\left(\pi(\cdot|s_t)\right) \right) | s_0 = s \right] \tag{2-50}$$

在实现 SAC 算法时，通常会考虑使用一个值函数网络 $V_\psi(s_t)$、一个策略网络 $\pi_\phi(a_t|s_t)$ 和两个 Q 网络 $Q(s_t, a_t)$（分别是估计网络 θ 和目标网络 $\bar{\theta}$）。SAC 算法示意如图 2-15 所示，值函数网络将环境状态 s_t 作为输入，输出对应为值函数 $V(s_t)$。策略网络将环境状态 s_t 作为输入，将动作空间中的各个动作的概率分布（策略）作为输出。根据此策略选择执行动作，而 Q 网络将环境状态 s_t 和执行动作 a_t 作为输入，将输出对应的 Q 值，作为评估动作的值。

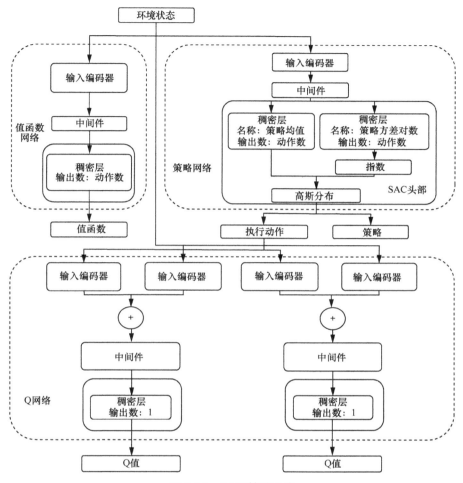

图 2-15　SAC 算法示意

值函数网络 $V_\psi(s_t)$ 的目标函数使用均方误差（Mean Square Error，MSE）最小化残差，目标函数为

$$J_v(\psi) = E_{S_t \sim D}\left[\frac{1}{2}\left(V_\psi(s_t) - E_{a_t \sim \pi_\phi}\left(Q_\theta(s_t, a_t)\right) - \ln \pi_\phi(a_t \mid s_t)\right)^2\right] \tag{2-51}$$

其中，D 是经验缓冲区，$\{s_t, a_t, r_t, s_{t+1}\} \in D$。

Q 网络 $Q_\theta(s_t, a_t)$ 的目标函数同样使用 MSE 最小化残差，如式（2-52）所示。

$$J_Q(\theta) = E_{(s_t, a_t) \sim D}\left[\frac{1}{2}\left(Q_\theta(s_t, a_t) - Q(s_t, a_t)\right)^2\right] \tag{2-52}$$

其中，更新后的目标 Q 值为 $\hat{Q}(s_t, a_t) = r(s_t, a_t) + \gamma E_{s_{t+1} \sim P}[V_{\bar{\psi}}(s_{t+1})]$。

策略网络 $\pi_\phi(a_t | s_t)$ 的目标函数是最小化两个分布之间的 KL 散度，根据 KL 散度定义做进一步简化可以得到式（2-53）。

$$J_\pi(\phi) = E_{s_t \sim D, \varepsilon_t \sim N(0,1)}\left[\ln \pi_\phi\left(f_\phi(\varepsilon_t; s_t) | s_t\right) - Q_\theta\left(s_t, f_\phi(\varepsilon_t; s_t)\right)\right] \qquad (2\text{-}53)$$

其中，$a_t = f_\phi(\varepsilon_t; s_t)$，$\varepsilon_t$ 是高斯分布采样的噪声。由于策略是一个概率分布，动作值 a_t 采样后无法对其进行求导，需使用再参数化技术对动作采样。

在一般情况下，采用一个策略网络和两个 Q 网络可实现 SAC 算法。

2.3　多智能体强化学习

网络智能管控的很多应用场景已经超出了单智能体学习范围，应当考虑多智能体学习场景。在多智能体环境中，因为智能体同时与环境以及其他智能体交互，本质上比单一智能体场景更为复杂，且受到参与智能体个数的限制。在多智能体设置中直接使用单智能体算法（每个智能体独立学习自己的策略，将其他智能体视为环境的一部分），又名独立学习者方法或去中心化学习者方法[14]。独立学习者方法使马尔可夫属性变得无效，因为多个智能体策略的同时演进使环境不再稳定[15]，这种方法完全忽略了多智能体性质，当各个智能体根据过去的交互历史进行适应或学习时，可能会失败。但是为了提高可伸缩性，在实践中仍常常使用独立学习者方法，取得比较良好的效果[16]。多智能体强化学习结构如图 2-16 所示。

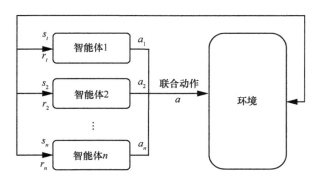

图 2-16　多智能体强化学习结构

在本节中，主要从以下 4 个方面讨论常用的多智能体强化学习技术。

① 独立强化学习及其涌现行为分析。在这一领域的工作中，研究者重点在多智能体环境中分析和评估现有的 DRL 算法。在合作、竞争、混合等不同场景中，

基于最大化个体奖励的 DRL 智能体会在相互作用中产生复杂的行为策略。如何使独立个体之间产生协作共赢的策略是该领域的主要关注点。

② 学习通信（交流）。在该领域中，智能体可以通过某种通信协议共享各自的信息，例如通过直接消息传递[17]或共享内存[18]进行通信。在多智能体强化学习方法中，该领域正在被逐渐关注。智能体间学习如何交流从某种意义上相当于智能体之间自发地产生一种语言。

③ 学习合作。虽然学习交流是一个新兴领域，但在学习中促进合作在多智能体学习研究方面已有悠久的历史。在这一领域中，智能体需要在纯合作或混合场景中进行交互，研究者往往提出新颖的多智能体算法来解决一些特定的问题，例如环境的不稳定性。研究者还借助一些新概念，如 Leniency（仁慈）、Hysteresis（滞后），以及不同的回报值设计或者新网络结构进行辅助设计。

④ 智能体建模。Albrecht 等[19]深入研究了该主题。对智能体进行建模不仅有助于合作，还有助于推断目标，并考虑其他智能体的学习行为。在此类别中，算法主要关注竞争性设置或混合设置。

2.3.1　独立强化学习及其涌现行为分析

最近的一些多智能体强化学习研究工作从涌现行为（例如，合作或竞争）的角度分析了独立 DRL 智能体方法。在系统科学中，对涌现有如下定义：复杂系统在自我组织的过程中，所产生的各种新奇且清晰的结构、图案和特性。

在多智能体强化学习领域，涌现行为是指互相之间存在相互作用的简单智能体，自发地产生复杂合作行为。最近的一些工作从涌现行为角度（例如，合作或竞争）分析了独立 DRL 智能体方法。文献[20]是该领域最早的工作之一，其中包括两个独立的 DQN 智能体进行 Atari Pong 游戏，通过设计恰当的奖励函数，诱导智能体涌现合作或竞争性行为。

Leibo 等[21]研究了连续社会困境中的独立 DQN 智能体行为。这里提到的社会困境可以视为满足某些不平等条件的马尔可夫博弈的变体。此项工作的研究重点是强调合作或竞争行为不仅以离散（原子）行为存在，而且在时间上得到扩展。在智能网络管控场景中，独立的 DRL 智能体将基于最大化个体的累积奖励进行学习，然而受限于人为设计奖励的局限性，可能会导致个体奖励最大化与网络表现最大化之间的两难困境。在多智能体场景中，困境是一种智能体通过消耗其他智能体的劳动成果以及尽可能减少自身劳动付出而受益。但如果每个智能体都这样做，最终将无任何成果。由此，智能体应当选择合适的合作或者竞争策略，解决这样的两难困境。

在一些传统领域，例如博弈论或社会科学，将群体与个体之间的矛盾称为社会困境。设计不同的回报函数能够将已经被广泛应用的用于解决社会困境的成熟机制引入独立智能体的学习过程，有效促进涌现的发生。

文献[22]介绍了引入人类社会中的不公平厌恶偏好，以解决社会困境的方法。不平等厌恶偏好[23]可以简单表述如下。

$$U_i(r_i,\cdots,r_N) = r_i - \frac{\alpha_i}{N-1}\sum_{j\neq i}\max(r_j-r_i,0) - \frac{\beta_i}{N-1}\sum_{j\neq i}\max(r_i-r_j,0) \quad (2\text{-}54)$$

其中，U_i表示智能体i的偏好收益，N为智能体个数，α、β为不平等厌恶偏好超参数。在时域上扩展后，可设计为式（2-55）的形式。

$$u_i(s_i^t,a_i^t) = r_i(s_i^t,a_i^t) - \frac{\alpha_i}{N-1}\sum_{j\neq i}\max\left(e_j^t(s_j^t,a_j^t)-e_i^t(s_i^t,a_i^t),0\right) -$$

$$\frac{\beta_i}{N-1}\sum_{j\neq i}\max\left(e_j^t(s_i^t,a_i^t)-e_j^t(s_j^t,a_j^t),0\right) \quad (2\text{-}55)$$

其中，e为时域平滑回报函数，其定义为$e_j^t(s_j^t,a_j^t) = \gamma\lambda e_j^{t-1}(s_j^{t-1},a_j^{t-1}) + r_j^t(s_j^t,a_j^t)$。

α不平等厌恶偏好能够通过提供时间上正确的内在奖励解决某些时域连续的社会难题，而不需再设计特定的回报函数。相比之下，β不平等厌恶偏好的行为通过设计将回报函数引入多智能体辅助通信系统中，并在基于多智能体方法的路径规划问题中得到当前的最优结果。

Bansal 等[24]使用接触多关节动力学（Multi-Joint Dynamics with Contact，MuJoCo）模拟器探索了竞争性自我博弈（Self-Play）场景中的涌现行为。利用 PPO 算法训练独立学习的智能体，并结合了两种主要修改方式解决多智能体问题。

第一个方法是使用密集的探索性奖励[25]，允许智能体学习基本（非竞争性）行为。这种奖励会随时间逐渐消失，并赋予竞争性环境奖励更多的权重。探索性奖励来自单强化学习智能体[26]的早期工作，目标是为学习算法提供密集奖励反馈，以提高样本效率。对于多智能体场景，这些密集的奖励可以帮助智能体在训练的开始阶段学习基本的非竞争性技能，增加智能体产生正奖励的随机动作出现的可能性。

第二个方法是对竞争者采样。在竞争性多智能体框架中，所有智能体策略都与竞争者同时演化。因此，训练过程中遇到的对手策略可能会对智能体的学习产生重大影响。在一些场景中，我们希望出现的是两个具有竞争力的竞争者，而不是一方被另一方轻易打败。文献[24]发现，简单针对最近对手的训练会导致训练失衡，在这种情况下，如果一个智能体在训练初期比另一个智能体在技巧上（在 MuJoCo 环境中）更熟练，则另一个智能体无法学到相同的熟练策略。文献[24]还发现针对随机旧版本的对手进行训练会更优。因此，在训练期间对智能体的对手采样旧参数，从而训练出更稳定和更强大的策略。图 2-17 所示为其他游戏中的强化学习应用。

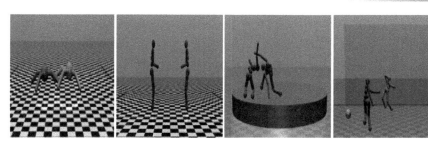

图 2-17 其他游戏中的强化学习应用

2.3.2 多智能体通信

在部分可观测环境中，可协作多智能体通过信息通信的方式最大化它们的共享效用。为了最大化智能体之间的共享效用，需要利用通信协议共享解决任务所需的信息。之前多智能体通信较多采用预设通信协议完成共享，但是该方式并没有办法完全应对复杂多变的环境，因此本小节我们主要讨论关于智能体学习中通信协议最大化共享效用的方法[8]。

可区分主体间学习（Dierentiable Inter-Agent Learning，DIAL）算法[27]基于 DRQN 算法框架，是一种集中学习分布式执行的算法，其增加了 Q 网络的输出，除了输出动作空间中每个对应的 Q 值，还输出了通信信息，通信信息与环境状态在下一时间步中将作为其他智能体的 Q 网络的输入。DIAL 算法结构如图 2-18 所示，其中，o_t 是智能体在 t 时刻对状态的观察，u_t 是智能体的动作。

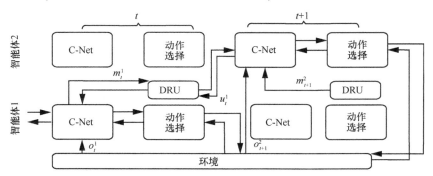

图 2-18 DIAL 算法结构

离散/正则化单元（Discretise/Regularise Unit，DRU）[17]为 DIAL 算法提供了通信反馈机制，发送端不仅能与接收端进行通信，还能收到接收端的反馈。在集中学习过程中，Q 网络输出连续信息 m_t，DRU 将其正则化，DRU(m_t)= Logistic($N(m_t, \sigma)$)，其中 σ 是噪声。在分布式执行时，DRU 将信息离散化，

$\mathrm{DRU}(m_t)=I\{m_t>0\}$，其中 I 是指示函数。

同样地，对于完全合作问题或是部分合作问题，设计通信神经网络（Communication Neural Net，CommNet）使智能体在训练时同时学习策略并进行通信，来提升智能体的合作行为[17]，图 2-19 所示为其结构。与 DIAL 算法不同的是，CommNet 在"通信神经网络"内部设立广播通信信道来互相传递内部的信息。

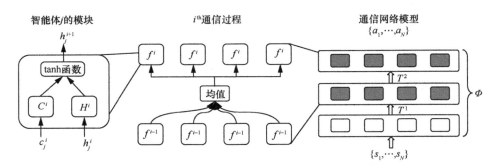

图 2-19　CommNet 结构

图 2-19 右侧为通信网络模型，输入每个智能体观测的环境状态 $\{s_1,\cdots,s_N\}$，每一层由 N 个处理模块构成，N 为智能体的数量，即在每一层中每一个智能体都有一个处理模块，经过多个通信过程 T，最终输出每个智能体在这一时间步所要执行的动作。中间是两层之间的通信过程：① 将前一时刻的隐藏状态 h_j^i 作为输入传输到下一个处理模块中；② 在广播通信信道中，先收集前一时刻得到的 h_j^i，通过信道传输到每一个智能体的信息为 $c_j^i=\dfrac{1}{N-1}\sum_{j'\neq j}h_{j'}^i$。

2.3.3　多智能体合作机制

显式通信交流是多智能体深度强化学习中的一种新兴趋势，但是对于非通信的合作已经有大量工作。引入新的神经网络结构，更好地拟合群体的长期累积收益函数是这一领域研究的重点。

（1）经验回放池改进

Foerster 等[28]研究了独立智能体合作的简单场景，其中智能体使用标准 DQN 体系结构和经验回放池（Experience Replay Memory，ERM）。DQN 算法使用 ERM 流程如图 2-20 所示。通常来说，要使 ERM 正常工作，训练数据需要遵循某些假设（例如，要求数据独立同分布）。但是由于环境的多智能体性质，随着训练策略的演进，在 ERM 中保存的生成数据难以反映当前策略的性质，即经验过时。文献[28]

提出了两种在深度多智能体强化学习中实现稳定经验回放的方法：一是重要性抽样，将多智能体的联合动作概率纳入采样过程，可自然地减弱过时数据的影响；二是指纹标记，使用可以标识每个智能体样本新旧程度的价值函数。在具有挑战性的星际争霸游戏任务上的结果表明，这些方法可以将经验回放与多智能体场景有效结合。

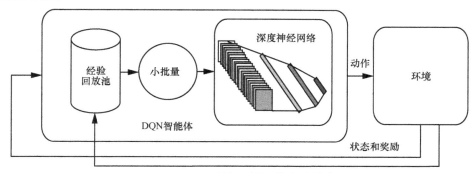

图 2-20　DQN 算法使用 ERM 流程

　　宽大深度 Q 网络（Lenient-DQN，LDQN）算法[29]采用了宽大的概念[30]并将其使用扩展到多智能体深度强化学习（Multi-Agent Deep Reinforcement Learning，MADRL）中，LDQN 算法结构如图 2-21 所示，用于解决智能体并行更新策略所导致的经验回放池中数据过时的问题。宽大智能体将每个"状态–动作"对映射到一个衰减的温度值，该温度值控制对从经验回放池中采样的负面策略更新宽大处理量。从经验回放池中采样时，此值用于确定宽大处理条件。如果不满足条件，将忽略这一样本。宽大引入了智能体对价值函数更新的乐观态度，实验表明宽大可以促进多智能体强化学习中的合作。作者根据相关的滞回 DQN（Hysteretic-DQN，HDQN）算法评估了 LDQN 算法，并设计了计划滞回 DQN（Scheduled-HDQN，SHDQN）算法，在最终状态附近使用平均奖励学习，并取得了良好效果。其他的关于 ERM 的工作可以参考加权双深度 Q 网络（Weighted Double-DQN，WDDQN）算法[31]和多智能体 DDPG（Multi-Agent Deep Deterministic Policy Gradient，MADDPG）算法[32]。

　　（2）集中训练分布执行

　　Gupta 等[33]解决了部分可观测马尔可夫决策过程中没有明确通信交流的合作环境的问题，提出了基于参数服务器的参数共享训练方式，作为在同类多智能体环境（智能体具有相同策略集合）中改善学习的一种方式。文献[33]采取中心式的训练方式和分布式的执行框架，促使各个智能体之间共享神经网络参数。作者使用参数共享测试了 3 种组合：基于参数服务器的 DQN（Parameter Server-DQN，

PS-DQN）、基于参数服务器的 DDPG（Parameter Server-DDPG，PS-DDPG）和基于参数服务器的 TRPO（Parameter Server-TRPO，PS-TRPO）。这 3 种组合分别扩展了单智能体环境下的 DQN、DDPG 算法和 TRPO 算法。结果表明，PS-TRPO 的性能优于其他两个。

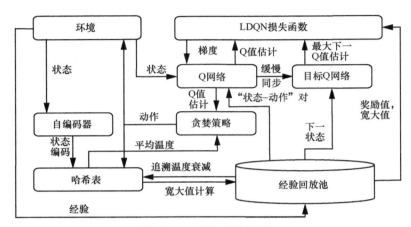

图 2-21　LDQN 算法结构

Lowe 等[32]指出，在多智能体环境中使用标准的策略梯度方法会产生较大的误差。产生这一问题的原因是，所有智能体的回报都取决于其他智能体的行为，这使得所记录的回报与状态动作之间的关联性的误差进一步增加。随着智能体数量的增加，策略梯度方法中梯度方向的正确性呈指数下降。为了克服这个问题，作者在 DDPG 算法的基础上，提出了多智能体深度确定性策略梯度——MADDPG 算法，集中式地训练了智能体的评价网络。该评价网络在训练过程中能够感知所有智能体的策略，消除多智能体并发学习导致的环境非平稳性。在该方法中，每个智能体的策略网络只能获取本地信息，但经验回放池记录了所有智能体的经验。试验结果表明，在多智能体合作或是竞争的任务中都可以应用 MADDPG 算法，其表现比分布式 DQN、DDPG 算法和 TRPO 算法等更优。

基于策略梯度的另一种方法是反事实多智能体（Counterfactual Multi-Agent，COMA）策略梯度[34]。COMA 策略梯度专为完全集中式部署和多智能体信用分配问题而设计。在多智能体合作环境中，COMA 策略梯度可以指导如何在仅具有全局奖励的情况下，推断每个智能体的贡献。COMA 策略梯度的基本思想是计算一个反事实基准，即当单一智能体选择动作时，保持其他智能体的动作固定。然后，可以将当前 Q 值与反事实基准进行比较，计算出优势函数。这种反事实基准来源于差异奖励，是一种获得合作多智能体团队中智能体个体贡献的方法。

COMA 策略梯度虽然不会遭受非平稳性的困扰，但是伸缩性会受到限制。相对应地，独立学习的智能体更易于扩展，但是会受到非平稳性问题的困扰。Q 值混合（QMIX）[35]基于因式分解的思想，假定多智能体集体的 Q 函数不是单个智能体的 Q 函数的加和形式，而是以非线性方式组合局部值的混合网络，该网络可以表示单调作用的值函数。尽管上述方法已经获得了良好的实验结果，但是使用函数近似器在多智能体场景中对 Q 函数进行因式分解仍是一个研究热点，存在一些开放性问题，例如如何使用因式分解来很好地处理复杂的协调问题，以及如何学习这些因式分解过程[36]。

2.3.4　多智能体建模与策略推断

在一定条件下，智能体能够通过对智能体本身建模，来进一步推理其他智能体的行为[19]。深层增强对手网络（Deep Reinforcement Opponent Network，DRON）[37]使用了深层神经网络对智能体进行建模。DRON 结构如图 2-22 所示，DRON 包含两个神经网络：第一个神经网络用于评估 Q 值，第二个神经网络用于学习对手策略的表征。两个神经网络联合起来可以得到对对手策略 π^o 估计下的 Q 函数 $Q^{(\cdot|\pi^o)}(s_t, a_t)$，用来预测状态 s_t、动作 a_t 时的 Q 值。此外，DRON 由多个专家模块组合而成，并用来估计获得的 Q 值，每个专家模块可以输出一个当前状态下可以获得的 Q 值的预测值 Q_k，对应地捕获一种类型的对手策略[38]，而预测模块则可以根据对对手隐含状态的估计，输出一组权重用以组合多个专家模块的结果。在多任务模式下，还可以引入额外的监督信息来帮助估计对手策略。图 2-23 所示为多任务处理下的 DRON 结构。

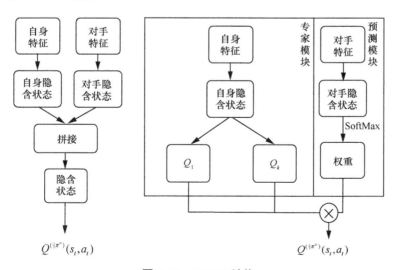

图 2-22　DRON 结构

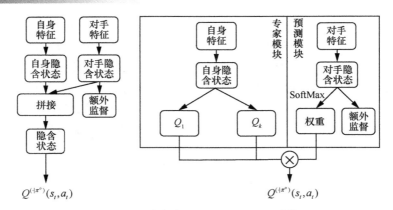

图 2-23 多任务处理下的 DRON 结构

DRON 使用人工提取的特征来定义对手的策略。相反，深度策略推断 Q 网络（Deep Policy Inference Q-Network，DPIQN）及其循环版本深度策略推断循环 Q 网络（Deep Policy Inference Recurrent Q-Network，DPIRQN）[39]直接从其他智能体的原始观察中学习策略特征。通过辅助任务[40]提供的额外学习目标帮助策略特征的学习。辅助任务为损失函数增加了一个辅助损失函数，即，推断的对手策略与真实对手策略之间的交叉熵。当前智能体的 Q 函数取决于对手的策略特征（请参见图 2-22），可以减少环境的不稳定性。DPIQN 使用自适应训练过程调整损失函数上的注意力，或是强调学习对手的策略特征对 Q 值的贡献，或是强调学习智能体自身策略对 Q 值的贡献。辅助损失函数设计的一个优点是，智能体既可以对竞争对手的策略进行建模，也可以对合作队友的策略进行建模。

上述方法都是通过观察来学习对手的策略，但是环境的部分可观测性所导致的信息不完全性为智能体对对手策略的学习带来了新的挑战。基于自身预测他人模型（Self Other-Modeling，SOM）[41]提出了另一种方法，即使用智能体自己的策略作为预测对手行为的手段。SOM 可以在合作和竞争性环境中推断其他智能体的目标，并且适应任意数量的智能体。SOM 使用两个网络，一个网络用于计算智能体自己的策略，另一个网络用于推断对手的目标（奖励函数）。假定这些网络具有相同类型的输入参数，但具体的输入（当前智能体或对手的值）不相同。SOM 并不专注于学习对手的策略（即下一动作的概率分布），而是专注于估计对手的优化目标，以得到更为鲁棒的策略。

通常智能体使用学习其他智能体的模型预测其行为，但没有明确考虑其他智能体的预期学习，这是"学习具有对手学习意识（Learning with Opponent-Learning Awareness，LOLA）"的目标[42]。对手更新一步策略，LOLA 会优化预期收益。因此，LOLA 智能体直接影响其他智能体的策略更新，以最大化其自身的报酬。其策略梯度差分函数为如式（2-56）和式（2-57）所示。

$$\theta_{i+1}^1 = \theta_i^1 + f_{\text{lola}}^1(\theta_i^1, \theta_i^2) \tag{2-56}$$

$$f_{\text{lola}}^1(\theta^1, \theta^2) = \nabla_{\theta^1} V^1(\theta^1, \theta^2)\delta + \left(\nabla_{\theta^2} V^1(\theta^1, \theta^2)\right)^{\mathrm{T}} \nabla_{\theta^1} \nabla_{\theta^2} V^2(\theta^1, \theta^2)\delta\eta \tag{2-57}$$

其中，θ^1 表示当前智能体的策略参数，θ^2 表示对手智能体的策略参数，V^1 为在上述策略下的当前智能体的值函数，V^2 为对手智能体的值函数，δ 和 η 分别为一阶、二阶梯度更新步长，i 表示迭代次数，f_{lola}^1 是当前智能体的 LOLA 更新规则，包含一阶项和二阶项。容易得出，θ_i^1 是第 i 次迭代后当前智能体的策略参数，θ_i^2 是第 i 次迭代后对手智能体的策略参数，θ_{i+1}^1 是第 $i+1$ 次迭代后当前智能体的策略参数。

LOLA 的假设之一是可以访问对手的策略参数，建立在文献[43]工作基础上，通过预测对手的策略参数更新，以学习最佳响应（对预期的参数进行更新），其最终目标是预测对手的下一步行动。

2.4　分层强化学习

传统强化学习的智能体在决策时选择未来累积折扣奖励最大的动作，但如果整个决策过程中得到的奖励十分稀疏且隐蔽，智能体便很难找到稀疏的奖励，并难以从初始状态开始一步步最大化奖励的获取。尤其在巨大状态空间的情况下，稀疏的奖励将导致智能体缺乏对大范围状态进行探索的能力。其中一个重要的原因是智能体决策时始终为了全局奖励而努力，内在的贪心策略导致训练过程中即使使用随机策略方法，也很难在大范围稀疏奖励环境中抛弃已有的局部最优解而广泛探索未知全局的最优解。此外，传统深度强化学习迁移性欠佳，决策网络的每一部分都和环境细节息息相关。

分层强化学习是用多层的普通强化学习网络共同组成一个智能体。多个层级的智能体之间垂直管理，一般情况下为两层，类似于分封制的网络，因此也称为封建网络（Feudal Networks，FuNs）[44]。本节以目前主流的两层强化学习为例进行介绍。下层网络的动作空间即为普通环境的动作空间，是唯一与环境互动的接口，而上层网络的动作空间是传递给下层网络的目标（也称为子目标、子任务），它只观察环境变化和奖励反馈。上下层的智能体网络是隶属关系，各自有独立的目标函数和梯度更新过程，共同协作进行训练。上层网络的目标函数一般是全局任务所要实现的目标函数，也就是从环境得到的累计折扣奖励；下层网络的目标函数一般为内部奖励，也就是智能体内部评价给出的奖励得分。分层强化学习网络由上层主导着前进的方向，指挥下层网络向一定目标前进，下层目标只与环境交互却不接收环境给出的完整奖励，不用关心全局的累计奖励而只对上层网络给出的目标负责。

分层强化学习网络设计中有几个主要的开放性问题。

（1）子目标的设置

子目标是上层网络的输出，也是下层网络决策的主要依据之一，是连接上下层网络的物理纽带，反映了整个分层结构以及功能划分。目前主要的做法有以下两类。

第一类子目标设置方法是使用一个特殊的目标特征向量，经过下层网络翻译和融合计算以后指导动作的生成。例如在图 2-24 所示的 FuNs 结构中，上下层网络各自由循环神经网络组成，上层输出一个目标到下层中，经过映射形成权重，再与下层网络输出的备选动作相乘得到最终的动作。这种子目标没有明显的语义，较为抽象，只有下层网络能读懂并翻译，需要进行空间转换，可移植性较差，缺乏对普通强化学习进行分层改造的泛化能力。

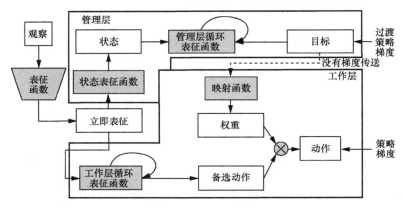

图 2-24　FuNs 结构

第二类子目标设置方法是直接以观察到的环境状态为子目标，其优势是目标比较具体并且具有语义的可解释性。目前大多数分层强化学习方法使用了具体的环境状态作为子目标设置，后面我们将主要介绍以环境状态为子目标的分层强化学习网络。

（2）下层网络的内部奖励的激励机制

下层网络的内部奖励如何设置也是分层强化学习需要设计和讨论的重要部分。部分模型的下层网络引入一部分的环境奖励（也称为外部奖励），并和内部奖励进行混合，例如 FuNs，引入超参数 α 来协调内外层奖励的比重。此外，在很多以环境状态为子目标的分层结构中，下层的奖励是完全封闭的内部奖励，其目的是让下层完全服从于子目标的指引。例如，图 2-25 所示的离线策略矫正的分层强化学习（Hierarchical Reinforcement Learning with Off-Policy Correction，HIRO）[45]网络结构中，目标被定义为前一状态 s_t 和后一状态 s_{t+1} 之间的差值，下层网络的内部奖励为状态间的负欧氏距离加上子目标 g_t，如式（2-58）所示。

$$r(s_t, g_t, a_t, s_{t+1}) = \left\| -s_t + g_t - s_{t+1} \right\|_2 \tag{2-58}$$

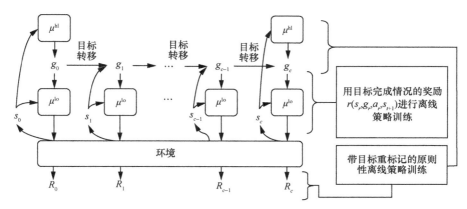

图 2-25　HIRO 网络结构（μ^{hl} 为上层网络，μ^{lo} 为下层网络）

图 2-25 中的 g_0、g_1、g_{c-1}、g_c 分别是第 c 个决策步的子目标，s_0、s_1、s_{c-1}、s_c 分别是第 c 个决策步的状态，R_0、R_1、R_{c-1}、R_c 分别是第 c 个决策步后收到的环境奖励。利用这种类似于损失函数的形式作为下层网络的训练奖励，可以让下层网络建立以目标状态为导向的决策网络。

（3）子目标时效问题

在 FuNs 中，子目标的值与下层网络同步更新产生，每一个时间步都由新的独立的子目标指引。而在 HIRO 网络[45]中，子目标在每隔固定时间步数后产生，在此期间始终保持之前目标不变。灵活的子目标更新节奏与这种固定的子目标更新节奏不同，例如在图 2-26 的分层深度 Q 网络（Hierarchical-DQN，H-DQN）[46]结构中，在每个子目标完成或者超时未完成的情况下才由上层网络更新目标。

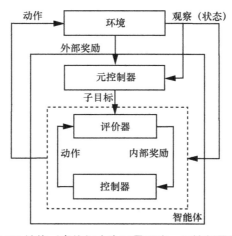

图 2-26　H-DQN 结构（虚线框内为下层网络，元控制器层为上层网络）

（4）子目标如何生成

由分层的结构可以看到，下层网络不关心全局任务的执行情况，因此影响总奖励的主要因素是子目标设置，如何能自主地设置和探索子目标是分层强化学习效果提升的关键。在 FuNs 和 HIRO 网络[45]中，子目标本质上是上层网络直接输出的特征向量。而在 H-DQN 和后续改进的无模型分层强化学习（Model-Free Hierarchical Reinforcement Learning，Model-Free HRL）[47]中，子目标在一个集合中，是状态空间的子集，上层网络要做的不是凭空产生一个目标，而是评估当前状态下选择哪个目标回报更高。而目标集合通过在智能体与环境的交互过程中挑选异常奖励点来进行更新，这样的设计更加适应于稀疏奖励的强化学习问题。除了使用时间尺度上的异常奖励点作为子目标外，Model-Free HRL 还提出了空间尺度上的子目标，使用 K 均值聚类算法将状态空间分割成 k 块，上层网络以更粗粒度的视角指挥目标。

分层强化学习的本质是在时间尺度和空间尺度上放缩了任务，从逻辑上细分了任务流程，减小了所需要学习的任务量，尤其适合于逻辑性较强以及具有稀疏奖励特征的大型任务。下层网络由于只需要子目标即可，一般会利用各种可能的子目标进行预训练，同时也不会因为追逐外部奖励而导致探索不足，在完成子目标的过程中避开了环境奖励带来的"短视"问题。因此，分层强化学习比传统强化学习的探索能力强，能够加快训练速度。此外，时间和空间尺度上的缩放让每一层网络都有各自的侧重点，相比单一决策网络具有处理更大范围状态空间问题的能力。不同层网络之间只以目标为纽带，具有模块化的性质，例如同一游戏环境中改变规则或奖励条件等构成的不同任务中，下层网络模块可以通用，上层网络也更适用于多任务强化学习以及迁移强化学习的要求。

总体来看，分层强化学习是强化学习的重要方法，在解决稀疏奖励等多方面任务上有较大优势。关于如何分层的方法仍然值得深入研究，例如子目标设计、网络结构设计、内部奖励设计等问题，还需要针对任务环境做出具体设计和修改。

2.5　迁移强化学习

迁移强化学习的思想源于心理学和认知科学，即在不同但相关的任务之间迁移知识以提高机器学习（Machine Learning，ML）算法的性能。许多心理学研究表明，人类能够通过迁移解决类似任务所保留的知识，来更好、更快地学习任务。保留和重用知识以改善学习过程的想法可以追溯到 ML 的早期阶段。ML 中迁移强化学习的目的是设计一种方法，从一组源任务（例如样本，解决方案）中收集知识并将其迁移到目标任务上。如果迁移方法成功地识别了源任务和目标任务之间的相似性，则迁移的知识很可能会改善目标任务上的学习性能。实际上，良好的表征是任何学习算法中最关键的方面，同时，根据当前的任务自动改变表征是该领域大部分研究的主要目标之一。

迁移强化学习已成功地改善了许多算法在监督学习问题中的性能。近年来，研究者们更关注于如何在强化学习中进行迁移强化学习以及如何使算法从知识迁移中受益。原则上，强化学习已经提供了不需人工监督即可学习任何任务解决方案的机制。但是，除非有领域专家的先验知识，否则在现实世界中通常难以取得足够的交互机会和样本数量以学习近优或最优的解决方案。而且即使强化学习已经解决了当前环境的问题，每当环境和任务发生变化，也必须重新进行学习。迁移强化学习会根据解决一组相似的源任务（即训练任务）时收集的知识自动构建先验知识，并使用它来迁移到任何新任务（即测试任务）的学习过程。理想的迁移强化学习可以大幅减少所需的样本数量，并提高学习的准确性。

与监督学习不同，强化学习的特点是具有许多可设计的元素，例如奖励函数等。因此，强化学习与迁移强化学习的结合可以根据任务之间的差异和相似性来定义许多不同的迁移设置[48]。本节主要从迁移设置、迁移知识类型和迁移目标 3 个角度对迁移强化学习进行归纳和介绍。

2.5.1　迁移强化学习框架

迁移强化学习利用从许多不同任务中收集的知识来提高其在新任务中的学习性能。将任务 M 定义为以四元组 $\langle \mathcal{S}_M, \mathcal{A}_M, \mathcal{T}_M, \mathcal{R}_M \rangle$ 为特征的 MDP，其中 $\mathcal{S}_M$ 是状态空间，$\mathcal{A}_M$ 是动作空间，$\mathcal{T}_M$ 是状态转移函数，$\mathcal{R}_M$ 是奖励函数。状态空间、动作空间 $\mathcal{S}_M \times \mathcal{A}_M$ 定义了任务的领域，而状态转移函数 $\mathcal{T}_M$ 定义了环境动态，奖励函数 $\mathcal{R}_M$ 定义了任务的目标。迁移强化学习问题中涉及的任务空间用 $\mathcal{M} = \{M\}$ 表示。设 Ω 为任务空间 $\mathcal{M}$ 上的任务概率分布，用 $\mathcal{E} = (\mathcal{M}, \Omega)$ 表示环境，在环境上定义迁移强化学习问题，则呈现给智能体的任务服从任务概率分布（即 $M \sim \Omega$）。这类似于传统的监督学习以给定的分布从环境中提取训练样本。迁移强化学习假设存在一系列从相同的任务概率分布上提取的任务，如果有一个算法可以在其中一系列任务（记这些任务为源任务）上取得较优的性能，那么它也可以在来自相同任务概率分布的另外一系列任务（记这些任务为目标任务）上取得相似的良好性能。

在一个标准学习算法中，输入是与任务相关的某种形式的知识，输出是以一组与解决方案相关的可能的解。以 $\mathcal{K}$ 表示知识的空间，作为学习算法的输入空间，$\mathcal{H}$ 表示假设空间，作为学习算法的输出空间。特别地，$\mathcal{K}$ 是指可用于任务计算的所有元素，尤其是实例（例如，样本）、问题的表示形式（例如，选项集、特征集）和参数（例如，学习率）。$\mathcal{K}$ 包括专家提供的先验知识、从迁移算法获得的迁移知识以及从任务中收集的直接知识。标准学习算法定义为式（2-59）所示的映射。

$$\Phi_{\text{learn}} : \mathcal{K} \rightarrow \mathcal{H} \tag{2-59}$$

根据式（2-59）提供的标准学习算法的定义，可以定义迁移强化学习算法的一般形式。通常，在单任务学习中，仅直接从当前的任务中收集实例，而问题的表示形式和参数由专家事先提供。在迁移强化学习中，其目标是通过观察先前的任务，获得知识，来调整学习算法结构，从而减少对目标任务实例和领域专家先验知识的需求。设 $\mathcal{E} = (\mathcal{M}, \Omega)$ 是当前的环境，L 是从任务空间 $\mathcal{M}$ 提取的源任务的任务数，M 由 Ω 分布得到，一个迁移强化学习算法通常是知识迁移阶段和学习阶段组合的结果。令 $\mathcal{K}_S^L$ 是从 L 个源任务收集的知识，而 K_T 是目标任务可用的知识。迁移阶段定义如下。

$$\Phi_{\text{transfer}} : \mathcal{K}_S^L \times \mathcal{K}_T \rightarrow \mathcal{K}_{\text{transfer}} \tag{2-60}$$

其中，$\mathcal{K}_{\text{transfer}}$ 是学习阶段最终被迁移的知识。特别地，将学习阶段定义如下。

$$\Phi_{\text{learn}} : \mathcal{K}_{\text{transfer}} \times \mathcal{K}_T \rightarrow H \tag{2-61}$$

尽管在式（2-63）的定义中，K_T 既存在于迁移阶段，又存在于学习阶段，但在大多数迁移设置中，迁移阶段都没有关于目标的知识。这种形式化还表明，迁移算法必须与第二阶段中使用的特定学习算法兼容，因为 $\mathcal{K}_{\text{transfer}}$ 被用作了 Φ_{learn} 的附加知识来源。通常将迁移算法的性能与式（2-59）中的学习算法进行比较，后者仅将 $\mathcal{K}_T$ 作为输入。在迁移强化学习问题和方法的分类上，可以考虑从迁移设置、迁移知识类型和迁移目标 3 个角度来进行。

2.5.2　根据迁移设置的分类

在迁移强化学习问题的一般表述中，将环境 ε 定义为任务空间 $\mathcal{M}$ 及其上的任务概率分布 Ω。强化学习问题是由诸如状态空间、动作空间和奖励函数等元素定义的，根据这些元素组合的不同，可以定义出不同类别的迁移强化学习任务。此外，在一般定义中任务是从任务概率分布 Ω 提取的，但仍然有许多具有预先固定的任务的迁移设置，这种固定任务的设置没有考虑学习算法对其他任务的泛化。例如，大多数任务间映射方法集中在只有一个源任务和一个目标任务可用的设置上。尽管通常会做出任务相似性的隐含假设，但只是将任务作为算法的输入给出，而未对任务概率分布进行任何显式定义。下面，我们将区分 3 种不同的迁移设置类别。

（1）在固定领域中从源任务到目标任务的迁移

如 2.5.1 节所定义的，任务的领域由状态动作空间 $\mathcal{S}_M \times \mathcal{A}_M$ 确定，而任务的特定结构和目标由转移函数 $\mathcal{T}_M$ 和奖励函数 $\mathcal{R}_M$ 定义。大多数与迁移强化学习有关的早期文献都集中在领域固定的设置上，并且只涉及两个任务：源任务和目标任务。在监督学习中，这种设置通常被称为归纳迁移强化学习。迁移算法在迁移时可能会或可能不会访问目标任务。如果没有目标知识可用，则迁移算法可以对源任务中收集的知识（例如策略）执行浅层迁移，然后直接将其用于目标任务中。如果原任务和目标任务共享相同特征，迁移算法还可以尝试从源任务中提取一些可能与解决目标任务有关的一般特征（例如子目标）。此外，若某些目标知识在迁移时可用，则可以使用它们来使源知识适应目标任务。

（2）跨固定领域任务迁移

在跨固定领域任务迁移设置下，我们将考虑在任务空间上分布的环境 $\mathcal{E}$ 的一般定义。在这种情况下，任务共享相同的领域，并且迁移算法将以从一组源任务中收集的知识作为输入，并使用这些知识来提高其在目标任务上的性能。目标通常是使源知识能够泛化到 $\mathcal{M}$ 中的服从任务概率分布 Ω 的其他任务上。与监督学习相似，随着源任务数量的增加，与不使用任何迁移知识的单任务学习算法相比，迁移强化学习算法能够提高服从任务概率分布 Ω 的目标任务的平均性能。

（3）跨不同领域任务迁移

在跨不同领域任务迁移设置中，任务具有不同的领域，即它们的"状态–动作"变量具有不同的数量和范围。在这种情况下，大多数迁移强化学习方法着重于定义源"状态–动作"变量和目标"状态–动作"变量之间的映射，从而在源任务和目标任务之间获得有效的知识迁移。

2.5.3　根据迁移知识类型的分类

对迁移知识和特定迁移过程的定义是迁移强化学习算法的设计重点之一。知识空间 $\mathcal{K}$ 包含从环境中收集的实例（例如，样本）、解决方案的表示形式和算法本身的参数。一旦定义了算法的知识空间，就需要重点设计如何将知识从源任务迁移到目标任务。这里将可能的知识迁移方法分为 3 类：实例迁移、表征迁移与参数迁移。

（1）实例迁移

在动态规划算法中，转移函数和奖励函数是事先已知的。然而，强化学习算法依赖于从与 MDP 直接交互中收集的一组样本来为当前的任务建立解决方案，转移函数隐含在 MDP 中。所以，强化学习算法需要使用这组样本来对 MDP 进行估计和建模，或是直接构建值函数或策略的近似值。迁移强化学习算法可以收集来自不同源任务的样本，并在学习目标任务时对这些样本进行重用。

（2）表征迁移

每种强化学习算法都有与任务和解决方案相关的特定表征形式，例如状态聚合、神经网络或一组用于逼近最佳值函数的函数拟合器。在学习了不同的任务之后，迁移强化学习算法通常会更改与任务和解决方案相关的特征形式。迁移强化学习算法对上述表征形式的修改通常涉及奖励设计、选择性 MDP 增强以及函数拟合器提取。

（3）参数迁移

强化学习算法通常定义了算法的超参数。例如，在深度 Q 学习中，Q 值估计神经网络使用随机值作为神经网络参数的初始值，并使用梯度下降方法对神经网络参数进行调整和优化。神经网络参数的初始值和强化学习的学习率定义了强化学习算法使用的超参数。一些迁移强化学习算法会根据源任务的不同而对算法的超参数进行更改和调整。例如，如果某些"状态–动作"对中的动作值在所有源任务中都非常相似，则可以将目标任务的 Q 值估计神经网络的参数初始化为更方便的值，从而加快学习过程。特别是在仅具有一个源任务的迁移设置中，通常可以通过采用初始解决方案（即策略或值函数）的方式来完成迁移强化学习算法的迁移过程。

2.5.4　根据迁移目标的分类

在监督学习中，通常以预测误差来衡量分类器或回归器的性能；而在强化学习中，根据环境和任务的不同，用差异化的方法来评估学习算法返回的解决方案的质量。因此，可以根据原强化学习问题中不同的学习目标和评估方式，使用许多不同的性能指标评估迁移强化学习算法的迁移过程。不同的性能指标可以组成不同的迁移目标。在这里，我们讨论以下 3 个主要的迁移目标。

（1）提高学习速度

该迁移目标是使迁移强化学习算法面对新任务时，可以减少学习这一任务的解决方案所需的经验数量，进而减少学习过程收敛前与环境之间的交互操作，提高在新任务上的学习速度。该迁移目标可以通过两种不同的方法实现。第一种方法是使算法更有效地利用从环境探索中收集的经验。当新任务服从 Ω 分布时，可以从已解决的任务中提取一组知识，使迁移强化学习算法偏向有限的一组解决方案，从而减少迁移强化学习算法对新任务的学习时间。第二种方法是关于收集样本的策略。在在线强化学习算法中，特定的探索策略有助于在与环境的直接交互中收集新样本。从已解决的任务中获得的经验可以为新任务定义更好的探索策略。例如，如果所有任务在状态空间的有限区域内都存在，频繁访问该区域的探索策略可以提供更多有用的样本。

在实际应用中，至少可以使用 3 种不同的方法来衡量学习速度的提高：阈值法、面积比法和有限样本分析法。在考虑目标性能的所有问题中，可以设置阈值并衡量多少经验（例如，样本数量或迭代次数）是单任务和迁移强化学习算法所需要的。如果迁移强化学习算法可以用更少的经验来达到目标性能，则说明它能成功地利用从先前任务中收集到的知识。此度量标准的主要缺点是阈值可能是任意的，并且未考虑迁移强化学习算法的整个学习过程。例如，迁移强化学习算法达到给定阈值的速度更快，但是初始性能非常差，或者没有达到渐近最优性能。针对初始性能差的问题，可以考虑利用实例迁移结合参数迁移的方法来加以优化：将源样本添加到用于学习目标任务的样本集中，并将迁移强化学习算法初始化为有限的解决方案。特征迁移的方法则通过增加当前任务和当前解决方案的特征来提高学习速度。

（2）渐近改进性能

在实际问题中，由于"状态–动作"空间可能具有连续性，通常不可能完美地逼近最佳值函数或策略，并且必须使用函数拟合器。函数拟合器的近似值越精确，迁移强化学习收敛时的泛化性就越好。函数拟合器的精确度严格取决于用于表示解决方案的假设空间 $\mathcal{H}$ 的结构（例如，值函数）。当有大量样本可用时，一种函数拟合器在假设空间 $\mathcal{H}$ 上的精确度的经验度量方法是，比较迁移强化学习和单任务强化学习之间的渐近改进性能。所以，迁移强化学习的渐进改进性能也可以作为一种迁移目标。这个目标通常通过适应 $\mathcal{H}$ 结构的特征迁移方法来实现（例如，通过改变线性近似空间中的特征），以便准确地近似 $\mathcal{M}$ 中任务的解决方案。通俗地讲，更优的渐近改进性能意味着在强化学习算法收敛后，迁移强化学习算法可以获得比单任务强化学习算法更优的累积长期奖励。

（3）快速启动改进

学习过程通常从假设空间 $\mathcal{H}$ 中随机或任意的假设 h 开始。根据环境的定义，所有任务服从任务概率分布 Ω。在观察许多源任务之后，迁移算法可以针对 $\mathcal{M}$ 中任务的解决方案建立有效的先验知识，并且以已知的最佳解决方案为基础初始化迁移强化学习算法以提高初始性能，但是需要注意的是这并不意味着学习速度也能够同步得到提高。比如在源任务与目标任务之间最佳策略差异比较大，但是近优策略差异不大的情况下，如果将迁移强化学习算法初始化为源任务的最佳策略，而这一策略在目标任务上表现不好，会导致学习速度的严重下降。此外，从源任务迁移来的策略有可能是一种有效的探索策略，用于为学习目标任务的最佳策略收集样本，但是这种探索策略自身的性能较差。在该情况下，只要探索策略的性能优于随机策略或者任意其他已知策略，就可以考虑通过参数迁移的方法来实现具体的迁移强化学习算法。

2.6 多任务强化学习

2.6.1 多任务学习基本概念

机器学习通常需要大量的训练样本来学习一个精确的模型。而建立在神经网络上的深度学习模型更是需要数以百万计的标记样本来训练具有数十甚至数百个包含大量模型参数的神经网络。但是，有些应用程序中，含有标记的样本难以收集，例如网络异常检测。在这种情况下，有限的训练样本尚不足以学习浅层模型，更不需考虑训练开销更大的深层模型。对于训练样本不足的问题，当存在多个相关任务且每个任务都有有限的训练样本时，多任务学习（Multi-Task Learning，MTL）是一个很好的解决方案。在 MTL 中，有多个学习任务，每个学习任务都可以是常规学习任务，例如监督任务（例如分类或回归问题）、非监督任务（例如聚类问题）、半监督任务和强化学习任务。在这些学习任务中，所有任务之间或至少其中一个子集被假定为彼此相关。与单独学习这些任务相比，MTL 共同学习多个相关的任务可以大大提高泛化性能。

在迁移强化学习中，通常将从先前任务中学到的知识应用于新任务的学习中。MTL 受此启发，一个任务中包含的知识可以被其他任务利用，自然可以对多个学习任务进行联合学习。MTL 的设置与迁移强化学习类似，但也有显著差异。一般来说，在 MTL 中不同任务之间没有区别，被平等对待，而其目的是提高所有任务的性能。但是，在通过源任务提高目标任务性能的迁移强化学习中，目标任务比源任务更为重要。非对称 MTL 则与迁移强化学习更为相似，仅在旧任务的帮助下学习新任务，其核心问题是如何在新任务中利用旧任务中包含的知识。

2.6.2　多任务强化学习

在强化学习中，如果智能体所面临的任务来自同一分布，那么可以考虑结合多任务学习来优化智能体的学习过程和性能。在多任务学习期间，首先，单个智能体将借助强化学习算法学习自己的任务，而不同智能体之间的任务又紧密相关。然后，每个智能体定期与全局网络共享其神经网络参数。通过组合所有单个智能体的学习参数，全局网络可以生成一组新的参数，并将这组参数与所有智能体共享。这是一种多任务强化学习方法，主要目标是通过在相同环境中的多个相关任务之间共享知识来增强强化学习智能体的整体性能。多任务强化学习的关键之一是智能体应学习在各种相关任务中共享和使用的公共知识。

多任务强化学习算法相对于强化学习算法的优势在算法的可伸缩性和系统资源管理的有效性等因素上有所体现。可伸缩性与强化学习算法的两个主要弱点密切相关：首先，强化学习算法的训练通常会花费大量时间，并且还需要更多的数据样本才能收敛到可接受的结果；其次，经过特定任务训练的强化学习智能体只能用来解决相同的任务。通过分析强化学习算法的上述两个典型缺点，可以得出：多任务强化学习算法一定能够提供相比单任务强化学习算法更优的结果。同样地，在有限的系统资源条件下，单任务强化学习算法需要平衡不同智能体的系统资源需求，不同的智能体可能会分别重复学习公共知识而导致对系统资源的浪费。在多任务强化学习算法中，负责不同任务的智能体可以联合起来学习并共享这些公共知识；而特定任务的重要性与智能体在该任务中获得的奖励的规模是一致的，任务之间的差异性可以得到灵活体现。

在多任务强化学习算法中，并行多任务学习算法最广为人知。在并行多任务学习算法中，每个强化学习智能体所负责的任务互不相同。参照深度强化学习模型所使用的"演员评论家"体系结构，构建了一个"评论家"（Critic）用于估计状态值函数，并构建了多个不同的"演员"（Actor），用于在不同的任务上分别执行对应智能体的策略。进一步地，每个单独的"演员"都收集它们与环境交互的学习阶段记录（包含多个样本），并将学习阶段记录或同步、或异步地发送给"评论家"。每个"演员"在下一个学习阶段开始之前从"评论家"那里获取最新的策略参数。通过这种方法，每个智能体可以将其在负责的任务上的学习结果（知识）与负责其他任务的智能体进行共享，中心化的"评论家"则可以从这些知识中抽取出公共知识，并将公共知识分发给智能体，从而整体提高智能体的学习能力、扩展强化学习对多任务的可伸缩性并且节省系统资源。

2.6.3　基于多任务学习的迁移强化学习

与多任务监督学习可以同时考虑来自多个任务的数据不同，在多任务迁移强化学习中，智能体并不尝试同时学习多个问题（即，在多个 MDP 中进行学习操作），而是在同一个 MDP 中处理一系列相关的任务。多任务迁移强化学习与一般的迁移强化学习主要有两点不同：一个是多任务迁移强化学习中任务间的相关性比一般的迁移强化学习中任务间的相关性更高；另一个是多任务迁移强化学习是从一组（多个）源任务迁移到目标任务，而一般的迁移强化学习是从一个源任务迁移到目标任务。本节介绍当从一组源任务中学得的知识可用时的多任务强化学习（Multi-Task Reinforcement Learning，MTRL）算法。在这种情况下，MTRL 算法应处理两个主要问题：如何合并不同来源的知识，以及如何避免与目标任务相差太大的来源的知识。主要可分为以下 3 类。

（1）基于实例的迁移

基于实例的迁移方法的主要思想是对源样本的迁移可以改善多任务迁移强化学习算法对目标任务的学习效果。但是，如果样本从与目标任务相差太大的源任务迁移而来，则可能会发生负迁移（对目标任务的学习产生负面效果）。基于实例的迁移方法依靠源任务和目标任务之间的相似度来选择哪些源样本应该被迁移到目标任务中，从而避免了对多个源任务的大量源样本的整体迁移。源样本可以按照与目标任务的相似度成比例地迁移到目标任务中。

（2）基于表征的迁移

基于表征的迁移方法从多个源任务中推断出可以跨任务保留的一般表征，从而有效利用这些表征来提高多任务迁移强化学习算法在目标单任务上的平均学习效果。基于表征的迁移方法可以进一步分为以下2类。

① 选项迁移

选项迁移方法引入了一个新的选项（称为重用选项）到可用动作集中。这个动作集由从多个源任务上学习的最佳策略组成，可以在目标任务上被重新使用以加快对目标任务的学习。当学习到目标任务的解决方案后，该过程可重复执行，以便将目标任务也添加到源任务组合中，并相应地更新重用选项。在获得了足够数量的源任务之后，重用选项可以显著加快多任务迁移强化学习算法对新目标任务的学习过程。对于部分可观测马尔可夫决策过程（Partially Observable Markov Decision Process，POMDP）的情况，也可以使用选项迁移方法来加快学习速度。假设任务集合是预先已知的，并且估计了有关当前目标任务具体是任务集合中哪一个任务的置信度。那么，以置信度加权的不同源任务的重用选项的平均值可以当作当前目标任务的重用选项。

② 特征迁移

强化学习与深度神经网络结合能获得成功的主要原因是深度学习（深度神经网络）能够从与环境相关的高维输入状态中有效地提取特征，从而将强化学习的适用性扩大到更复杂的环境和场景。同样地，特征迁移法假设多任务迁移强化学习也需要能够实现良好的环境抽象的能力（例如特征提取能力），即强化学习智能体需要学习的不同任务可能具有共享的解决方案结构和存在推断决策过程的内置冗余。如果可以将这些共同因素抽象化（即提取公共特征），将加快整个多任务迁移强化学习过程。学习公共特征的一种方法是学习鲁棒、可迁移的环境抽象，该抽象可以概括智能体在环境中遇到的一组源任务。值函数是强化学习领域中的关键思想之一，主要与函数拟合器结合使用，以概括与智能体环境相关的大型状态动作空间，也因此常常被用来评估特定状态的良好程度。此外，早期的研究表明，值函数可以捕获和表示超出其当前源任务的知识，这些知识可以被利用或重新用于对目标任务的学习。

（3）基于参数的迁移

与基于表征的迁移方法不同，基于参数的迁移方法显式地定义了任务空间上的任务概率分布，并尝试估计真实的任务概率分布，以便在样本空间上建立先验知识，从而提高多任务迁移强化学习算法的初始性能（或改进学习速度）并减少解决目标任务所需的样本数。对任务概率分布的估计通常可以建模为层次贝叶斯模型，从每个源任务中抽取样本作为输入，采样服从真实的任务概率分布（其真实超参数未知）。因此，对任务概率分布的估计可以转换为在给定一个先验概率的超参数集合上，求解超参数的推理问题。这个推理问题同时利用了对所有源任务收集的知识。因此即使每个源任务只有少量样本可用，该算法仍然可以利用大量任务来求解推理问题并学习到对超参数的准确估计。随着源任务数量的增加，对超参数的估计将越来越接近于真实的超参数。

2.7　逆强化学习

当需要智能体学习最佳决策行为时，可以使用强化学习。在最佳控制或预测控制中都可以将问题表述为可解决的前向学习或前向控制任务。这里的关键要素是通过奖励函数的设计来指引智能体的偏好和目标。逆强化学习（Inverse RL，IRL）则是在给定策略或所观察行为的情况下，推断智能体奖励函数的问题。与RL 类似，IRL 既可以被视为一个问题，也可以被视为一类方法。由于 IRL 可利用任务中已经产生的数据来构建自主智能体，而不对任务的性能产生影响，在过去十年左右的时间里，吸引了人工智能、心理学、控制理论和机器学习领域大量研究人员的关注[49]。

例如，在高速公路匝道汇入路口处，有 A 车在主路正常行驶，B 车（在这个问题中作为环境的一部分）从匝道驶来即将汇入主路。为了安全地将 B 车驶入拥挤的高速公路中，应当对 A 车的行为进行建模。研究者可以使用先前收集的汽车轨迹数据了解驾驶员（该问题中的专家）在进行这一困难并道时的安全性和速度偏好，例如可以使用交通领域的下一代仿真（Next Generation Simulation，NGSIM）工具中的数据。在交通并道示例中，研究者可手动设计 A 车的奖励功能。例如，如果在某种状态下 A 车采取行动降低与 B 车的相对速度，则设置 H 奖励，这使得 A 车在距离并道路口预定距离之内，从而 B 车可以安全并道。类似地，如果在某种状态下执行操作，将负奖励–1 给予增加与 B 车相对速度的动作。这个简单的奖励设计意味着 A 车必须减速以适应 B 车的速度。但是，当出现更多的安全需求时（例如，将 B 车保持安全距离并道到 A 车的后面）则需要进一步调整奖励的设计。虽然在许多领域中人工设计的奖励函数足以获得预期的效果，但是需要反复试验，并在多个相互冲突的目标间保持微妙平衡[50]。在实际应用中，这种人工设计奖励函数的做法存在困难。

专家的一连串决策样本称为"轨迹"。IRL 通过专家策略提供的演示轨迹，可扩展强化学习的适用性并减少奖励函数的手动设计，即使无法完整地获取所需策略，也可以较为容易地以记录数据的形式获取策略的行为演示。例如，我们难以完全获取 B 车遇到的所有突发事件的状态到动作的映射，但是数据集（如 NGSIM）可以包含现实驾驶中 A 车和 B 车的轨迹。因此，IRL 构成了从示范中学习的关键方法[51]。

IRL 与强化学习问题不同，强化学习试图根据与环境交互的经验学习最大化累积奖励的最佳行为，而 IRL 则试图通过学习相应的奖励函数来最好地理解观察到的动作。在强化学习中，已知状态 s 的情况下，智能体选择动作 a，并接收由智能体可能未知的奖励函数 R 产生的回报 r。智能体执行动作后，当前状态发生变化，这一过程可由未知的转换函数 T 进行建模。在 IRL 中，将智能体 L 的输入和输出反转。智能体 L 感知专家 E 的状态和动作（或其策略），并学习最能解释专家 E 行为的奖励函数 R_E 作为输出。当然，学习到的奖励函数 R_E 可能不完全对应于真实的奖励函数。

然而，IRL 的实现难度很大。一方面目前 IRL 在寻找能够最佳解释观测到的动作的奖励函数时，无法使用最优化方法；另一方面，求解 IRL 问题所需要的计算资源可能会与问题规模相比不成比例地快速增长。下面，将具体的介绍 IRL 中的几个难点问题。

① IRL 对奖励函数的推断可能不准确。Ng 等[52]注意到许多奖励函数（包括高度退化的函数，例如所有奖励值均为零的函数）可以解释同一个观察结果。这是因为输入通常是有限的，而且动作（或策略）样本少，不同的奖励函数在当前环境中可能导致相同的行为策略。由于 IRL 在解决方案方面可能存在歧义，我们应该衡量所学习到的策略与真实策略在价值上的差异。

② 泛化性也是 IRL 需要考虑的问题。泛化是指将学习到的信息推广到未观察到的状态和动作中，并在不同的初始状态下启动任务。面临的挑战是如何将整个状态空间中一部分的数据正确地推广到未观察到的状态空间中。良好的泛化性意味着使用更少的样本来训练智能体。但是如果泛化性不佳，较少的样本可能会带来较大的近似误差，最终导致不准确的推论。

③ 先验知识中的专家偏好也是 IRL 应当考虑的问题。如果将奖励函数 R_E 用一组加权的奖励特征函数进行表示。那么，先验知识可以认为是通过特定专家带来的奖励特征函数和 MDP 中的转移函数 T 输入到 IRL 中的。因此，IRL 的准确性与奖励特征函数的选择相关。此外，这还取决于 MDP 对专家的动力学特性建模的准确性。如果由于专家执行策略时的噪声，而无法确定专家的动力学特性，则需要在转移函数中精确地建模相应的随机性。因为先验知识在 IRL 中十分重要，所以首先需要保证先验知识的准确性，其次需要弱化对先验知识正确性的依赖，必要时使用所学到的信息对先验知识进行替代。

④ 问题规模的增加会对 IRL 每次迭代的运行时间产生不利影响。IRL 的计算复杂度可以表示为每次迭代的时间复杂度及其空间复杂度。每次迭代的时间归因于使用当前所学习的奖励函数求解 MDP 的复杂性。虽然求解 MDP 具有与其参数大小相关的多项式复杂度，但是诸如状态空间之类的参数却受"维数诅咒"的影响，与状态向量的分量数（维度）之间呈指数关系。此外，诸如机器人技术等领域中的

状态空间通常是连续的，对连续状态空间进行离散化会导致离散状态数量呈指数级增长。影响 IRL 的另一种复杂度是样本复杂度，即输入的轨迹数。随着问题规模的增加，专家必须展示更多的轨迹，以保持训练数据对状态动作空间足够的覆盖。

2.8　分布式强化学习

并行计算和分布式训练的出现使得训练大规模神经网络成为可能。而在强化学习中，随着算法和模型的类别越来越多，大规模学习和模拟的需求也越来越强烈。在缺少主要计算模式（如张量代数）或基本组成规则（符号微分）的情况下，大规模强化学习算法的设计和实现较为复杂，需要实现人工设计的复杂嵌套并行计算。同时，与一般深度学习框架中的操作不同，强化学习中单个组件可能需要实现跨集群的并行，并且递归地调用其他组件（如基于模型的子任务），或与第三方模拟器的接口。因此，分布式强化学习的一个关键问题是如何基于这些异构和分布式组件，设计一个合理的并行结构。此外，在分布式强化学习中，经验回放池和模型参数等组件，也必须能够跨多个并行的物理设备进行管理。

尽管近年来强化学习算法得到了不断的发展和应用，但是很少能够以分布式的方式对强化学习组件进行大规模地组织。常见的分布式强化学习实现形式都依赖程序副本之间的通信来执行分布式计算，如通过消息传递接口（Message-Passing-Interface，MPI）、分布式 TensorFlow 和参数服务器等形式，并没有自然地将并行性和资源需求在组件间进行灵活实现。对于新的强化学习算法，需要人工重新设计大部分的分布式通信和计算执行过程。因此，研究人员开始考虑通过组合和重用现有组件的方式来构建具有伸缩性的分布式强化学习算法。

在深度强化学习的实际应用领域，来自客户的数据往往是敏感的、有隐私保护需求的，在用户特征重叠部分较小、训练数据有限的情况下，并不容易找到一个高质量的学习方法。联邦学习[53]作为分布式学习的重要场景，能够在各个客户只分享有限信息的情况下，通过多个用户数据进行联合训练得到一个效果更好的模型。而联邦强化学习是专门针对强化学习提出来的一个联邦学习框架，旨在通过在智能体间共享部分有限信息（即 Q 网络的输出），为每个智能体学习一个私有的 Q 网络策略。当信息被发送给他人时，进行"编码"，当别人接收信息时，进行"解码"。假设一些智能体能够观察状态，并且能够获得与状态和动作相对应的奖励，而其他智能体只观察状态且不能获得奖励，即无法只根据自己的信息制定决策。在联邦强化学习下，通过共享信息的辅助，所有智能体都可以提供决策。

在联邦强化学习中，每个智能体（以智能体 α 和智能体 β 为例）都有一个自己的 Q 网络（智能体 α 的 Q 网络 Q_α 的参数为 θ_α，智能体 β 的 Q 网络 Q_β 的参数为 θ_β），

同时还存在一个全局 Q 网络 Q_f（参数为 θ_g）。学习过程主要分为 3 个阶段：首先，每个智能体自身的 Q 网络的输出值以均值为 0、方差为 δ^2 的高斯分布 $N(0,\delta^2)$ 进行高斯微分加密，并收集其他智能体经高斯微分加密后的 Q 网络输出值（例如，智能体 α 收集的 Q 网络输出值为 C_α）；然后，每个智能体构建一个全局 Q 网络，根据收集的其他智能体的输出和自己的 Q 网络输出来计算全局 Q 网络输出；最后，根据全局 Q 网络的输出，更新构建的神经网络模型和自己的 Q 网络。其中，构建的全局 Q 网络参数在所有智能体间保持一致，因此这里不区分每个智能体内部的全局 Q 网络，统一用符号 Q_f 和参数 θ_g 表示。而智能体自己的 Q 网络对其他智能体不可见，也无法通过共享为其他智能体的经高斯微分加密的 Q 网络输出进行推断。联邦强化学习框架如图 2-27 所示，其中 s_α^t 表示在 t 时刻输入给智能体 α 的状态，s_β^t 表示在 t 时刻输入给智能体 β 的状态，d_α 表示动作的维度，q_1^α 到 $q_{d_\alpha}^\alpha$ 表示智能体 α 的 Q 网络对动作 1 到动作 d_α 输出的 Q 值估计，q_1^β 到 $q_{d_\alpha}^\beta$ 表示智能体 β 的 Q 网络对动作 1 到动作 d_α 输出的 Q 值估计，$N(0,\delta^2)$ 表示以均值为 0、方差为 δ^2 的高斯分布，C_α 表示其他智能体收到的经高斯微分加密的智能体 α 的 Q 值输出，C_β 表示其他智能体收到的经高斯微分加密的智能体 β 的 Q 值输出，q_1^f 到 $q_{d_\alpha}^f$ 表示智能体中全局 Q 网络对动作 1 到动作 d_α 输出的 Q 值估计。

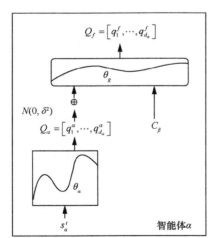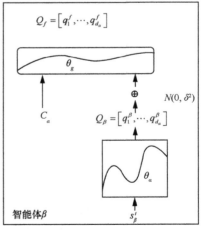

图 2-27　联邦强化学习框架

通过利用高斯微分加密对共享的信息加密，联邦强化学习既保护了各智能体自身的隐私，又促成了智能体间的联合学习，在现实领域具有很大的潜在应用价值。例如，在工业领域，一件产品的完成需要许多工厂生产不同的部件，而单个工厂规模和数据有限，并不容易建立高质量的决策，联邦强化学习能够保证在数据不被泄露的情况下建立联邦决策。在医疗领域，医院很难收到患者的反馈，同时医院拥有的患者信息是有限且隐私的，联邦强化学习的应用可以在保护患者数据的情况下帮助医院建立合适的反馈政策。

参考文献

[1] WHITE D J. A survey of applications of Markov decision processes[J]. Journal of the Operational Research Society, 1993, 44(11): 1073-1096.

[2] VERMOREL J, MOHRI M. Multi-armed bandit algorithms and empirical evaluation[C]//16th European Conference on Machine Learning. Berlin: Springer, 2005: 437-448.

[3] BROWNE C B, POWLEY E, WHITEHOUSE D, et al. A survey of monte carlo tree search methods[J]. IEEE Transactions on Computational Intelligence and AI in Games, 2012, 4(1): 1-43.

[4] SUTTON R S, BARTO A G. Reinforcement learning: an introduction[M]. 2nd ed. Cambridge: MIT Press, 2018.

[5] LUONG N C, HOANG D T, GONG S, et al. Applications of deep reinforcement learning in communications and networking: a survey[J]. IEEE Communications Surveys and Tutorials, 2019, 21(4): 3133-3174.

[6] MNIH V, KAVUKCUOGLU K, SILVER D, et al. Human-level control through deep reinforcement learning[J]. Nature, 2015, 518(7540): 529-533.

[7] VAN HASSELT H, GUEZ A, SILVER D. Deep reinforcement learning with double q-learning[C]//30th AAAI Conference on Artificial Intelligence. Palo Alto: AAAI Press, 2016, 30(1).

[8] HERNANDEZ-LEAL P, KARTAL B, TAYLOR M E. A survey and critique of multiagent deep reinforcement learning[C]//2019 International Conference on Autonomous Agents and Multi-Agent Systems. [S.l.:s.n.], 2019, 33(6): 750-797.

[9] SCHULMAN J, LEVINE S, ABBEEL P, et al. Trust region policy optimization[C]//32nd International Conference on Machine Learning. [S.l.:s.n.], 2015: 1889-1897.

[10] SCHULMAN J, WOLSKI F, DHARIWAL P, et al. Proximal policy optimization algorithms[J]. arXiv preprint arXiv:1707.06347, 2017.

[11] WU Y, MANSIMOV E, LIAO S, et al. Scalable trust-region method for deep reinforcement learning using Kronecker-factored approximation[C]//31st International Conference on Neural Information Processing Systems. [S.l.:s.n.], 2017: 5285-5294.

[12] MARTENS J, GROSSE R. Optimizing neural networks with kronecker-factored approximate curvature[C]//International Conference on Machine Learning. [S.l.:s.n.], 2015: 2408-2417.

[13] HAARNOJA T, ZHOU A, ABBEEL P, et al. Soft actor-critic: off-policy maximum entropy deep reinforcement learning with a stochastic actor[J]. arXiv preprint arXiv:1801.01290, 2018.

[14] TAN M. Multi-agent reinforcement learning: Independent vs. cooperative agents[C]// 10th International Conference on Machine Learning. [S.l.:s.n.], 1993: 330-337.

[15] TUYLS K, WEISS G. Multiagent learning: basics, challenges, and prospects[J]. AIMagazine, 2012, 33(3): 41.

[16] MATIGNON L, LAURENT G J, LE F N. Independent reinforcement learners in cooperative Markov games: a survey regarding coordination problems[J]. Knowledge Engineering Review, 2012, 27(1): 1-31.

[17] FOERSTER J N, ASSAEL Y M, DE FREITAS N, et al. Learning to communicate with Deep multi-agent reinforcement learning[C]//30th International Conference on Neural Information Processing Systems. [S.l.:s.n.], 2016: 2145-2153.

[18] PESCE E, MONTANA G. Improving coordination in multi-agent deep reinforcement learning through memorydriven communication, CoRR abs[J]. arXiv preprint arXiv:1901.03887, 2019.

[19] ALBRECHT S V, STONE P. Autonomous agents modelling other agents: a comprehensive survey and open problems[J]. Artificial Intelligence, 2018, 258: 66-95.

[20] TAMPUU A, MATIISEN T, KODELJA D, et al. Multiagent cooperation and competition with deep reinforcement learning[J]. PloS One, 2017, 12(4): e0172395.

[21] LEIBO J Z, ZAMBALDI V, LANCTOT M, et al. Multi-agent reinforcement learning in sequential social dilemmas[C]//International Conference on Autonomous Agents and Multi-Agent Systems. [S.l.:s.n.], 2017: 464-473.

[22] HUGHES E, LEIBO J Z, PHILLIPS M, et al. Inequity aversion improves cooperation in intertemporal social dilemmas[C]//32nd International Conference on Neural Information Processing Systems. [S.l.:s.n.], 2018: 3330-3340.

[23] FEHR E, SCHMIDT K M. A theory of fairness, competition, and cooperation[J]. The Quarterly Journal of Economics, 1999, 114(3): 817-868.

[24] BANSAL T, PACHOCKI J, SIDOR S, et al. Emergent complexity via multi-agent competition[J]. arXiv preprint arXiv:1710.03748, 2017.

[25] GULLAPALLI V, BARTO A G. Shaping as a method for accelerating reinforcement learning[C]//Proceedings of the IEEE International Symposium on Intelligent Control. Piscataway: IEEE Press,1992: 554-559.

[26] KONIDARIS G, BARTO A. Autonomous shaping: knowledge transfer in reinforcement learning[C]//23rdInternational Conference on Machine Learning. [S.l.:s.n.], 2006: 489-496.

[27] SUKHBAATAR S, FERGUS R. Learning multiagent communication with backpropagation[C]//Advances in Neural Information Processing Systems. [S.l.:s.n.], 2016: 2244-2252.

[28] FOERSTER J, NARDELLI N, FARQUHAR G, et al. Stabilising experience replay for deep multi-agent reinforcement learning[C]//International Conference on Machine Learning. [S.l.:s.n.], 2017: 1146-1155.

[29] PALMER G, TUYLS K, BLOEMBERGEN D, et al. Lenient multi-agent deep reinforcement learning[C]//Proceedings of the 17th International Conference on Autonomous Agents and Multi-Agent Systems. [S.l.:s.n.], 2018: 443-451.

[30] BLOEMBERGEN D, KAISERS M, TUYLS K. Lenient frequency adjusted Q-learning[C]//Belgium-Netherlands Conference on Artificial Intelligence. [S.l.:s.n.], 2010.

[31] ZHENG Y, MENG Z, HAO J, et al. Weighted double deep multiagent reinforcement learning in stochastic cooperative environments[C]//Pacific Rim International Conference on Artificial Intelligence. Berlin: Springer, 2018: 421-429.

[32] LOWE R, WU Y, TAMAR A, et al. Multi-agent actor-critic for mixed cooperative-competitive environments[C]//Proceedings of the 31st International Conference on Neural Information Processing Systems. [S.l.:s.n.], 2017: 6382-6393.

[33] GUPTA J K, EGOROV M, KOCHENDERFER M. Cooperative multi-agent control using deep reinforcement learning[C]//International Conference on Autonomous Agents and Multiagent Systems. [S.l.:s.n.], 2017: 66-83.

[34] FOERSTER J, FARQUHAR G, AFOURAS T, et al. Counterfactual multi-agent policy gradients[C]//Proceedings of the AAAI Conference on Artificial Intelligence. Pola Alto: AAAI Press, 2018, 32(1).

[35] RASHID T, SAMVELYAN M, SCHROEDER C, et al. Qmix: monotonic value function factorisation for deep multi-agent reinforcement learning[C]//International Conference on Machine Learning. [S.l.:s.n.], 2018: 4295-4304.

[36] CASTELLINI J, OLIEHOEK F A, SAVANI R, et al. The representational capacity of action-value networks for multi-agent reinforcement learning[C]//International Conference on Autonomous Agents and Multi-Agent Systems. [S.l.:s.n.], 2019: 1862-1864.

[37] HE H, BOYD-GRABER J, KWOK K, et al. Opponent modeling in deep reinforcement learning[C]//International Conference on Machine Learning. [S.l.:s.n.], 2016: 1804-1813.

[38] GMYTRASIEWICZ P J, DOSHI P. A framework for sequential planning in multi-agent settings[J]. Journal of Artificial Intelligence Research, 2005, 24: 49-79.

[39] HONG Z W, SU S Y, SHANN T Y, et al. A deep policy inference Q-network for multi-agent systems[C]//Proceedings of the 17th International Conference on Autonomous Agents and Multi-Agent Systems. [S.l.:s.n.], 2018: 1388-1396.

[40] JADERBERG M, MNIH V, CZARNECKI W M, et al. Reinforcement learning with unsupervised auxiliary tasks[J]. arXiv preprint arXiv:1611.05397, 2016.

[41] RAILEANU R, DENTON E, SZLAM A, et al. Modeling others using oneself in multi-agent reinforcement learning[C]//International Conference on Machine Learning. [S.l.:s.n.], 2018: 4257-4266.

[42] FOERSTER J, CHEN R Y, AL-SHEDIVAT M, et al. Learning with opponent-learning awareness[C]//International Conference on Autonomous Agents and Multi-Agent Systems. [S.l.:s.n.], 2018: 122-130.

[43] ZHANG C, LESSER V. Multi-agent learning with policy prediction[C]//Proceedings of the AAAI Conference on Artificial Intelligence. Palo Alto: AAAI Press, 2010, 24(1).

[44] VEZHNEVETS A S, OSINDERO S, SCHAUL T, et al. Feudal networks for hierarchical reinforcement learning[C]//International Conference on Machine Learning. [S.l.:s.n.], 2017: 3540-3549.

[45] NACHUM O, GU S, LEE H, et al. Data-efficient hierarchical reinforcement learning[C]//32ed

International Conference on Neural Information Processing Systems. [S.l.:s.n.], 2019: 3303-3313.

[46] KULKARNI T D, NARASIMHAN K R, SAEEDI A, et al. Hierarchical deep reinforcement learning: integrating temporal abstraction and intrinsic motivation[C]//30th International Conference on Neural Information Processing Systems. [S.l.:s.n.], 2016: 3682-3690.

[47] RAFATI J, NOELLE D C. Learning representations in model-free hierarchical reinforcement learning[C]//Proceedings of the AAAI Conference on Artificial Intelligence. Palo Alto: AAAI Press, 2019, 33(1): 10009-10010.

[48] LAZARICA. Transfer in reinforcement learning: a framework and a survey[M]. Berlin: Springer, 2012.

[49] ARORA S, DOSHI P. A survey of inverse reinforcement learning: challenges, methods and progress[J]. Artificial Intelligence. 2021: 103500.

[50] COATES A, ABBEEL P, NG A Y. Apprenticeship learning for helicopter control[J]. Communications of the ACM, 2009, 52(7): 97-105.

[51] ARGALL B D, CHERNOVA S, VELOSO M, et al. A survey of robot learning from demonstration[J]. Robotics and Autonomous Systems, 2009, 57(5): 469-483.

[52] NG A Y, RUSSELL S. Algorithms for inverse reinforcement learning[C]//17th International Conference on Machine Learning. [S.l.:s.n.], 2000.

[53] ZHUO H H, FENG W, XU Q, et al. Federated reinforcement learning[J]. arXiv preprint arXiv:1901.01277, 2019.

第3章
基于强化学习的无线接入优化

    无线接入技术是通信网络研究的重要方向。虽然已经取得了长足的发展，但是目前仍然面临一些传统方法难以有效解决的问题，例如在动态多信道无线接入场景下多个信号的干扰问题，经常会导致信号误码率增大，通信效率降低。这个问题在异构无线网络中也同样存在并且比较严重。同时，在多信道环境下，异构无线网络中信号调制方案、编码方案的选择也是一个尚未完善解决的问题。

    随着深度强化学习的出现与日益发展，研究者们给解决上述问题提供了与传统方法完全不同的解决方案与思路。强化学习被广泛应用于无线通信网络中，尤其是与决策相关的领域。然而，随着状态–动作空间的规模变大，强化学习的有效性会降低。深度强化学习是解决无线系统中状态–动作空间较大的决策问题的一个很好的选择。

    本章主要介绍基于强化学习的无线接入优化的内容，涉及目前深度强化学习应用在无线接入优化中的基础知识以及应用方法。本章分为3节，解决上述提到的几个无线接入中的问题。在每节中，在引入本节所涉及的强化学习方法之后，以最近学术界的成果为研究对象，给读者展示利用强化学习解决具体的无线接入优化问题的过程，以及在使用过程中所涉及的一些技巧与思路，方便读者更好地掌握强化学习在网络智能中的应用方法。

3.1 多信道无线接入

    多信道无线接入是指某个区域的无线通信网络中同时含有多个信道，节点间可以使用不同的信道进行通信。在使用多信道无线接入技术的情况下，接入控制更加灵活。但是，不同信道在同一时刻的占用率以及信道可用状态不同，选择占用率低且可用性高的信道可以获得更优的通信质量。如何选择一个最优的信道使得传输信息的效率最高、误码率最低是一个困难的问题。因为一个多信道无线接入系统中含有大量的系统状态，很难求得理论上的最优选择方案。借助深度强化学习，可以帮助获得一个接近最优选择的结果。通过对多信道无线接入系统进行建模，用深度强化学习进行求解，最大化一段时间内的回报值，回报可以定义为平均信号传输速度等可量化的通信质量指标。研究成果表明，利用深度强化学习，可以帮助处理多信道无线接入的优化问题。

3.1.1　多信道无线接入概述

日益增长的无线通信需求，加上频谱的稀缺，推动了高效多信道无线接入方案的发展。无线通信中的多信道频谱接入是提高频谱利用率和满足日益增长的大规模部署需求的关键技术之一。

然而，对多信道无线接入的优化往往需要依赖大量的网络信息；同时，当信道状态发生变化时，很难最有效地实现信道的接入选择。因此，如何高效地实现多信道的接入是一个值得研究的问题。MDP 是一种有效的解决决策、控制、优化问题的工具，成为当前无线通信中方法论研究的一个关注点。但是多信道问题的通信系统通常不是完全可观察的，系统中含有大量系统状态，这些状态或许只能通过其他方式间接测得其大体范围，甚至无法观测，难以直接建模为MDP。由此，多信道无线接入问题通常建模为 POMDP 问题。在多信道无线接入系统中一个用户通常只具有对部分信道有观测的能力，为每个用户寻找到一个最优的信道接入方案需要指数级别的时间和空间复杂度。在这种情况下，当信道彼此独立时，可以使用基于马尔可夫的方法来比较快速地解决信道选择的问题[1-2]。但是在信道之间彼此有相互作用时，该方法的效果欠佳。Q-learning与其他机器学习技术相结合可以解决复杂多信道通信环境下的最优决策问题。例如，Venkatraman 等使用 Q-learning 设计了一个多通道无线接入场景下寻找当前时刻最优通信信道的方法[3-4]。

近年来，深度强化学习因其强大的学习能力，在智能决策、无人驾驶、边缘计算卸载等领域取得了一些研究进展。受到深度强化学习的启发，我们可以将深度强化学习策略引入到多信道无线接入，以期实现多信道的智能接入。在建立多信道无线接入模型的基础上，将多信道智能接入问题建模为离散状态与动作空间的马尔可夫决策过程。针对 Q-learning 状态空间大和收敛慢等问题，通过设计深度神经网络，利用梯度下降法来训练深度神经网络的权值，采用经验回放策略降低数据的相关性，修正损失函数解决状态–动作函数过高估计的问题，以获得近似最优的多信道智能接入策略。深度强化学习已经被具体应用于无线电的多信道无线接入问题[5-11]和无线传感网的信道接入问题[12-13]。

3.1.2　基于 DRL 的动态多信道无线接入

目前已有不少基于 DRL 的动态多信道无线接入的工作。例如，Wang 等[14]考虑了一个动态的多信道无线接入问题，该模型的多个接入信道相互关联，并且这些相互关联的信道遵循一个参数待定的联合马尔可夫模型。用户选择其中一个信道来传输数据从而找到一个传输策略，使其在足够长的时间段内，传输成功的报文数量最大。在决策过程中，考虑到系统存在未知的动态性，可以将该问题抽象为一个部分可观察的马尔可夫决策过程。为了克服这些挑战，可以应用强化学习的方法，使用深度 Q 网络（Deep Q Networks，DQN）来解决这个问题。实验表明，DQN 可以达到比较好的效果[14]。

动态频谱接入是提高无线网络中频谱利用率和满足更多容量需求的关键之一。在认知无线电研究的背景下，一个标准的假设是次要用户（Secondary User，SU）可以搜索和使用其主要用户（Primary User，PU）没有使用的空闲信道。虽然之前的工作一般都假设一个简单的信道模型，其中各个信道相互独立、互不影响。但在实际工作中，外部的干扰会导致无线网络中的信道存在高度的相关性。因此有必要设计一个新的算法处理动态多信道无线接入更复杂的情形。

具体而言，在这项工作中主要考虑了一个多信道无线接入问题，系统中有 N 个相关的信道。每个信道有两个可能的状态：好或坏，它们的分布遵循 2^N 个状态的马尔可夫模型。现在假设该系统中有一个单一的用户（无线节点），在每个时隙选择一个信道来传输数据包。如果选择的信道处于良好状态，则传输成功；否则，传输失败。目标是在一段固定的并且足够长的时间段内，尽可能多地成功传输数据包。用户只能感应到他所选择的信道，因此并不能在每个时间段对系统进行全面的观察。一般来说，这个问题可以被表述为一个部分可观察马尔可夫决策过程，它是多项式空间复杂类（Polynomial Space Complexity Class，PSPACE）困难的，已知的精确求解算法拥有指数级的计算复杂度。更为困难的是，联合马尔可夫的模型参数是无法预先知道，无法作为先验知识的。

解决该问题可以研究深度强化学习的使用，特别是深度 Q-learning。在机器学习领域，作为在未知环境中学习的一种方式，深度 Q-learning 能够克服其他方法令人望而却步的计算量。深度 Q-learning 的一种具体实现——DQN，通过将深度学习与 Q-learning 相结合，利用深度神经网络，以系统状态作为输入，以估计的 Q 值作为输出，有效地对高维、大状态空间下的最优决策问题进行学习。具体而言，文献[14]中的 DQN 可以通过在线学习的方式找到一个优化的信道接入策略。这种 DQN 方法能够在大型系统中，找到一个良好的甚至是最优的决策。输入信息直接从历史观测中获得，而不需要预先了解系统动态特性。

近年来，研究人员开始关注更多更加复杂的实际问题，例如，考虑系统统计信息是未知或是与不同信道之间具有相关性。在这个过程中 Q-learning 得到了广泛的应用，因为它是一种无模型的方法，可以直接通过在线学习找到有效的决定策略。Q-learning 对解决有干扰的传感环境下的问题有很大的帮助。这些工作假设系统状态是完全可观察的，并将问题表述为一个 MDP，显著地减少了状态空间。但该问题属于 POMDP，因为它的可观察的局限性，庞大的状态空间使其无法维护一个简单的 Q 表格，来更新用来决策的 Q 值。因此考虑使用深度强化学习来解决所遇到的困难。

对于一个动态多信道无线接入问题：单用户（在使用强化学习模型来解决问题的背景下是智能体）需要动态地选择 N 个信道中的一个去传输自己需要传输的数据。如果信道状态良好，则可以传输成功，用户收到正回报；若信道状态不好，则无法传输成功，用户收到负回报。

动态多信道无线接入问题的目标是设计一个策略使长期回报最大化。对于这个接入频道相互关联的系统，整个模型被描述成一个 2^N 个状态的马尔可夫链。设马尔可夫链的状态如式（3-1）所示。

$$S = \{s_1, s_2, \cdots, s_{2^N}\} \qquad (3\text{-}1)$$

其中，每一个状态 $s_i, i \in \{1, 2, \cdots, 2^N\}$，是一个长度为 N 的向量 $[s_{i1}, s_{i2}, \cdots, s_{iN}]$。$s_{ik}$ 是对信道 k 的状态的二进制表示，状态好表示为 1，状态不好表示为 0。

因为用户在开始时只能感应到一个信道，所以在每个时隙，所有信道的全部状态无法观察。但是用户可以根据收集的信息推断出系统状态的分布情况。因此，该动态多信道无线接入问题可以被转化为一个一般的 POMDP 问题。设 $\boldsymbol{\Omega}(t) = [\omega_{s_1}(t), \omega_{s_2}(t), \cdots, \omega_{s_{2^N}}(t)]$ 代表用户维护的信念向量（Belief Vector），其中 $\omega_{s_i}(t)$ 是基于过往策略与观察，推断系统处于状态 s_i 的条件概率。给定相应的信道感知决策动作 $a(t) \in \{1, 2, \cdots, N\}$ 表示在时刻 t 要对哪个信道进行感知。用户可以观察 $a(t)$ 信道的状态，表示为 $o(t) \in \{0, 1\}$。根据这一观察结果用户可以在时间 t 更新信念向量，记为 $\hat{\boldsymbol{\Omega}}(t) = [\hat{\omega}_{s_1}(t), \hat{\omega}_{s_2}(t), \cdots, \hat{\omega}_{s_{2^N}}(t)]$。每个可能的状态的信念 $\hat{\omega}_{s_i}(t)$ 更新如式（3-2）所示。

$$\hat{\omega}_{s_i}(t) = \begin{cases} \dfrac{\omega_{s_i}(t)I(s_{ik}=1)}{\displaystyle\sum_{i=1}^{2^N}\omega_{s_i}(t)I(s_{ik}=1)}, a(t)=k, o(t)=1 \\[4mm] \dfrac{\omega_{s_i}(t)I(s_{ik}=0)}{\displaystyle\sum_{i=1}^{2^N}\omega_{s_i}(t)I(s_{ik}=0)}, a(t)=k, o(t)=0 \end{cases} \tag{3-2}$$

其中，$I(\cdot)$ 为指标函数。利用最新时刻 t 的信念向量 $\hat{\boldsymbol{\Omega}}(t)$ 以及系统转移概率 P，时刻 $t+1$ 的信念向量可以通过如下的方式更新：$\boldsymbol{\Omega}(t+1)=\hat{\boldsymbol{\Omega}}(t)P$。信道感知策略 $\pi:\boldsymbol{\Omega}(t)\to a(t)$ 在每个时刻 t 均可以把一个信念向量 $\boldsymbol{\Omega}(t)$ 映射到一个动作 $a(t)$。在给定策略 π 的情况下，该方法考虑最大化一段时间内的预期累计回报，定义为式（3-3）的形式。

$$\mathbb{E}_\pi\left[\sum_{t=1}^{\infty}\gamma^{t-1}R_{\pi(\boldsymbol{\Omega}(t))}(t)\,|\,\boldsymbol{\Omega}(1)\right] \tag{3-3}$$

其中，$0\leqslant\gamma\leqslant1$ 为衰减系数，$\pi(\boldsymbol{\Omega}(t))$ 为在给定的信念向量 $\boldsymbol{\Omega}(t)$ 下，在时间 t 的信道感知动作，$R_{\pi(\boldsymbol{\Omega}(t))}(t)$ 为相应的回报。所以目标是找到感知信道的策略 π^*，最大化往后若干时间步骤内的期望回报，如式（3-4）所示。

$$\pi^* = \arg\max\mathbb{E}_\pi\left[\sum_{t=1}^{\infty}\gamma^{t-1}R_{\pi(\boldsymbol{\Omega}(t))}(t)\,|\,\boldsymbol{\Omega}(1)\right] \tag{3-4}$$

　　由于动态多信道无线接入问题是一个 POMDP 问题，可以考虑其信念空间，通过值迭代求解一个增广的 MDP 找到最优信道感知策略。但信念向量的维数在信道数上呈指数级别增大。更困难的是，连续信念空间的无限大小，以及当前行为对未来回报的影响，使得 POMDP 问题是一个 PSPACE 困难问题。这是比 NP 难（NP-hard）问题在多项式空间内更难以解决的问题。为了说明求解这类 POMDP 问题的时间复杂度，可以模拟具有已知动态系统状态的多信道无线接入问题，并使用一个名为 SolvePOMDP 的 POMDP 解算器来求得该问题的最优解。当模拟信道数大于 5 时，可以发现 POMDP 解算器在经过较长运行时间之后不能收敛。综上所述，一般情况下难以求解得到最优解决方案，而深度强化学习方法可以帮助研究人员处理动态多信道无线接入问题。

　　当信道相互关联且动态系统的具体状态未知时，有两种方法解决动态多信道无线接入问题。① 基于模型的方法。首先从观察中估计系统模型，然后应用动态规划算法或高效的启发式策略进行求解。② 无模型的方法。通过与系统的交互直接学习策略，不需要估计系统模型。基于模型的方法不太受欢迎，因为用户有限的观察能力可能会导致系统模型估计错误。更糟糕的是，即使动态系统的状态被很好地估计，在一个大的状态空间中解决一个 POMDP 问题始终是一个瓶颈，没有任何性能保证。所有这些挑战促使研究人员遵循无模型的方法，利用强化学习的思想，直接从观察中学习，而不需要找到一个估计的系统模型，并且可以很容易地扩展到非常大且复杂的系统。

想要解决多信道无线接入时动态高维状态空间的问题，可以先研究 Q-learning 强化学习。Q-learning 的目标是找到一个最优的策略，即一系列的动作，使长期累积的回报最大化。Q-learning 是一个经验值迭代方法，其本质是寻找每个状态–动作对的 Q 值。状态 x 是一个关于观察 o 的函数，动作 a 是在状态 x 时采取的动作。依据策略 π，一个状态–动作对 (x,a) 的 Q 值 $Q^{\pi}(x,a)$ 定义为在初始状态 x 中采取动作 a，然后在此之后执行策略 π 时所获得的折扣回报的总和。这其中能达到最多长期回报的策略记为 π^{*}，最多可获得的长期回报记为：$Q^{\pi^{*}}(x,a)$。因此，最优策略的生成方法如式（3-5）所示。

$$\pi^{*}(x) = \mathrm{argmax} Q^{\pi^{*}}(x,a), \forall x \tag{3-5}$$

我们可以通过在线学习的方法，在没有任何动态系统的先验知识的情况下，学习 $Q^{\pi^{*}}(x,a)$。假设在每一个时间步骤的开始，智能体在给定的"状态–动作"对的情况下采取一个最大化 Q 值动作 $a(t)(\in\{1,2,\cdots,N\}$，之后智能体获得一个回报 r_{t+1}。Q 值在学习率为 α，折扣因子为 γ 情况下的在线更新规则如式（3-6）所示。

$$Q(x_{t},a_{t}) \leftarrow Q(x_{t},a_{t}) + \alpha\left[r_{t+1} + \gamma \max_{a_{t+1}} Q(x_{t+1},a_{t+1}) - Q(x_{t},a_{t})\right] \tag{3-6}$$

在动态多信道无线接入的背景下，以及在信念空间的范围内，该问题可以被转换为一个 MDP，因此尝试使用 Q-learning。但是这个方法需要做适当的改变，因为上述的更新方程需要提前知道系统转移概率 P，在使用 Q-learning 时可以直接考虑过往的所有观测和动作。另外将时刻 t 的状态定义为过往 M 个时间步选择的信道以及它们的信道条件，如式（3-7）所示，这样可以看到更多的系统的过往的信息。

$$x_{t} = [a_{t-1}, o_{t-1}, \cdots, a_{t-M}, o_{t-M}] \tag{3-7}$$

Q-learning 的效果在状态空间比较小时效果较好，但是在该动态系统信道选择的问题中，状态空间很大，在学习的过程中，模型对于很多状态只能获取很少的信息，与这些状态相对应的 Q 值很少被更新。这导致如果用普通的 Q-learning 去解决问题，需要非常长的时间模型才能收敛。

我们可以引入 DQN 方法处理状态空间过大的问题，DQN 将状态−动作对作为输入，输出 Q 值。每次更新网络参数 θ_i 时，使用网络的输出和最大 Q 值的均方误差作为损失函数 L_i，如式（3-8）所示和目标长期回报 y_i，如式（3-9）所示。

$$L_i\left(\theta_i\right) = \mathbb{E}\left[\left(y_i - Q(x,a;\theta_i)\right)^2\right] \tag{3-8}$$

$$y_i = \mathbb{E}\left[r + \gamma \max_{a'} Q\left(x',a';\theta_{i-1}\right)\right] \tag{3-9}$$

其中，y_i 通过上次更新后得到的网络计算得出，θ_{i-1} 是上次更新后的网络参数，x' 是在 x 状态下采用动作 a 之后的状态。解决动态多信道无线接入问题所使用的 DQN 模型主要由全连接层以及一些其他层构成，隐藏层包含依据具体情况设计的一定数量的隐含单元。激活函数使用整流线性单元（Rectified Linear Unit，ReLU）。DQN 的输出是长度为 N 的向量，其中分别对应动作选择各个信道时的 Q 值。

DQN 可以采用 ε-greedy 策略进行学习，随机动作探索概率 ε 固定为 0.1。另外，在学习过程中可采用一种称为经验回放技术的方法用于存储以前的观测数据，打破数据样本之间的相关性，从而使学习过程更加稳定和易于收敛。当更新 DQN 的权值 θ 时，从数据集中随机选取 32 个样本来计算损失函数，并使用 Adam 算法更新权值。

3.1.3　异构无线网络的多信道接入

多种无线接入技术并存，且能满足终端用户业务多样性需求的网络称为异构无线网络（Heterogeneous Wireless Network，HetNet）。本节介绍 DRL 在异构无线网络介质访问控制（Medium Access Control，MAC）协议中的一个应用，即使用基于深度强化学习的多址接入（Using Deep Reinforcement Learning to Solve Multiple Access，DLMA）协议。本节考虑多个采用不同 MAC 协议的网络之间的时隙共享问题分别是 DLMA、时分多址（Time Division Multiple Access，TDMA）和阿罗哈（ALOHA）。运行 DLMA 的节点不知道其他节点使用的是 TDMA 和 ALOHA。然而，通过观测环境和行为，以及由此产生的回报，DLMA 节点可以学习最优 MAC 策略，从而与 TDMA 和 ALOHA 节点很好地协同使用网络资源[15]。

目前，管理频谱的方式是将其划分为各个专用的波段。网络工程师希望设计一种新的、更有效的无线模式，使无线网络可以自主协作，动态地决定如何使用频谱，并使得不同的无线网络可以基于瞬时的供求关系，以一种动态的方式共享某一段频谱。

DLMA 协议设计的目的是通过一系列的观察和动作来学习一种最优的时间频谱资源使用方案，并且不需要知道其他共存网络 MAC 协议的运行机制。DLMA 协议将无线节点视为 DRL 智能体，并且在多个分时网络系统间对时隙共享进行优化：首先最大化所有网络的总吞吐量，然后进一步实现一般化的 α 公平性（Alpha-Fairness）。特别是，可以证明 DLMA 与 TDMA 和 ALOHA 网络共存时，在不知道共存网络使用的网络协议的情况下，可以达到接近最佳的效果。DRL 智能体从一系列环境交互中获得的经验中学习，调整其神经网络的权重，以得到最佳的 MAC 策略。

DRL 优于传统的 RL。具体来说，深度神经网络在 DRL 中的应用为无线网络 MAC 提供了两个基本特性：① 快速收敛到接近最优解；② 对非最佳参数设置鲁棒性（即 DRL 框架中不需精细的参数调整和优化）。与基于传统 RL 的 MAC 协议相比，DRL 收敛速度更快，鲁棒性更强。更快速的收敛对无线网络至关重要，因为无线环境可能会随着新节点的到来、现有节点的移动或离开而迅速发生变化。如果模型收敛速度赶不上环境的变化速度，那么设计出的 MAC 协议就会失去作用。

非最佳参数设定下的鲁棒性至关重要，因为在存在不同的共存网络时，DRL 和 RL 的最佳参数设置可能是不同的。如果没有共存网络的先验知识，DRL 和 RL 不能预先优化其参数设定。如果在非最优参数设定下也能以大致相同的收敛速度获得大致相同的最优吞吐量，则模型的稳定性和鲁棒性会强很多。在解决本节异构无线网络的多信道接入问题时，可以采用残差网络（Residual Network，ResNet）。ResNet 相对于普通深度神经网络（Deep Neural Network，DNN）的一个关键优势是，相同的静态 ResNet 架构可以用于不同的无线网络场景的 DRL；而对于普通 DNN，其最优神经网络深度因情况而异。

分时异构无线网络中不同的无线节点通过共享的无线信道将数据包传输到接入点（Access Point，AP），如图 3-1 所示。假设所有节点只能在一个时间段开始传输，并且必须在这个时间段内完成传输，则多个节点在同一时隙同时传输会导致冲突，节点可能会使用不相同的 MAC 协议：TDMA 或 ALOHA，而且至少有一个节点使用 DLMA。

DRL 智能体是采用 DLMA 的无线节点。对于一个 DRL 节点，如果发送消息则立即从 AP 得到一个确认字符（Acknowledge Character，ACK）来指示传输成功；如果不传输信息，将侦听信道并从环境中获得一个观察结果，来指示其他节点的传输结果或信道的空闲性。根据观察到的结果，DRL 节点可以设置不同的目标，比如最大化整个系统的总吞吐量和实现一般化的 α 公平性目标。

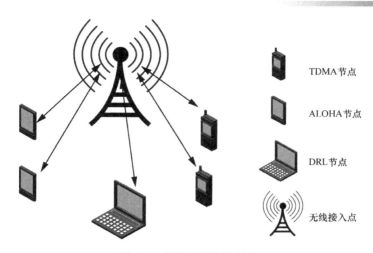

图 3-1　异构无线网络结构

智能体在时隙 t 采取的动作记为 $a_t \in \{\text{TRANSMIT}, \text{WAIT}\}$。其中，TRANSMIT 是指传输数据，WAIT 是指不传输数据。在采取动作后，信道观测结果记为 $z_t \in \{\text{SUCCESS}, \text{COLLISION}, \text{IDLENESS}\}$，SUCCESS 是当前有且仅有一个节点在传送，COLLISION 是多个节点在传送，IDLENESS 是没有节点在传送数据。DRL 智能体通过从 AP 发送的 ACK 信号来获取 z_t。定义环境状态在 $t+1$ 时刻为 $s_{t+1} \triangleq \{c_{t-M+2}, \cdots, c_t, c_{t+1}\}$，$M$ 是观察到的过往 M 个时刻的状态历史。在采取动作 a_t 后，由状态 s_t 到状态 s_{t+1}，生成了回报 r_{t+1}。当 $r_{t+1}=1$、$z_t = \text{SUCCESS}$ 时，$r_{t+1}=1$，在 $z_t = \text{COLLISION}$ 或者 IDLENESS 时，$r_{t+1}=0$。这样的回报设计可以让总吞吐量最大化。

在一个不变或缓慢变化的环境中，状态保留的长度 M 越长，智能体做出的决策就越好。然而对于 RL 来说，一个大的 M 引出了一个大的状态空间。因为需要跟踪大量的状态–动作对，所以逐步更新 $q(s,a)$ 效率非常低。简单来说，假设 $M=10$（一个非常小的状态历史记录），那么状态 s 有 5^{10}（约 1 千万）个可能的值。假设为了收敛到最优解，每个状态–动作对必须至少访问一次。如果每个时隙持续时间为 1 ms（典型的无线网络中包传输的时间），则 RL 的收敛时间至少为 $5^{10} \times 2$ ms 或超过 5 h。由于节点移动、到达和离开，无线环境很可能在节点动作改变之前就已经改变了。将 DRL 应用于 DLMA 显著加快了收敛速度。

在 DRL 中，使用一个深度神经网络去模拟动作值函数，$q(s,a;\theta) \approx Q^*(s,a)$，$q(s,a;\theta)$ 由神经网络给出。θ 为神经网络的参数，神经网络的输入是状态 s，输出是针对不同的动作近似的 Q 值，$Q = \{q(s,a;\theta) | a \in A_s\}$，$A_s$ 为动作空间。DRL 不按照 RL 的传统的表格法来更新 Q 值，而是通过调整神经网络的参数来更新 $q(s,a;\theta)$。通过最小化 $q(s,a;\theta)$ 的预测误差来训练 Q 神经网络（Q Neural Network，QNN）。

智能体在每个时刻 t 进行推断，最后采取动作 $a_t = \operatorname{argmax} q(s_t, a; \theta)$，其中不同动作 a 对应的 q 值均由 QNN 输出。假设最后的回报是 r_{t+1}，状态转移至 s_{t+1}，那么 $(s_t, a_t, r_{t+1}, s_{t+1})$ 将会组成一个用来训练神经网络的经验样本。在训练时，针对用来训练神经网络的某个经验样本 $(s_t, a_t, r_{t+1}, s_{t+1})$ 的损失函数如式（3-10）所示。

$$L_{s_t, a_t, r_{t+1}, s_{t+1}}(\theta) = \left(y^{\text{QNN}}_{r_{t+1}, s_{t+1}} - q(s_t, a_t; \theta) \right) \tag{3-10}$$

其中，$y^{\text{QNN}}_{r_{t+1}, s_{t+1}} = r_{t+1} + \gamma \max_{a'} q(s_{t+1}, a'; \theta)$ 是期望得到的输出，由当前的回报 r_{t+1} 加上过往预测折扣回报 $\gamma \max_{a'} q(s_{t+1}, a'; \theta)$ 得到。

我们可以使用半梯度法更新参数，如式（3-11）所示。

$$\text{Iterate } \theta \leftarrow \theta - \rho \left[y^{\text{QNN}}_{r_{t+1}, s_{t+1}} - q(s_t, a_t; \theta) \right] \nabla q(s_t, a_t; \theta) \tag{3-11}$$

其中，ρ 是每次调整的步长。对于算法的稳定性，可以采用"经验重放"技术。"经验重放"技术是将收集到的样本集中起来进行批量训练神经网络，而不是在每个执行步骤的末尾使用单一样本来训练神经网络。具体来说，一个具有固定容量的经验存储器用先进先出（First-In First-Out，FIFO）的方式来存储从不同时间步长中收集的经验 $e = (s, a, r, s)$，即一旦经验记忆满了，最古老的经验将被移除，新的经验就会被放入经验记忆中。每轮训练从经验记忆中取出一个由 N_E 个随机经验组成的批次集合 E 来计算损失函数。

模型的 Q 神经网络使用了 ResNet，如图 3-2 所示，拥有一个状态输入层，4 个容量 64 的隐藏层，以及一个动作 Q 值输出层。激活函数使用 ReLU 函数。隐藏层的前两层使用全连接层，中间两层是两个 ResNet 模块，每个 ResNet 模块含有两个全连接层和一个残差连接（加法器）。

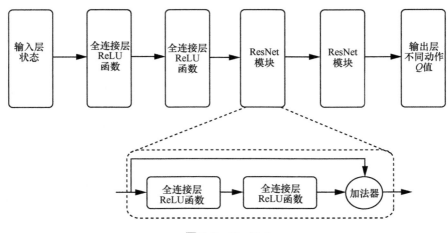

图 3-2　ResNet

状态的记忆长度设置为 20。在训练神经网络时，一个批次选择 32 个样本去训练 QNN。使用均方根传播（Root Mean Square Propagation，RMSProp）算法来更新神经网络的参数。为了避免在没有足够的学习经验之前陷入次优决策策略，采用指数衰减 ε-greedy 算法，ε 初始设为 0.1，在每个时刻后以 0.995 的速率递减，直到其值达到 0.005。该值不能一直减少到 0 的原因是，在一般的无线设置中，无线环境可能会随着时间动态变化，始终拥有一个较大的 ε 允许决策策略适应未来的变化。

DLMA 的一个显著特征是它是无模型的，不需要知道其他共存节点采用的协议。实验表明，DRL 节点可以实现接近最优的吞吐量。

3.2　异构无线网络的调制和编码

未来无线通信网络正朝着泛在化、扁平化、全 IP 化的方向快速发展，随着移动通信和信息技术等不同领域技术的相互结合，信息将渗透人们日常生活的方方面面。不同类型网络的融合为人们提供了多样化的接入方案，使"在任何时间、任何地点与任何人进行某种类型的信息交换"逐渐成为可能。然而，异构无线网络覆盖情况的复杂性、接入技术的差异性及终端用户业务类型的多样性，必将给异构无线网络的有效融合与协同工作带来极大的挑战[16]。

Nasir 等[17]提出了一种基于分布式 DRL 的多址算法，以提高多用户无线网络中的上行链路总吞吐量。此外，认知异构网络中的编解码方案[18-19]已经与强化学习有一些结合。各种人工智能新技术的结合为复杂异构无线网络情形下的信号传输调制和编码方案的选择提供了更为有力的工具。

3.2.1　调制和编码问题概述

异构无线网络中，多对"次要用户"采用基于感知的方法与一对在特定频段上的主要用户共存。由于频谱传感不完善，辅助发射机（Secondary Transmitter，ST）可能对主接收机（Primary Receiver，PR）造成干扰，使 PR 难以选择合适的调制和编码方案（Modulation and Coding Scheme，MCS）。为了解决这一问题，可以利用深度强化学习，实现一个优化主接收传输的智能 MCS 选择算法。为了降低 MCS 切换带来的系统开销，MCS 选择算法进一步引入了切换成本因子。与基准算法相比，带切换成本因子的算法能更好地平衡主传输速率和系统开销[18]。

受智能手机和平板电脑数量增长的推动，近年来无线网络的数据流量出现爆炸式增长。预计无线数据流量在未来几年将继续增加。为了适应无线数据流量的增加，迫切需要提高网络容量。提高网络容量的两种典型方法是提高无线链路效率和优化网络结构。然而，随着多输入多输出和正交频分复用技术的发展，无线链路效率已接近基本极限。因此，异构无线网络正在成为一种有前途的网络架构，以提高网络容量。

与传统的蜂窝网络不同，HetNet 通常由一个宏基站（Base Station，BS）、多个小蜂窝基站和一定数量的用户组成。宏基站是为低数据流量需求的用户提供广泛的覆盖，而小蜂窝基站则扩展了宏基站的覆盖范围，并在相对较小的区域内为用户支持高数据流量。在 HetNet 的部署中，一个主要的挑战是不同用户的多个无线连接之间的共存问题。一方面，如果为避免干扰而将专用频段分配给不同的无线链路，会消耗大量的频谱资源来满足网络中大量的传输需求。另一方面，如果所有的无线链路共享同一频段，不同的无线链路之间可能会产生严重的干扰。为了处理这个问题，HetNet 引入了认知无线电技术，即认知 HetNet。认知 HetNet 中有两类用户：对频谱波段具有高优先级的主要用户和对频谱波段具有低优先级的次要用户。

为了保护主要用户的传输，ST 通常采用基于感知的方法来确定是否访问目标频带。ST 首先测量目标频段上信号的能量。如果测量的能量超过一定的阈值，可以认为目标频谱被主要用户占用，此时 ST 保持沉默。否则，可以认为目标频段是空闲的，ST 可以直接访问它。然而，认知 HetNet 中复杂的环境可能导致频谱感知不完善的情况普遍存在。为了减少不完善的频谱感知对主要传输性能的影响，一些文献建议增加信道感知的频率，这类方法也在认知网络领域得到了广泛的应用。

增加信道感知的频率会使得 ST 在不完善的频谱感知的情况下给 PR 造成严重的干扰，并使得高优先级的传输任务的效率变低。上述情况与认知 HetNet 的上传链路相关。一个主发射机（Primary Transmitter，PT）使用某一个频段上传数据到宏基站，同时多个低优先级的用户基于信道感知与高优先级的主用户在同一个频段共同执行数据传送的任务。由于用户终端的天线高度较低，而宏基站的天线高度较高，PT 和 ST 之间的无线连接可能会被建筑物严重阻塞。为了避免 ST 对数据传输造成严重干扰，现有文献建议 ST 采用保守的传输功率。

根据信道感知的协议，优先级较低的次传输的开始时间要晚于优先级较高的主传输。在第一次传输开始时，来自 ST 的干扰在 PT 处是未知的，PT 无法根据干扰信息调整其传输。事实上，ST 的干扰通常遵循一定的模式，PT 可以通过分析历史的干扰信息来学习干扰模式，并推断出未来帧中的干扰。在这里，可以对 PR 采用深度强化学习从 ST 中学习干扰模式，并推断出未来帧中的干扰。通过对干扰的推断，PT 可以对其传输进行调整，以提高主传输速率和网络容量。

3.2.2　基于 DRL 的调制和编码

考虑一个认知异构无线网络，其中一个移动用户（即 PT）通过一个特定的频谱波段传输上行数据到基站（即 PR），多个 ST 基于信道感知访问同一频谱波段。特别地，PT 对 ST 是透明的，并且从每个 ST 到 PR 的信道是不可忽略的。因此，每个 ST 可能会进入到频谱感知不完善的频段，对 PR 造成干扰。由于时序的原因，PT 无法得知具体的干扰。因此，如何选择合适的调制和编码方案来提高高优先级的主要传输任务的性能是一个难题。注意，MCS 通常是指编码系统中的调制和编码方案，在非编码系统中被简化为调制方案，这里为了一致性，使用 MCS 同时表示两种方案。

考虑图 3-3 所示的认知 HetNet 结构[8]，在叠加频谱访问模式下，K 对次要用户与一对主要用户共存。一个主要用户（PU）正在一个特定的频谱波段传输上行数据到一个作为 PR 的宏基站。为保护主要用户的传输，每个 ST 基于信道频谱感知来确定是否访问该频带并将数据传输给相关的辅助接收机（Secondary Receiver，SR）。下面给出了认知 HetNet 中 PU 传输的信道模型、共存模型和信号模型。

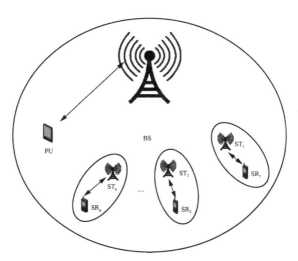

图 3-3　认知 HetNet 结构

首先定义信道模型。无线网络中，每个信道由路径损失和瑞利衰落组成。将 $\bar{g}_p$ 表示为大尺度路径损耗分量，将 h_p 表示为 PU 与 BS 之间的小尺度区块瑞利衰落分量，则对应的信道增益为 $g_p = \bar{g}_p |h_p|^2$。同样，如果将 $\bar{g}_k$ 表示为大尺度路径损耗分

量，将 h_k 表示为 ST 和 BS 之间的小尺度区块瑞利衰落分量，则对应的信道增益为 $g_k = \overline{g}_k |h_k|^2$。

特别地，大尺度路径损耗分量在发射机和接收机之间给定的距离上保持不变。小尺度区块瑞利衰落分量在每个传输帧中保持不变，但在不同的传输帧中变化。采用 Jake 模型表示连续两帧的小尺度区块瑞利衰落之间的关系，如式（3-12）所示。

$$h(t) = \rho h(t-1) + \delta \tag{3-12}$$

其中，ρ 为连续两个小尺度瑞利衰落实现的相关系数，δ 为服从 $\delta \sim \mathcal{CN}(0, 1-\rho^2)$ 分布的随机变量，$h(0)$ 为服从 $h(0) \sim \mathcal{CN}(0,1)$ 分布的随机变量。

如图 3-4（a）所示，每一 PU 传输帧的持续时间为 T，每一帧被分为两个连续的阶段，即 MCS 选择阶段和数据传输阶段。若将 τ_p 表示为 MCS 选择阶段的持续时间，则数据传输阶段的持续时间为 $T - \tau_p$。在实际应用中，τ_p 比 T 小，在系统设计时可以忽略。在 MCS 选择阶段，PU 首先向 BS 发送训练信号。通过接收训练信号，BS 估计从 PU 到 BS 的信道，同时测量信噪比。根据测量的信噪比（Signal to Interference Plus Noise Ratio，SINR），BS 选择合适的 MCS 方案并反馈给 PU。在数据传输阶段，PU 采用基站选择的 MCS 方案进行上行数据传输，基站利用估计的信道信息恢复所需的数据。

如前所述，当次要用户与主要用户在同一信道上共存时，需要保护主要用户的传输。因此，每个 ST 基于信道频谱感知来确定是否访问该频段。如图 3-4（b）所示，次传输帧与主传输帧同步。次传输帧也由两个连续的阶段组成：频谱感知阶段和数据传输阶段。令 τ 为频谱感知阶段的持续时间，则数据传输阶段的持续时间为 $T - \tau$。在频谱感知阶段，ST 感知信道并决定是否访问该信道。如果信道是空闲的，ST 传送数据；否则，ST 保持沉默。事实上，当 ST 决定访问信道时，ST 还需要选择一个 MCS 来传输数据。为了集中讨论主传输的设计，这里省略对次传输的讨论。

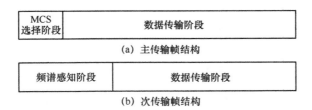

（a）主传输帧结构

（b）次传输帧结构

图 3-4　异构网络传输帧结构

由于频谱传感不完善，即使某信道被 PU 传输占用，ST 也可以访问该信道。

PU 传输在帧的最长 τ 时间内是无干扰的，而在帧的较长时间 $T - \tau$ 内可能会受到 ST 的干扰。在本节的其余部分中，将 α_k 表示为 ST 进入信道并对主传输造成干扰的概率。

接下来我们将介绍 PU 传输时的信号模型。在每帧的前 τ 长度的持续时间中，PU 传输不受 ST 的干扰。若将 p_p 表示为 PU 的固定发射功率，则在 BS 处的接收 SINR 为 $\gamma_0 = \dfrac{p_p g_p}{\sigma^2}$，其中 σ^2 为信道噪声功率。在每帧的后 $T - \tau$ 长度的持续时间中，PU 传输可能会受到有源 ST 的干扰。若 S_a 为有源 ST 的集合，p_k 为 ST 的固定发射功率，g_p 为信道增益，则 BS 处接收到的 SINR 如式（3-13）所示。

$$\gamma_1 = \frac{p_p g_p}{\sum_{k \in S_a} p_k g_k + \sigma^2} \tag{3-13}$$

假设 PU 采用位交织器来处理二次传输的突发干扰。那么，每个比特的平均 SINR 如式（3-14）所示。

$$\bar{\gamma} = \frac{\tau - \tau_p}{T - \tau_p} \gamma_0 + \frac{T - \tau}{T - \tau_p} \gamma_1 \tag{3-14}$$

基于 DRL 的 MCS 选择算法，选择最优的 MCS 来最大限度地提高从 PU 到 BS 的传输速率。接下来，给出 MCS 选择算法的基本原理。

最优 MCS 的选择，由 $\bar{\gamma}$ 计算得到，但 $\bar{\gamma}$ 又依赖于 γ_1。γ_1 是由每帧数据传输阶段的二次传输干扰决定的，需要花费大量的时间，因此 BS 在每帧的 MCS 选择阶段计算最优 MCS 选择策略是不现实的。事实上，二次传输干扰通常遵循一定的模式，其主要由两个因素决定：每个 ST 的传输功率和每个 ST 到 BS 的信道增益。但是 BS 不感知这两个因素，导致 BS 的干扰模式是隐藏的。尽管如此，二次传输干扰可以在每个数据传输阶段结束时由 BS 测量。因此，通过收集和分析二次传输的历史干扰，BS 有可能了解隐藏的干扰模式，从而在数据传输阶段推断出来自 ST 的干扰，并选择合适的 MCS，使每帧的传输速率达到最大。

MCS 的最优选择实际上是一个最优决策问题。在部分文献中，DRL 是学习决策问题中的隐藏模式，通过跟踪和纠正错误逐步实现最优策略。因此，可以采用 DRL 来学习 ST 的干扰模式，设计最优的 MCS 选择策略，以达到最大的传输速率。

首先，定义基于 DRL 的 MCS 选择算法的动作空间、即时回报函数和状态空间。

（1）动作空间

注意，BS 的 DRL 智能体在每帧开始时为 PU 的上行传输选择最优的 MCS。因此，DRL 智能体的操作空间被设计为包括所有可用的 MCS，如式（3-15）所示。

$$A = \{ \text{MCS}_1, \text{MCS}_2, \cdots, \text{MCS}_M \} \tag{3-15}$$

定义在每个帧开始的时刻 t，DRL 智能体选择的动作是 $a(t) \in A$。

（2）即时回报函数

DRL 智能体的目的是选择最优动作，使得从 PU 传输到 BS 的传输速率最大化。因此一个动作的直接回报应正比于单位决策时间内从 PU 成功传输到 BS 的数据量。因此，将即时回报函数定义为传输成功的数据比特数，如式（3-16）所示。

$$r(t) = \begin{cases} r_m N & , \quad \text{成功} \\ 0 & , \quad \text{失败} \end{cases} \tag{3-16}$$

其中，r_m 为传输成功的单位回报，N 为传输成功的数目。

（3）状态空间

DRL 智能体通过分析经验 $e = (s, a, r, s')$ 更新动作策略，并根据当前状态在帧开始的时候选择合适的动作。为了使传输速率最大化，每个状态应当能够为 DRL 智能体选择最优 MCS 提供有用的知识。注意到最优 MCS 的选择与 3 种类型的信息有关。第一，一帧中最优 MCS 与当前帧中从 PU 到 BS 的信道质量有关。因此，DRL 智能体倾向于为从 PU 到 BS 的强信道选择高级别 MCS，反之亦然。BS 可以在每帧开始时获得从 PU 到 BS 的信道质量（BS 处的信噪比）。因此，状态的设计为包括了在 BS 的当前帧的信噪比。第二，最优 MCS 与数据传输阶段的 ST 干扰有关。因为 BS 不能直接获得帧开始时的干扰，所以将帧在状态时的干扰包括进来是不现实的。然而，状态可以包含一些历史数据，以便 DRL 智能体可以从 ST 中了解干扰模式。因此，一帧的状态也被设计为包括前一帧 BS 处的信噪比。第三，最优 MCS 与映射前两种最优动作的规则有关。因为信息映射规则包含从 PU 到 BS 的信道质量，也包含 ST 的干扰、过往采取的动作、过往得到的回报等。帧开始时的状态也被设计成包含前一帧中的动作和它的即时回报。总而言之，考虑前 Φ 个时刻的情况，$a(t-i)$ 为 $t-i$ 时刻采取的动作，$r(t-i)$ 为 $t-i$ 时刻获取的回报。将时刻 t 的帧的状态定义为式（3-17）。

$$s(t) = \left\{ \begin{array}{l} a(t-\Phi), r(t-\Phi), \gamma_0(t-\Phi), \overline{\gamma}(t-\Phi), \cdots, \\ a(t-1), r(t-1), \gamma_0(t-1), \overline{\gamma}(t-1), \gamma_0(t) \end{array} \right\} \tag{3-17}$$

其中，$\overline{\gamma}$ 为平均信噪比。

这里主要考虑基站的 4 个功能模块，即信号发射/接收模块、DRL 智能体、本地内存 D 和 ε - greedy 算法模块。

在时刻 t 的帧的 MCS 选择阶段，PU 首先向基站的信号发射/接收模块发送导频信号。通过接收导频信号，信号传输/接收模块测量信噪比 $\gamma_0(t)$ 并将其转发给 DRL 智能体。然后，DRL 智能体可以观察到一个状态，形式如式（3-18）所示。

$$s(t) = \begin{cases} a(t-\varPhi), r(t-\varPhi), \gamma_0(t-\varPhi), \overline{\gamma}(t-\varPhi), \cdots, \\ a(t-1), r(t-1), \gamma_0(t-1), \overline{\gamma}(t-1), \gamma_0(t) \end{cases} \tag{3-18}$$

将前一状态、前一动作、回报和下一状态结合起来，之后可以组成一个经验样本 $e(t)$，如式（3-19）所示。

$$e(t) = \big(s(t-1), a(t-1), r(t-1), s(t)\big) \tag{3-19}$$

DRL 智能体会将经验样本存储在本地内存 D 中，然后将 $s(t)$ 输入 ε-greedy 算法模块，将选择的动作 $a(t)$ 输出到信号发送/接收模块。因此，信号发送/接收模块将所选的 $a(t)$ 反馈回 PU。

在时刻 t 的帧的数据传输阶段，在 ST 干扰存在的情况下，PU 将信号传输到 BS 的信号传输/接收模块。通过接收信号和干扰，信号发射/接收模块测量平均信噪比 $\overline{\gamma}(t)$ 并观察相应的即时回报 $r(t)$。最后，DRL 随机选择经验样本来训练 DQN，即更新其中的权值。

基于 DRL 的 MCS 选择算法除了采用通用的 DRL 框架外，还采用了"经验重放"技术来实现稳定。

带切换成本的基于 DRL 的 MCS 选择算法：由于 ST 的动态干扰以及 PU 和 BS 之间的动态信道质量，DRL 智能体观察到的状态可能会迅速变化。因此，DRL 智能体所选择的 MCS 可能会在不同 MCS 之间频繁切换，以实现长期回报的最大化。一方面，由于每个 MCS 交换需要 PU 和 BS 之间的协商，以及重新配置系统，频繁的 MCS 切换可能增加信令开销和系统重新配置成本。另一方面，由于每次 MCS 切换的信息交换需要频谱资源和能源消耗，频繁的 MCS 切换可能会降低频谱效率和能源效率。但是，可能存在一些 MCS 切换，对长期回报几乎没有影响。例如，在时刻 $t-1$ 的帧，DRL 智能体观察到的状态为 $s(t-1)$，DQN 为 $Q(s,a;\theta(t-2))$，其使用的参数是 $\theta(t-2)$。则所选动作如式（3-20）所示。

$$a(t-1) = \underset{a \in A}{\mathrm{argmax}}\, Q\big(s(t-1), a; \theta(t-2)\big) \tag{3-20}$$

更新后的 DQN 为 $Q(s,a;\theta(t-1))$，其使用的参数是 $\theta(t-1)$。在时刻 t 的帧，DRL 智能体观察到的状态为 $s(t)$，所选择的动作为 $a(t) = \underset{a \in A}{\mathrm{argmax}}\, Q(s(t), a; \theta(t-1))$。如果 $a(t)$ 不同于 $a(t-1)$，则会发生 MCS 切换。然而，$Q(s(t), a(t); \theta(t-1))$ 可能略大于 $Q(s(t), a(t-1); \theta(t-1))$，MCS 切换对长期回报可能影响不大。因此，可以避免

MCS 的切换，以减少系统开销。

为了平衡 MCS 切换的长期回报和系统开销，在即时回报函数中引入了切换成本因子 c，即，

$$r(t) = \begin{cases} r_m N & , \quad a(t) = a(t-1) \text{且成功} \\ r_m N - c & , \quad a(t) \neq a(t-1) \text{且成功} \\ 0 & , \quad a(t) = a(t-1) \text{且失败} \\ -c & , \quad a(t) \neq a(t-1) \text{且失败} \end{cases} \quad (3\text{-}21)$$

其中，c 表示 MCS 开关对系统开销的总体影响，是传输数据比特的相对值。通过调整 c 的值，DRL 智能体可以在 MCS 切换的传输速率和系统开销之间实现平衡。

很明显，当主传输不活动（即，PU 不传输数据到 BS）时，次传输对主传输没有任何影响。当主传输是活动（即，PU 正在传输数据到 BS）的，次传输可能由于不完美的频谱感知而干扰 PU 传输。为了研究基于 DRL 的 MCS 选择算法在存在不完全频谱感知的情况下的有效性，假设主传输始终是主动的，那么 ST 的漏检/干扰概率也是 ST 的主动概率。

在仿真中，我们考虑了一个未编码的系统，并假设 PU 支持 4 个 MCS 级别，如图 3-5 所示。DQN 由输入层、两个全连接的隐藏层、输出层组成，输出向量长度为 4，对应图 3-5 中的 4 个 MCS 级别。每个隐藏层有 100 个具有 ReLU 函数的神经元。采用自适应 ε-greedy 算法，其中 $\varepsilon(t+1) = \max\{\varepsilon_{\min}, (1-\lambda_\varepsilon)\varepsilon(t)\}$。在该算法的开始帧中，经历过的状态–动作对的数量较少，DRL 智能体需要探索更多的动作来提高长期回报。随着状态–动作对数量的增加，DRL 智能体不需要再执行那么多的探索过程。设置探索率 $\varepsilon(0) = 0.3$，探索率下限 $\varepsilon_{\min} = 0.005$ 和探索率折扣率 $\lambda_\varepsilon = 0.0001$。此外，基于 DRL 的 MCS 选择算法中的经验样本每批次的数目 $Z = 32$，DRL 智能体上的本地内存 $N_E = 500$。进一步，设 $\gamma = 0.5$，使用学习率为 0.01 的 RMSProp 优化算法更新参数。

MCS	误码率
BPSK	$f_1(\overline{\gamma}) = Q(\sqrt{2\overline{\gamma}})$
QPSK	$f_2(\overline{\gamma}) = 2(1 - \dfrac{1}{\sqrt{4}})Q(\sqrt{\dfrac{3\,\mathrm{lb}(4)\overline{\gamma}}{4-1}})$
16QAM	$f_3(\overline{\gamma}) = 2(1 - \dfrac{1}{\sqrt{16}})Q(\sqrt{\dfrac{3\,\mathrm{lb}(16)\overline{\gamma}}{16-1}})$
64QAM	$f_4(\overline{\gamma}) = 2(1 - \dfrac{1}{\sqrt{64}})Q(\sqrt{\dfrac{3\,\mathrm{lb}(64)\overline{\gamma}}{64-1}})$

图 3-5 不同 MCS 级别及其对应的误码率

实验结果表明，基于 DRL 的 MSC 选择算法能达到接近最优的效果。

3.3　基站自适应能量控制

为了减轻小区间干扰，最大限度地提高器件能效，出现了很多研究功率控制的方法。Zhang 等[18]提出了在频谱感知不完善的情况下如何动态进行信道的选择。Abdallah 等[19]中提出了针对 SINR 目标的软下降（Soft-dropping）的功率控制和信道分配方法。Melo 等[22]提出了可变 SINR 目标的功率控制方法，利用软下降调整 SINR 目标，兼顾控制光谱效率和设备到设备通信（Device-to-Device，D2D）能效之间的权衡。为了适应连续变化的网络状态，结合 Q-learning 的能量控制方法被提出[23]，用来最大化网络的容量，并且利用分布式的 Q-learning 加速了模型的收敛速度。为了缓解小区间的干扰，需要研究基站的切换方法。Tran 等[24]提出了动态开关方案和用户关联方法。Tang 等[25]提出了基于集群的开关策略，用来最小化网络成本。为了适应网络流量变化的开关切换方法，Salem 等[26]提出了基于 Q-learning 的基站切换方法。Yang[27]研究了 D2D 通信中睡眠方案的影响，提出了最佳睡眠策略。在睡眠策略中考虑睡眠配比和最大睡眠单元来描述系统能效。Masucci[28]提出了 D2D 通信的双休眠模式，以最大限度地降低能耗。两种睡眠模式包括部分睡眠模式和深度睡眠模式。部分睡眠模式只是关闭频率层，而深度睡眠模式是完全关闭基站。Panahi[29]提出了一种基于模糊 Q-learning 的开关方法，以最小化能源消耗。为了使所提供的服务质量（Quality of Service，QoS）不受到影响，可以考虑采用 D2D 通信来补偿开关方法带来的覆盖损失。

3.3.1　基站自适应能量控制内容概述

随着数据传输要求的不断提高，射频拉远头（Remote Radio Head，RRH）开始被密集部署，D2D 通信得到发展。D2D 通信可以通过降低传输功率来降低设备能耗。此外，D2D 通信可以重复利用小区资源，最大限度地提高系统频谱效率。然而，密集部署的 RRH 所带来的小区间干扰对 D2D 通信来说具有重大影响。为了缓解小区间干扰问题，研究了 RRH 切换方法与 D2D 通信。本节介绍一种在 5G 移动网络中采用强化学习的自适应功率控制算法[30]。为了最大限度地提高系统能效，算法利用 Q-learning 来决定基带单元（Baseband Unit，BBU）池中的激活 RRH 的最佳数量。为了最大限度地提高设备能效，利用 Q-learning 来决定每个设备的传输功率。此外，考虑到信道质量的变化，根据断电概率调整目标 SINR。通过仿真和性能评价比较系统能效和设备能效以及平均 SINR。

3.3.2 基站自适应能量控制问题引入

随着移动数据流量的急剧增加，用户对高数据率服务的需求愈发迫切。为了提供高数据率服务，无线网络需要提高频谱效率，密集部署基站，发展 D2D 通信。D2D 通信是一种不需基站即可与附近设备进行通信的技术。由于 D2D 设备之间的距离相对较小，使用 D2D 通信，可以减少系统过载，设备也可以节省电池消耗。D2D 通信重复利用蜂窝资源，可以提高频谱效率；但由于传输功率低，D2D 通信容易受到小区间干扰。

密集部署的基站会造成系统能耗问题和严重的小区间干扰问题。为了解决能耗问题，在云无线接入网（Cloud Radio Access Network，C-RAN）中，传统的基站架构是分离的。分离后的基站由两部分组成：信号处理部分，也称为 BBU，信号收发部分，也称为 RRH。BBU 集中为 BBU 池，RRH 分布在小区中。但是，小区间的干扰问题依然存在。为了缓解小区间干扰问题，研究者们开发了 RRH 切换技术。RRH 开关控制效率较低的 RRH 的通断状态，同时也能使系统能耗降到最低。

小区间的干扰对 D2D 通信的影响很大，因此，对 D2D 通信进行干扰缓解是必要的。方法之一是通过控制 D2D 设备的传输功率来解决干扰问题。当用户的 QoS 难以保证时，D2D 设备的传输功率就会增加。当能够保证用户的 QoS 时，可以降低传输功率，以节省设备的能耗。此外，在 RRH 密集部署的 C-RAN 环境中，为了缓解小区间的干扰，RRH 切换采用 D2D 通信方式进行。

基于强化学习的 5G 移动网络自适应功率控制算法可以优化、平衡设备和系统之间的能源效率。为了最大限度地提高设备能效，可以采用功率控制方法，基于 Q-learning 控制设备的传输功率。为了减少小区间干扰，最大限度地提高系统能效，可以采用 RRH 切换方法。为了决定有效 RRH 的数量，可以在 BBU 池上使用 Q-learning。此外，为了保证 QoS 的约束，可以以对设备能效造成影响的 SINR 为目标进行学习。

3.3.3 基于 DRL 的自适应能量控制

算法考虑的是 C-RAN 环境下蜂窝设备和 D2D 设备共存的多小区场景，在蜂窝系统能效和 D2D 设备能效之间进行平衡。C-RAN 由多个 RRH 和一个 BBU 池组成，BBU 池由多个 RRH 组成[30]，如图 3-6 所示。现在定义总体设备集为 $\mathcal{U}$，并且其中包含一个蜂窝设备集 $\mathcal{C}=\{1,\cdots,c\}$，以及一个 D2D 设备集 $\mathcal{D}=\{1,\cdots,d\}$。定义 RRH 集 $\mathcal{S}=\{1,\cdots,s\}$，一个 BBU 池 B，资源区块（Resource Block，RB）集合 $\mathcal{R}=\{1,\cdots,r\}$

和 $\mathcal{K} = \{1, \cdots, k\}$。RRH 与闭式的 RRH 组成 RRH 组，定义为 $\mathcal{G} = \{1, \cdots, g\}$。如果一组设备在 D2D 的距离阈值之内，则这组设备按照 D2D 的通信模式工作。如果不满足 D2D 的距离阈值，设备与 RRH 按照保证有最高 SINR 的蜂窝模式通信。假设每个蜂窝设备可以分配一个 RB，而 RB 可以与多个 D2D 设备共享。

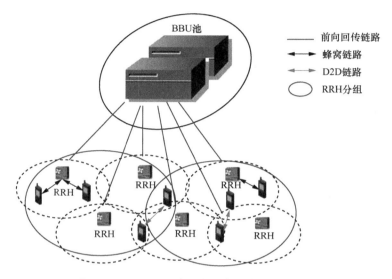

图 3-6　C-RAN 环境下多设备共存多小区场景

蜂窝设备 c 在第 r 个 RB 上的 SINR 定义为式（3-22）。

$$\varnothing_r^c = \frac{p^0 g_r^{sc}}{\sum_{d \in \mathcal{D}} p_r^d g_r^{cd} + \sum_{s' \in \mathcal{S}, s' \neq s} p^0 g_r^{s'c} + N_0} \tag{3-22}$$

其中，p^0 是 RRH 的传送功率，g_r^{sc} 是 RRH s 和蜂窝设备 c 之间的信道增益，g_r^{cd} 是蜂窝设备 c 和 D2D 设备 d 之间的信道增益。N_0 是噪声的功率谱密度，p_r^d 是 D2D 设备 d 的传送功率。D2D 设备 d 在第 r 个 RB 上的 SINR 如式（3-23）所示。

$$\varnothing_r^d = \frac{p_r^d g_r^{dd'}}{N_0 + p_r^c g_r^{cd} + \sum_{j \in D, j \neq d} p_r^j g_r^{jd}} \tag{3-23}$$

其中，$g_r^{dd'}$ 是 D2D 设备组试图与其他设备通信时的信道增益，p_r^c 是蜂窝设备的传送信号的功率。设备 u 在第 r 个 RB 上可以达成的信号速率可以定义为式（3-24）。

$$R_r^u = W_r \mathrm{lb}(1 + \varnothing_r^u) \tag{3-24}$$

其中，W_r 是在单独第 r 个的 RB 上的通信带宽。

蜂窝设备 c 的电池耗费功率如式（3-25）所示。

$$p^c = \eta_C + \eta_{bb}(R^c) + \eta_{RF}(S^c) + \eta_{add} \qquad (3\text{-}25)$$

其中，η_C 是处于蜂窝模式下设备的功率，η_{bb} 是接收速率为 R^c 时在基带下的功率，η_{RF} 是在接收功率 S^c 下无线频率模块的功率，η_{add} 接收设备的其他加性功率。D2D 传输设备 d 的电池消耗功率如式（3-26）所示。

$$p_{tx}^d = \eta_D + \rho_{tx} R_{tx}^d \qquad (3\text{-}26)$$

其中，η_D 是 D2D 模式下设备的固定功率，ρ_{tx} 是一个线性缩放因子，R_{tx}^d 是传输设备发送数据的速率。D2D 接收设备 d 的电池消耗功率如式（3-27）所示。

$$p_{rx}^d = \eta_{D+} \rho_{rx} R_{rx}^d \qquad (3\text{-}27)$$

其中，ρ_{rx} 是线性缩放因子，p_{rx}^d 是接收设备接收数据的速率。设备 u 在第 r 个 RB 上的能量效率（Energy Efficiency，EE）如式（3-28）所示。

$$EE_u = \frac{W_r \, \mathrm{lb}(1 + \varnothing_r^u)}{p_u} \qquad (3\text{-}28)$$

设 W 为带宽，系统可达到的接收速率的总和可以表示为式（3-29）。

$$R = \mathcal{W} \sum_{c=1}^{\mathcal{C}} \sum_{k=1}^{\mathcal{K}} \left\{ \mathrm{lb}(1 + \varnothing_r^c) + \sum_{d=1}^{\mathcal{D}} \mathrm{lb}(1 + \varnothing_r^d) \right\} \qquad (3\text{-}29)$$

系统总的功率消耗为 RRH 的功率消耗和前向回传链路（Fronthaul Link）的功率消耗。于是功率消耗模型可以表示为式（3-30）。

$$p = p_{RRH} + p_{fh} \qquad (3\text{-}30)$$

其中，p_{RRH} 是 RRH 的功率消耗，p_{fh} 是前向回传链路的功率消耗。RRH 的功率消耗如式（3-31）所示。

$$p_{RRH} = \sum_{s=1}^{\mathcal{S}} \left(\eta_{RRH} + \Delta s \sum_{c=1}^{\mathcal{C}} b_s^c p^0 \right) \qquad (3\text{-}31)$$

其中，η_{RRH} 是 RRH 的固定功率，Δs 是 RRH 的倾斜依赖，b_s^c 是二元表示函数，代表蜂窝设备 c 和 RRH s 是否建立了关联，1 代表建立了关联，0 代表没有建立关联。前向回传链路的功率消耗如式（3-32）所示。

$$p_{\text{fh}} = \sum_{s=1}^{S} (\eta_{\text{fh}} + \theta t_s) \tag{3-32}$$

其中，η_{fh} 是前向链路的固定功率的部分，θ 是每比特率的功率消耗，t_s 是第 s 个 RRH 的数据通量。

整个系统的能量效率可以表示为式（3-33）。

$$\text{EE} = \frac{R}{p} \tag{3-33}$$

优化目标是最大化系统的能量效率以及各个设备的能量效率，可以表示为式（3-34）。

$$\max \text{EE} \tag{3-34}$$

$$\text{s.t. } C1: \phi_r^u \geqslant \phi_0, \forall u \in \mathcal{U}, r \in \mathcal{R} \tag{3-34a}$$

$$C2: 0 \leqslant p_r^d \leqslant p_{\max}, \forall d \in \mathcal{D}, r \in \mathcal{R} \tag{3-34b}$$

$$C3: \gamma \leqslant \gamma_{\max} \tag{3-34c}$$

其中，ϕ_0 是 SINR 的限制，$p_{\max}$ 是 D2D 模式下设备的最大传输功率。当设备的 SIRN 比规定的值更小时视为故障。γ 是故障概率，$\gamma_{\max}$ 是允许的最大故障概率。

最大化设备的能量效率，可以表示为式（3-35）所示的形式。

$$\max \text{EE}_u \tag{3-35}$$

$$\text{s.t. } C1: \phi_r^u \geqslant \phi_0, \forall u \in \mathcal{U}, r \in \mathcal{R} \tag{3-35a}$$

$$C2: 0 \leqslant p_k^d \leqslant p_{\max}, \forall d \in \mathcal{D}, r \in \mathcal{R} \tag{3-35b}$$

$$C3: \gamma \leqslant \gamma_{\max} \tag{3-35c}$$

我们可以使用深度强化学习的方法来解决上述的问题。

对于 Q-learning 类型的算法，Q 值的更新规则是类似的，设在时刻 t 的状态是 s^t，采取的动作是 a^t，$Q^{t+1}(s^t, a^t)$ 可以表示为式（3-36）。

$$Q^{t+1}(s^t, a^t) = Q^t(s^t, a^t) + \alpha \left[r^{t+1} + \beta \max_a Q^t(s^{t+1}, a^{t+1}) - Q^t(s^t, a^t) \right] \tag{3-36}$$

其中，α 是学习速率，β 是衰减因子。

接下来我们介绍基于 Q-learning 的 RRH 状态交换算法。对于每一个时间间隔，在 BBU 池中的智能体决定当前激活的 RRH 数量。这就是基于 RRH 交换的 Q-learning，并且试图去最大化系统的能量效率。当激活的 RRH 的数量确定了，BBU 池就关闭能量效率低的 RRH。

为了最大化能量效率，每个 BBU 池的 Q-learning 智能体决定最优的激活的 RRH 的数量。在 Q-learning 中，状态、动作和回报，能够按照下述方式定义。首先，在时刻 T，BBU 池 B 的状态定义如式（3-37）所示。

$$S_T^B = \left\{ \varnothing_U^T, \tau^T \right\} \tag{3-37}$$

其中，$\varnothing_U^T$ 是 BBU 池中 SINR 的平均值，τ^T 是 BBU 池中可使用的 RB 在时刻 T 的百分比。

在时刻 T，BBU 池 B 可采取的动作定义如式（3-38）所示。

$$A_B^T = \left\{ n_{\text{active}}^T \right\} \tag{3-38}$$

其中，n_{active}^T 是在时刻 T，BBU 池中激活的 RRH 数量。

在时刻 T，BBU 池的回报可以定义如式（3-39）所示。

$$R_B^T = \left\{ \text{EE}^T \right\} \tag{3-39}$$

其中，EE^T 是在时刻 T，系统的能量效率。为了最大化能量效率，BBU 池优先关闭能量效率较低的设备。RRH 的效率可以表示为式（3-40）的形式。

$$\frac{\sigma_s^g}{\sigma^g} \tau_s^{-1} \tag{3-40}$$

其中，σ^g 是由 RRH 组 g 服务的设备，σ_s^g 是由 RRHs 服务的设备，τ_s^{-1} 是 RRHs 正在使用的 RB 的数量。

在设备端，状态、动作和回报可以相应地进行定义。状态定义如式（3-41）所示。

$$S_u^t = \left\{ I_u^t \right\} \tag{3-41}$$

其中，I_u^t 是干扰级别，比 SINR 高时为 1，比 SINR 低时为 0。

设备 u 的动作定义如式（3-42）所示。

$$A_u^t = \left\{ p_d^t \right\} \tag{3-42}$$

其中，p_d^t 是 D2D 设备 d 的传输功率。

设备 u 的回报的定义如式（3-43）所示。

$$R_u^t = \left\{ \text{EE}_u^t \right\} \tag{3-43}$$

其中，EE_u^t 是 EE_u 在决策时刻 t 的取值。

在本节所述的自适应功率控制算法中，依靠 SINR 目标来引导 Q-leaning 的学习过程，而 SINR 目标可以在算法运行时进行改变。算法使用先进的深度神经网络来拟合动作值函数，并且通过深度神经网络处理各种转换。采用和 3.3.1 节和 3.3.2 节类似的训练方法，可以得到一个性能表现较好的、能量利用率较高的基站设备开关策略。

参考文献

[1] ZHAO Q, KRISHNAMACHARI B, LIU K. On myopic sensing for multi-channel opportunistic access: structure, optimality, and performance[J]. IEEE Transactions on Wireless Communications. 2008, 7(12): 5431-5440.

[2] AHMAD, ALI S H, LIU, et al. Optimality of myopic sensing in multichannel opportunistic access[J]. IEEE Transactions on Information Theory, 2009, 55(9): 4040-4050.

[3] VENKATRAMAN P, HAMDAOUI B, GUIZANI M. Opportunistic bandwidth sharing through reinforcement learning[J]. IEEE Transactions on Vehicular Technology, 2010, 59(6): 3148-3153.

[4] ZHANG Y, ZHANG Q, CAO B, et al. Model free dynamic sensing order selection for imperfect sensing multichannel cognitive radio networks: a Q-learning approach[C]//2014 IEEE International Conference on Communication Systems. Piscataway: IEEE Press, 2014: 364-368.

[5] LEVINE S, FINN C, DARRELL T, et al. End-to-end training of deep visuomotor policies[J]. Journal of Machine Learning Research, 2015, 17(39): 1-40.

[6] ASSAEL J, WAHLSTRM N, SCHN T B, et al. Data-efficient learning of feedback policies from image pixels using deep dynamical models[J]. Computer Science, 2015, 48(28): 1059-1064.

[7] BA J, MNIH V, KAVUKCUOGLU K. Multiple object recognition with visual attention[C]//3rd International Conference on Learning Representations. [S.l: s.n.], 2015.

[8] LI H. Multiagent-learning for aloha-like spectrum access in cognitive radio systems[J]. Eurasip Journal on Wireless Communications and Networking, 2010.

[9] YAU K L A, KOMISARCZUK P, TEAL P D. Enhancing network performance in distributed cognitive radio networks using single-agent and multi-agent reinforcement learning[C]//IEEE Local Computer Network Conference. Piscataway: IEEE Press, 2010: 152-159.

[10] WU C, CHOWDHURY K R, FELICE M D, et al. Spectrum management of cognitive radio using multi-agent reinforcement learning[C]//International Conference on Autonomous Agents and Multiagent Systems. Piscataway: IEEE Press, 2010: 1705-1712.

[11] BKASSINY M, JAYAWEERA S K, AVERY K A. Distributed reinforcement learning based MAC

protocols for autonomous cognitive secondary users[C]//Wireless and Optical Communications Conference. Piscataway: IEEE Press, 2011: 1-6.

[12] LIU Z, ELHANANY I. RL-MAC: a QoS-aware reinforcement learning based MAC protocol for wireless sensor networks[C]//Proceedings of the 2006 IEEE International Conference on Networking, Sensing and Control. Piscataway: IEEE Press, 2006: 768-773.

[13] CHU Y, MITCHELL P D, GRACE D. ALOHA and Q-Learning based medium access control for wireless sensor networks[C]//International Symposium on Wireless Communication Systems. Piscataway: IEEE Press, 2012: 511-515.

[14] WANG S, LIU H, GOMES P H, et al. Deep reinforcement learning for dynamic multichannel access in wireless networks[J]. IEEE Transactions on Cognitive Communications and Networking, 2018, 4(2): 257-265.

[15] YU Y, WANG T, LIEW S C. Deep-reinforcement learning multiple access for heterogeneous wireless networks[J]. IEEE Journal on Selected Areas in Communications, 2019, 37(6): 1277-1290.

[16] 季石宇, 唐良瑞, 李淑贤, 等. 基于用户体验质量和系统能耗的异构网络联合接入选择和功率分配策略[J]. 电信科学, 2017, 33(11): 47-55.

[17] NASIR Y S, GUO D. Multi-agent deep reinforcement learning for dynamic power allocation in wireless networks[J]. IEEE Journal on Selected Areas in Communications, 2019, 37(10): 2239-2250.

[18] ZHANG L, TAN J, LIANG Y C, et al. Deep reinforcement learning-based modulation and coding scheme selection in cognitive heterogeneous networks[J]. IEEE Transactions on Wireless Communications, 2019, 18(6): 3281-3294.

[19] ABDALLAH A, MANSOUR M M, CHEHAB A. Power control and channel allocation for D2D underlaid cellular networks[J]. IEEE Transactions on Communications, 2018, 66(7): 3217-3234.

[20] ALNWAIMI G R, BOUJEMAA H. Adaptive packet length and MCS using average or instantaneous SNR[J]. IEEE Transactions on Vehicular Technology, 2018, 67(11):10519-10527.

[21] ZHANG L, XIAO M, WU G, et al. Energy-efficient cognitive transmission with imperfect spectrum sensing[J]. IEEE Journal on Selected Areas in Communications, 2016, 34(5):1320-1335.

[22] MELO Y V L D, BATISTA R L, MACIEL T F, et al. Power control with variable target SINR for D2D communications underlying cellular networks[C]//20th European Wireless Conference. Piscataway: IEEE Press, 2014: 1-6.

[23] NIE S, FAN Z, ZHAO M, et al. Q-learning based power control algorithm for D2D communication[C]//IEEE 27th Annual International Symposium on Personal, Indoor, and Mobile Radio Communications. Piscataway: IEEE Press, 2016: 1-6.

[24] TRAN G K, SHIMODAIRA H, REZAGAH R E, et al. Dynamic cell activation and user association for green 5G heterogeneous cellular networks[C]//26th IEEE Annual International Symposium on Personal, Indoor, and Mobile Radio Communications. Piscataway: IEEE Press, 2015: 2364-2368.

[25] TANG L, WANG W, WANG Y, et al. An energy-saving algorithm with joint user association,

clustering and on/off strategies in dense heterogeneous networks[J]. IEEE Access, 2017, 5(10): 12988-13000.

[26] SALEM F E , ALTMAN Z , GATI A , et al. Reinforcement learning approach for advanced sleep modes management in 5G networks[C]//IEEE 88th Vehicular Technology Conference. Piscataway: IEEE Press, 2018: 1-5.

[27] YANG C, JIANG H, XU X. How D2D communication influences energy efficiency of small cell network with sleep scheme[C]//IEEE 25th Annual International Symposium on Personal, Indoor, and Mobile Radio Communication. Piscataway: IEEE Press, 2014: 1690-1695.

[28] MASUCCI A M, ELAYOUBI S E, GATI A. D2D-assisted sleep mode strategies for green mobile networks[C]//2017 IEEE 28th Annual International Symposium on Personal, Indoor, and Mobile Radio Communications. Piscataway: IEEE Press, 2017: 1-6.

[29] PANAHI F H, PANAHI F H, HATTAB G, et al. Green heterogeneous networks via an intelligent sleep/wake-up mechanism and D2D communications[J]. IEEE Transactions on Green Communications and Networking, 2018, 2(4): 915-93.

[30] PARK H, LIM Y. Adaptive power control using reinforcement learning in 5g mobile networks[C]//2020 International Conference on Information Networking. Piscataway: IEEE Press, 2020: 409-414.

第 4 章
基于强化学习的网络管理

网络管理涉及对网络运行性能和资源使用情况的监测、控制和记录，其目的是使网络有效运行，并在一定程度上保障服务质量。自网络发展之初起，业界已经开始探索如何有效地管理网络。随着网络规模扩大以及网络中数据重要性的增加，网络管理的作用越来越重要。在通信网络领域，深度强化学习是具有潜力的新兴理论与技术。随着现代网络的不断发展，比如物联网（Internet of Things，IoT）、异构网络和无人机网络等，网络在本质上变得更加分散，网络自治的场景逐渐增加，带来了更多不确定性，亟待发掘自适应、自动化决策技术来提升网络管理的整体性能和服务质量。面对这种高动态环境下的网络管理决策问题，我们可以尝试使用马尔可夫决策过程进行建模，并使用深度强化学习方法进行求解。

本章具体内容将分两部分逐一阐述，主要包括：基于强化学习的智能服务编排和智能网络切片。智能服务编排部分主要介绍基于网络功能虚拟化（Network Functions Virtualization，NFV）和深度强化学习算法对虚拟网络功能（Virtual Network Function，VNF）和服务功能链（Service Function Chain，SFC）进行智能化编排的方法；智能网络切片部分主要介绍基于深度强化学习算法的网络资源按需划分和分配的技术。

4.1　智能服务编排

4.1.1　NFV 的资源配置

传统上，网络运营商通过购买和安装运行许可软件的专有硬件部署网络功能

（Network Function，NF）。由于更新服务需要设备改装、安装和人员培训，增加了运营成本，网络运营商不倾向于更新其网络物理架构，也并不积极更新现有服务或提供某些新服务[1]。为了克服这一局限性，业界提出 NFV 概念。利用虚拟化技术，使用通用计算机或服务器实现多种网络功能，减少对供应商特定硬件的依赖[2]。基于 NFV 理念，NF 的软件程序可以与底层硬件解耦，直接在现有通用硬件上进行实例化和运行，而不需运营商购置和安装新的硬件设备。软件与硬件的解耦允许 NF 部署于共享资源池，称为 VNF，实现对处理能力、存储能力等底层基础设施资源的高效、快速、可扩展地管理。

对于共享资源的分配与管理问题，一个简单的解决方案是基于阈值的被动管理方法，即如果网络状况达到某些预定义的阈值[3-6]，则会添加或删除资源。然而，基于阈值的标准倾向于过度供应网络资源、过度利用网络设备，给基础设施供应商带来了高昂的成本。但是，预先设计网络流量模型以指导资源分配的方式，使动态流量管理和新类型服务部署变得更加困难。随着机器学习在通信网络中的应用，学术界和产业界提出了大量基于机器学习的网络管理方法。

文献[7]提出了一种主动的虚拟机（Virtual Machine，VM）伸缩性管理方法。基于决策树判断 VM 实例应该进行何种伸缩，包括调整分配到 VM 的物理资源实现垂直伸缩或调整部署的 VM 实例数量实现水平伸缩。文献[8]提出了一种基于 Q 学习（Q-learning）的自主垂直伸缩方法，智能体自主学习如何向 VM 提供资源。文献[9]提出了针对移动边缘计算的深度双重 Q 学习（Deep Double Q-learning，DDQ）和深度"状态–动作–回报–状态–动作"（Deep State-Action-Reward-State-Action，Deep-SARSA）模型解决方案，在本地计算资源和能量有限的情况下，对计算卸载和能耗选择进行联合优化。该方案决定本地执行计算任务或将其卸载到可用的边缘基站，同时，选择为任务分配的能耗量。文献[10]提出了一种基于 Q 学习的主动式VM 编排解决方案，在给定当前状态下，智能体决定增加、减少或保留分配给 VNF 的 VM 数量。文献[11]则引入了深度学习方法获得满足网络流量需求必须部署的VNF 的数量，将其建模为分类问题，其中每个类对应于必须实例化的 VNF 数目，以便能够处理当前的流量，并使用历史标记的流量数据进行训练。

近年来，DRL 在无线网络资源的管理和网络编排领域，尤其是网络切片资源编排与管理中得到了广泛关注。这些工作大多利用强化学习的离散动作选择（例如，Q 学习或 SARSA）进行资源分配决策，而不需直接求解优化问题。文献[12]提出了一种基于深度 Q 学习的无线资源切片和基于优先级的核心网切片方法，并说明了其在处理需求感知和资源分配方面的优势。资源分配问题被抽象为从有限的可用配置集中选择一个特定的配置，再利用双深度 Q 网络（Double Deep Q Network，DDQN）求解。类似地，文献[13]提出了一种基于 DDQN 的多租户跨片资源编排方法，其中，对通信和计算资源进行离散化，并用 DDQN 进行决策，分配给不同的切片租户。文献[14]中采用了一种具有优势函数的 DDPG，将带宽资源分配到不同的网络片上，获得更细粒度的资源分配方案。

总体而言，高效和动态的资源管理对通信网络的性能至关重要。NFV 将网络功能与专有硬件分离，允许服务提供商借助运行在通用底层物理节点之上的软件实现所需的网络功能，可以动态地组织与管理网络中的各类资源。在 NFV 框架中，SFC 由一组有序的 VNF 节点及其之间的逻辑链路组成，可以映射到物理网络中。用户数据流根据已建立的应用程序策略流经多个 VNF。下面将以文献[15-17]为例详细介绍基于 NFV 的智能服务编排的最新研究成果。

4.1.2　服务功能链映射

由于将网络功能部署在通用硬件设备之上，NFV 通过优化网络资源利用率来降低网络运行成本，并有助于网络功能的灵活部署和网络服务的快速交付。因此，NFV 技术吸引了运营商越来越多的关注。NFV 平台需要具有动态可扩展性，并可实现细粒度的流量控制和高效的资源利用。例如，在物联网应用场景中，需要在密集终端设备互联形成的网络中提供各种网络服务，使用传统网络设备来实现物联网设备互联的方式缺乏灵活性。在底层物联网设备之上，可使用 NFV 技术，通过 VNF 链为各种物联网终端设备提供用户所需的虚拟网络服务。

网络服务由一组有序的 VNF 链组成，包含 VNF、链中 VNF 的功能、VNF 的逻辑顺序以及 VNF 链在底层网络中的映射，以便自动化构建和部署网络服务。实现网络服务的 VNF 链，被命名为 SFC，为了更加适用于实际的网络应用，可动态地将 SFC 映射到本地计算资源或云计算平台中，并考虑网络中各类资源状态和流量变化，提高 SFC 映射的性能。在工业物联网场景中，SFC 可以由一系列异构 VNF 实例灵活组合，并通过过滤和压缩处理来自多种 IoT 终端应用的海量数据流。处理后的数据流被发送到云计算平台中，利用现有的计算和带宽资源，增强网络服务的可用性和可靠性。

为了提高底层资源的利用率和 SFC 的请求接收率，可以将具有大量资源需求的 VNF 分成若干资源需求较小的子 VNF，并相应地拆分它们之间的逻辑链路以形成新的 SFC 请求拓扑，并为之分配资源。为了系统地解决 SFC 映射问题，文献[15]将复杂的 VNF 分解为一组虚拟网络功能组件（Virtual Network Function Component，VNFC）和一个由逻辑连接组成的虚拟网络功能转发图（VNF Forward Graph，VNF-FG）。引入 VNF-FG 可以更容易地在底层网络资源和网络服务之间建立关系，兼容 NFV 框架下异构的 VNF 节点和物理网络设备。VNFC 对应于虚拟处理节点，每个 VNFC 间的逻辑链路对应于一组物理链路，并需要物理链路上的各种资源（例如，带宽和服务质量）保障。

VNF 是网络功能的软件实现，完成了对原有的专有网络功能硬件的虚拟化。以支持 NFV 的物联网为例，VNF 可以包括防火墙、域名系统、网络地址转换、内容分发网关、负载平衡器、家庭网关等。SFC 是一组有序的 VNF，用户流量根据服务策略依次流经其中多个 VNF。不同类型的物联网服务由不同类型的 SFC 完成，通过预定义的通用虚拟网络应用接口获取计算、存储和网络资源。虚拟机和其他资源的分配由管理编排节点完成。SFC 的每个请求都涉及逻辑业务层与执行映射层。执行映射层通过 SFC 的映射过程将 SFC 请求部署到物理基础设施。端到端网络服务的部署与映射如图 4-1 所示。中心管理节点负责 SFC 和虚拟资源层的编排、映射决策的优化，以实现网络服务。SFC 由一组 VNFC 组成，提供所请求的功能。虚拟化技术将底层物理资源转变成虚拟资源层，以更好地部署 VNFC。为了支持映射过程，物理网络层通常包含计算、存储和网络等资源，为 VNFC 提供数据处理、存储和数据传输功能。

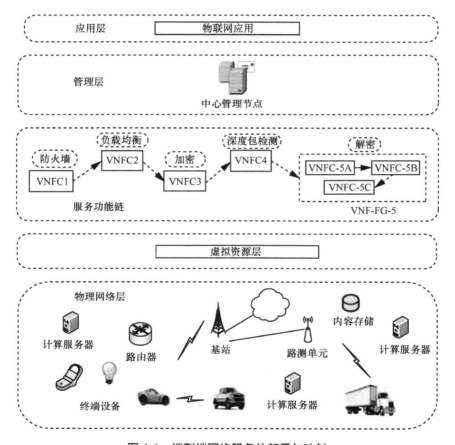

图 4-1　端到端网络服务的部署与映射

（1）系统模型

SFC 映射的优化目标是降低 VNFC 平均处理时延。考虑到网络服务不同的资源请求，以合适的方式将 SFC 中的 VNFC 分配给具有适当资源的底层节点，其中物理网络层具有多个资源（例如，CPU、存储器和 I/O）。由于处理不同业务的 VNFC 可以共享相同的资源节点或采用相同的数据传输链路，VNFC 的映射和调度更加复杂，有必要采取智能化的方法进行求解。

假设网络服务到达时已知每个 VNFC 的资源需求。具体地，根据到达流量和 SFC 的流量变化率给出每个 VNFC 的资源请求，两者都随时间变化。为了简化系统模型，服务请求者可以基于先验知识对初始到达 SFC 的数据包速率进行粗略估计。此外，假设在支持 NFV 的物联网环境中没有抢占行为和固定的映射配置文件，从第一个 VNF 开始执行到服务完成，连续地进行系统中 SFC 的映射。

满足有限马尔可夫性的序列决策任务，可以建模为 MDP，并利用 DRL 进行求解。SFC 的映射过程中，中心管理节点逐次映射每个 VNFC，在 $t+1$ 时刻的系统状态是对 t 时刻动作的响应，取决于 t 时刻 VNFC 映射的结果。根据有限马尔可夫性，可以定义从一个状态到另一个状态的转移概率，如式（4-1）所示，其中，s 表示状态、a 表示动作、r 表示回报、s' 表示可能的下一状态。

$$P_{ss'}^a = P\{s_{t+1} = s' \mid s_t = s, a_t = a\} \tag{4-1}$$

SFC 映射的这种动态特性可以根据当前状态和动作预测下一个状态和预期的下一个回报。给定任何当前状态 s 和动作 a，以及任何下一个状态 s'，下一个回报的期望值如式（4-2）所示。

$$R_{ss'}^a = \mathbb{E}\{r_{t+1} \mid s_t = s, a_t = a, s_{t+1} = s'\} \tag{4-2}$$

这里，$P_{ss'}^a$ 和 $R_{ss'}^a$ 表示了 SFC 映射模型动态特性的最重要因素。

因此，复杂网络场景中的 SFC 映射问题可以利用 DRL 求解。DRL 模型中智能体的状态、动作和环境的交互过程，如图 4-2 所示。DRL 智能体执行一系列操作并使用值函数、策略和模型的主要组件来观察状态，并获得回报。下文将阐述如何建立 DRL 模型的状态空间、动作空间和回报函数。

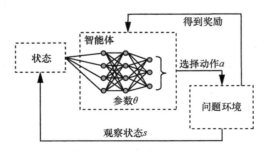

图 4-2　DRL 模型中智能体的状态、动作和环境的交互过程

（2）系统状态和动作

SFC 映射问题的状态空间由底层物理网络的节点可用资源和链路可用带宽表示。假设底层物理网络具有 N 个节点，为 VNFC 提供 CPU 和存储资源，节点状态表示为 $\{i_c, i_m\}$，$i \in \{1, 3, \cdots, N\}$。物理网络具有一定的拓扑结构，为 VNFC 之间的数据包提供传输，状态由两个节点 i 和 j 之间的链路带宽表示，即 $b_{i,j}$，$j \in \{1, 3, \cdots, N\}$。据此，DRL 模型的状态空间可表示为 s=$\{\{i_c, i_m\}, \{b_{i,j}\}\}$ 包含底层物理网络中全部节点的资源状态。物理网络的可用资源数量随着网络运行动态变化。假设不同 VNFC 所需的资源量服从若干正态分布，在不同时间点对这些资源进行随机采样，可获得底层物理网络节点的资源消耗状态。智能体部署于中心管理节点，根据当前网络的资源消耗状态与 VNFC 的部署需求制定相应的动作，决定将哪些物理节点分配给所请求 SFC 的 VNFC。

DRL 智能体在每个决策时间步执行一个动作，动作空间由物理节点的数量决定。智能体在每个时间步分配一个 VNFC，然后观察状态空间中的状态转换，继续分配 SFC 的下一个 VNFC。在 SFC 映射过程中，智能体的每个有效决策完成一个 VNFC 的映射，映射过程在执行所请求的 SFC 的最后一个 VNFC 之后结束。

（3）回报函数

在基于 DRL 的动态 SFC 映射中，以 SFC 的时延作为回报函数，包括物理节点上 VNFC 的处理时延以及 NFV 基础设施中物理链路的传输时延总和。假设 VNFC 之间的物理路径由最短路径优先协议实现，并且经过 VNFC 的用户流量随着负载的变化不会被重新路由。部署 VNFC 后，所有数据包通过同一路径转发，直到它过期或被删除。

通常，智能体的目标是最大化其收到的长期累积回报。基于 DRL 的 SFC 映射使用每个时间步的即时回报以指导智能体最小化 SFC 中所有 VNFC 总时延。每个时间步的即时回报与一个 VNFC 的时延成反比，累积回报随时间的变化与服务处理时间的变化一致，因此最大化累积回报等价于最小化所有 VNFC 的平均时延。第 t 个时间步内一个 VNFC 映射获得的即时回报如式（4-3）所示。

$$r = \beta \left(f_{\text{tran}}^t + f_{\text{proc}}^t \right)^{-1} \tag{4-3}$$

其中，f_{proc}^t 是 VNFC 的处理时延，f_{tran}^t 是根据 SFC 预定义的服务逻辑得到的 VNFC 之间的传输时延，$\beta > 0$ 为 VNFC 总时延与回报的相关系数。

① 处理时延 f_{proc}^t：在网络节点上执行 VNFC 所花费的时间。基于通用处理器共享算法的处理时延模型，即式（4-4），可以进行计算。

$$f_{\text{proc}}^t = \left(\frac{\text{load}_{\text{proc}}}{\text{load}_{\text{flow}}} \right) \times d_{\text{proc}} \tag{4-4}$$

其中，$load_{proc}$ 是处理器上的当前负载，以百分比表示，$load_{flow}$ 是流量对处理器贡献的负载的近似部分，d_{proc} 是 VNFC 的处理时间。

② 传输时延f'_{tran}：包括 VNFC 所在物理网络节点的转发时延 $d_{forward}$、传播时延 d_{prop} 和排队时延 d_{queue}。转发时延 $d_{forward}$ 如式（4-5）所示。

$$d_{forward} = \frac{c_{size}}{L_{u,v}} \tag{4-5}$$

其中，c_{size} 是 VNFC 的数据包大小，$L_{u,v}$ 是 VNFC 之间的基础链路的可用带宽。VNFC 的传播时延如式（4-6）所示。

$$d_{prop} = \frac{l}{c} \tag{4-6}$$

其中，l 是服务功能链的物理长度，c 是物理链路介质中信号的传播速度。对于排队时延的计算，可利用 M/M/1 排队模型，得到平均排队时延如式（4-7）所示。

$$d_{queue} = \frac{load_{link} \times d_{serv}}{1 - load_{link}} \tag{4-7}$$

其中，$load_{link}$ 是从先前的连接分配的带宽到总链路带宽的比率，d_{serv} 是预期的服务时间。这里，为了便于讨论，只考虑了 VNFC 的发送时延。

（4）深度强化学习方法

深度强化学习方法不需对系统的状态转移概率进行先验建模，智能体通过与环境的试错交互，在系统运行时直接学习最佳资源分配策略。每个动作的回报是智能体从与系统的交互中获得的唯一可学习信号。在支持 NFV 的物联网场景中，动态 SFC 映射过程的状态空间呈现高维度特性。与静态环境中协商配置的一系列经典组合优化算法相比，DRL 可接收复杂的高维数据作为输入，并为输入数据产生最佳动作。与传统的表格类 RL 不同，DRL 利用深度神经网络的强大函数逼近特性从高维空间中学习特征，将先前的 RL 扩展到高维问题。DQN 在 Q-learning 算法中加入了深度神经网络作为拟合器，在训练过程中学习动作值函数，由式（4-8）定义。

$$Q(s_t, a_t) \leftarrow Q(s_t, a_t) + \alpha \left[\gamma \max_a Q(s_{t+1}, a) - Q(s_t, a_t) \right] \tag{4-8}$$

其中，s_t 为 t 时刻的状态，a_t 为 t 时刻选择的动作，$Q(s_t, a_t)$ 为动作值函数，γ 是折扣因子，α 为学习率。在 DQN 之前，当使用神经网络等非线性函数拟合动作值函数 Q 时，模型不易稳定甚至容易发散。DQN 使用经验回放和目标网络来帮助稳定深度神经网络的动作值函数 Q 的学习过程。实践表明，DQN 在许多不同的任务中表现良好。

DQN 也可以采用离线策略（Off-Policy）的学习方法，从当前经验和过去经验中学习。由于在某些情况下，VNFC 映射动作的影响可能仅在网络环境的多次状态转移之后才会出现，应训练智能体使其具备处理长时间跨度依赖性的能力。经验回放方法可使样本多次使用，克服了经验数据的相关性和非平稳分布的问题，同时提高了学习经验数据的利用率。

DQN 使用具有相同结构但不同参数的两个神经网络，即估计 Q 网络和目标 Q 网络，DQN 的训练过程如图 4-3 所示。估计 Q 网络用于预测 Q 值，具有最新的参数；预测目标 Q 值的神经网络称为目标 Q 网络，该网络的参数来自一段时间之前。目标 Q 网络使用相对固定的参数，而估计 Q 网络的参数实时进行更新。

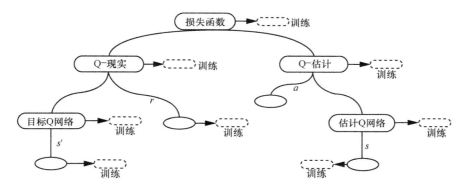

图 4-3　DQN 的训练过程

训练神经网络所用的损失函数如式（4-9）所示。

$$\text{loss} = \left(r + \gamma \max_a Q(s', a', w^-) - Q(s, a, w) \right)^2 \qquad (4\text{-}9)$$

可以通过随机梯度下降来最小化损失函数以更新神经网络。式（4-9）中，r 为即时回报，$Q(s', a', w^-)$ 由目标 Q 网络给出，w^- 为参数，而 $Q(s, a, w)$ 由估计 Q 网络给出，w 为参数。目标 Q 网络通过在更新"Q-现实"的时间和更新"Q-估计"的时间之间增加时延来改进标准的 Q 学习算法，减轻了发散和振荡。

（5）仿真及结果讨论

文献[15]在不同类型的网络拓扑上进行了 SFC 映射的仿真，考虑到 SFC 映射算法的适用性和通用性，选择了 3 种典型的底层物理网络结构作为仿真拓扑。随机网络具有一定的普遍性，可以代表许多类型的物理网络，将其作为仿真所用的拓扑之一。随机网络根据一对节点之间的连接概率生成，连接概率取决于它们之间的距离。生成过程为：首先在随机位置生成 N 个节点，然后分别添加边以连接与节点 x，$x \in \{1, \cdots, N\}$ 最近的 m 个节点和节点 x，连接的概率如式（4-10）所示。

$$p = \frac{d_{x,i}}{\sum_{i=0}^{m} d_{x,i}}$$ （4-10）

其中，$d_{x,i}$ 表示节点 x 和节点 i 之间的距离，$i = 1, \cdots, m$。当 $N = 10$ 时的随机网络拓扑如图 4-4 所示。

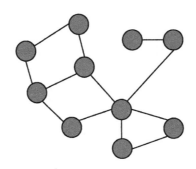

图 4-4 当 N=10 时的随机网络拓扑

小世界网络是一种既具有大聚类系数又具有短平均路径长度的网络。由于一些物理网络呈现出小世界网络的特征，也将其作为仿真的底层网络拓扑之一。在仿真中，小世界网络的生成过程是：首先，生成具有 N 个节点的环形网络，并且每个节点连接到其 k 个邻居节点。然后，一对连接节点之间的边的一端不变，另一端以概率 p 断开，逐个边执行。最后，断开的另一端将重新连接到从网络中随机选择的另一个节点。当 $N = 10$ 时的小世界网络拓扑如图 4-5 所示。

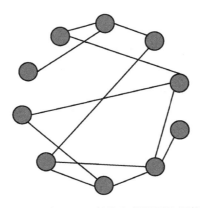

图 4-5 当 N=10 时的小世界网络拓扑

　　此外，随机网络和小世界网络的共同特征是节点度分布大致遵循泊松分布，即在这种网络中通常不存在度数特别高的节点。然而，对于许多现实世界的网络，其连接性或节点度分布是异构的，遵循幂律分布的形式，并且与网络规模无关。这种网络模型称为 BA-无标度网络，并且将这种拓扑结构作为仿真拓扑之一。BA-无标度网络的生成过程是：首先构建具有 N 个节点的连接网络。然后，每添加一个新节点，该节点以概率 p 随机连接到 m 个现有节点，$1 \leqslant m \leqslant N$。上述概率如式（4-11）所示。

$$p = \frac{k_i}{\sum_{j=0}^{N} k_j}, i = 1, \cdots, m \tag{4-11}$$

其中，N 表示当前节点的总数，k_i 表示节点 i 的度。当 $N = 10$ 时的 BA-无标度网络拓扑结构如图 4-6 所示。

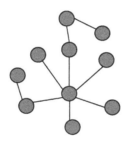

图 4-6　当 N=10 时的 BA-无标度网络拓扑结构

　　为了便于处理，所有服务请求基于高斯函数进行仿真。时间间隔 T 内，流经每个 VNFC 的数据流量对应于一系列值，并且假设时间间隔 T 为 24 h。底层网络的当前资源状态变量由 24 h 内随机采样得到。

　　通过上述设置，在支持 NFV 的物联网场景中执行了基于 DRL 的动态 SFC 映射方案。使用 TensorFlow 实现深度学习，并使用 NetworkX 在仿真中模拟支持 NFV 的物联网底层物理网络。在仿真中，假设在支持 NFV 的平台中有两个 SFC，且都由 4 个不同的 VNFC 组成。通过仿真测试基于 DRL 的动态 SFC 映射方案的性能，并且在 3 种典型底层拓扑中与静态映射方案进行了比较。结果表明，基于 DRL 的动态 SFC 映射方案优于静态映射方案并能够快速收敛。

4.1.3　服务功能链选路

　　物联云网络是物联网和云计算技术相结合的新网络环境，利用 NFV 技术，根据物联网的应用需求，以云服务的形式为物联网设备动态提供虚拟网络功能。由于物联网中存在大量网络转发设备，包括基站、网关、交换机、路由器以及相关终端设备，不同数量的各类虚拟网络功能将部署在这些设备上。虚拟网络功能部署如图 4-7 所示，根据虚拟网络功能的部署和网络设备之间的拓扑关系，数据包从源节点发送至目的节点时，可能存在多条符合服务功能链要求的传输路径。例如，数据包达到服务功能链 1，可以由物理网络 N_1、N_2、N_3、N_6、N_7 转发，也可以由 N_1、N_2、N_4、N_5、N_6、N_7 转发。

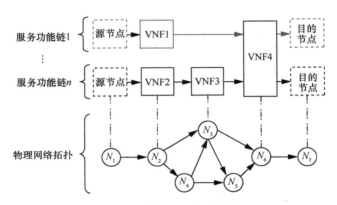

图 4-7　虚拟网络功能部署

物联云网络中存在众多新兴业务，例如智能医疗[18]、智能停车[19]、智能监控[20]等，具有不同的服务质量（Quality of Service，QoS）需求[21-22]，包括低时延、高吞吐量和低丢包率等。在对服务功能链的选路过程中，不仅需要观测网络中链路和节点的状态，还应识别不同类型的业务。根据业务的 QoS 需求为服务功能链选择合适的传输路径，能够更高效利用网络资源，提高用户体验。针对存在大量网络转发设备的物联云网络环境，将 SFC 数据包的路径选择建模为一个在线决策问题。

针对这一问题，对网络环境建模并求解路径选择的方法，忽略了有价值的历史经验，并且决策过程中未考虑不同类型物联云网络的 QoS 需求，只能制定低效率和粗粒度的资源供给方案。文献[16]提出一种智能 VNF 提供框架，可以根据不同网络服务的流量识别结果进行资源供给。该框架利用 DRL 模型，根据实时网络环境动态变化进行路径选择的决策。

VNF 的路径选择过程如图 4-8 所示，物联云网络中存在着大量网络转发设备及网络终端设备，这些物理设备上可能承载了多个相同或不同的 VNF。对于一种 SFC，在网络中从源节点到目的节点可能存在多条满足该 SFC 的传输路径。由于物联云网络具有高度复杂性和动态性，根据网络实时状态选择最优传输路径，能够有效地提高网络性能及资源利用率。

首先，使用流量数据识别模型对到达的流量数据进行识别处理，预先将网络中可能出现的流量数据划分为 8 种类型（包括视频、音频、网页浏览等），并为不同类型的数据设定对应的初始传输优先级（Transmission Priority，TP）和最大传输时间（Max Transmission Time，MTT），超过 MTT 的流量数据将会被认定为超时并从发送端进行重传。在传输过程中，根据多项网络实时参数计算数据包的实时传输优先级，如式（4-12）所示。

$$\mathrm{TP} = \mathrm{TP}_0 + \alpha(\mathrm{MTT} - t) - \beta(L - X_l) \tag{4-12}$$

其中，t 为该数据包已经传输的时间，L 为选定路径的总跳数，X_l 为该数据包此时所在的跳数，α 和 β 分别为表示剩余传输时间和剩余传输距离两项参数的系数。

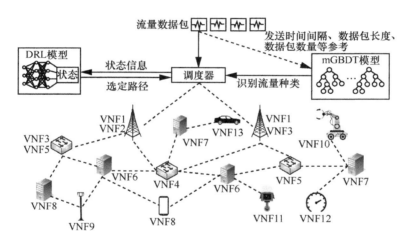

图 4-8　VNF 的路径选择过程

从到达的流量数据中提取单位时间内各条流的数据包特征，例如，由发送时间间隔、数据包长度、数据包数量等参数可计算得到 31 个特征。采用多层梯度提升决策树（Multi-Layered Gradient Boosting Decision Trees，mGBDT）算法[22]根据提取到的流量数据特征训练出一个流量数据识别模型，对实时流量数据进行识别，提供对应的服务质量需求（包括传输超时期限和传输优先级等指标），与网络状态共同作为深度强化学习模型的观测信息，深度强化学习模型输出相应的符合 SFC 的最优传输路径。

其次，针对 SFC 选路设计的深度强化学习模型 DRL-SFC，具体介绍其所采用的智能体、状态空间、动作空间和回报函数。DRL-SFC 原理如图 4-9 所示。

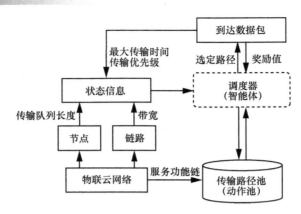

图 4-9　DRL-SFC 原理

① 智能体：DRL-SFC 中所使用的智能体部署在网络入口处的调度控制器中，根据各项网络状态和流量类型，选择最合适的 SFC 路径。

② 状态空间：对于在 t 时刻到达的数据包 i，状态信息 s^{t_i} 主要分为 3 个部分，网络中的节点信息 $s_n^{t_i}$（节点由 n 表示）、链路信息 $s_e^{t_i}$（链路由 e 表示）以及传输信息 $s_p^{t_i}$（路径由 p 表示），如式（4-13）所示。

$$s^{t_i} = \left[s_n^{t_i}, s_e^{t_i}, s_p^{t_i} \right] = \left[c_1^{t_i}, \cdots, c_n^{t_i}, b_1^{t_i}, \cdots b_e^{t_i}, \mathrm{MTT}_i, \mathrm{TP}_i \right] \tag{4-13}$$

其中，c_n 为节点 n 的传输队列长度，b_e 为链路 e 的带宽参数。

③ 动作空间：基于网络拓扑和各节点上部署的 VNF 情况，从源节点到目的节点之间符合特定 SFC 的传输路径，构成一个可供选择的传输路径池，DRL-SFC 的动作空间即为该路径池，如式（4-14）所示。

$$A = \left\{ a \mid a \in \left\{ 1, 2, \cdots, |P| \right\} \right\} \tag{4-14}$$

其中，P 为路径池中可供选择的路径数量，智能体输出的一个动作即为流量数据包所选择的一条传输路径。

④ 回报函数：回报函数具有两个目标：最小化数据包的平均时延和超时重传数据包数量。在 t 时刻的回报函数如式（4-15）所示。

$$r_t = -\sum_{i \in I_t} \frac{1}{\mathrm{ST}_i} - c N_t \tag{4-15}$$

其中：I_t 为当前时刻网络中的流量数据包集合（包括正在传输和等待发送的数据包）；ST_i 为数据包 i 的最长存活时间，即为超时重传时限 MTT_i；N_t 是当前时间周期内超时重传的数据包数量；c 为惩罚系数。

深度强化学习算法可基于克罗内克因式分解的可置信区域演员-评论家（Actor Critic using Kronecker-Factored Trust Region，ACKTR）算法[23]进行改进，在替代损失函数中引入了点概率距离（Point Probability Distance）[24]参数，如式（4-16）所示。

$$D_{PP}\left(\pi_{\theta_{old}}(\cdot\,|\,s),\pi_\theta(\cdot\,|\,s)\right)=\left(\pi_{\theta_{old}}(a\,|\,s)-\pi_\theta(a\,|\,s)\right)^2 \tag{4-16}$$

其中，π_θ 表示智能体所学到的策略，θ 表示 DRL-SFC 中深度神经网络的参数，θ_{old} 表示深度神经网络在上一轮迭代中的参数。点概率距离可以衡量连续两次优化迭代获得的策略差异，将其引入到模型训练的替代损失函数中，更好地确保了学到的决策策略效果在每次迭代中能够单调递增，据此提出了基于克罗内克因式分解的可置信区域策略优化（Policy Optimization using Kronecker-Factored Trust Region，POKTR）算法。因此，POKTR 算法的替代损失函数定义如式（4-17）所示。

$$L(\theta)=\mathbb{E}\left[\text{clip}\left(r_t(\theta),1+\varepsilon,1-\varepsilon\right)A_t-\lambda D_{PP}\left(\pi_{\theta_{old}}(\cdot\,|\,s),\pi_\theta(\cdot\,|\,s)\right)\right] \tag{4-17}$$

其中，$\mathbb{E}$ 表示期望，clip 表示裁剪函数，ε 表示裁剪阈值，A_t 表示深度强化学习中演员-评论家（Actor-Critic，AC）系列算法中的优势函数，λ 为惩罚系数，r_t 表示 DRL-SFC 神经网络两次迭代中策略的比值如式（4-18）所示。

$$r_t(\theta)=\frac{\pi_\theta(a_t\,|\,s_t)}{\pi_{\theta_{old}}(a_t\,|\,s_t)} \tag{4-18}$$

文献[16]针对提出的服务功能链的选路方案，开展了 3 个方面的实验内容。

① 针对流量数据识别模型进行实验验证，采用了开源流量数据集，以数据流为单位在网络仿真环境进行回放。采用多粒度级联森林（gcForest）算法、随机森林算法、决策树算法、K 近邻算法、支持向量机算法和全连接神经网络与流量识别的 mGBDT 算法进行对比。先后测试了不同长度的流数据、不同特征集合、各个子流量类型等多种实验数据和实验环境下各个算法得到的分类模型的准确率，结果表明 mGBDT 算法在各项实验中均取得了最高的分类准确率。此外，改进后的轻量级 mGBDT 算法推理时间短，有助于保障 SFC 选路的实时性。

② 设计了 3 种拓扑的物联云网络仿真环境，分别包括 12、20 和 30 个网络节点，对深度强化模型 DRL-SFC 进行验证，比较 POKTR 算法与强化学习中常见的 ACKTR 算法、具有惩罚点概率距离的策略优化（Policy Optimization with Penalized Point Probability Distance，POP3D）算法、近端策略优化（Proximal Policy Optimization，PPO）算法、异步优势演员-评论家（Asynchronous Advantage Actor

Critic，A3C）算法和 DQN 算法。通过设置不同的流量数据到达速率，在实验网络中制造不同程度的拥塞，在多种拥塞情况下训练 SFC 选路模型。POKTR 算法相比于其他 DRL 算法效果更好，且该算法下网络传输超时的数据包比例最低。在同等实验环境下，POKTR 算法能够更快、更稳定地收敛。相比于只使用库尔贝克-莱布勒散度（Kullback-Leibler Divergence，KL 散度）作为替代损失函数的 ACKTR 算法，POKTR 算法在动作空间离散的强化学习环境中能够有着更好、更稳定的性能表现。

③ 验证了 SFC 选路框架中流量数据识别模型与 DRL-SFC 的结合效果，对 3 种实验网络环境中 SFC 选路之前是否添加流量数据识别模块进行对比。实验结果表明，实时流量分类对于 SFC 的选路决策有着重要作用。特别是，在网络可利用资源有限的情况下，对流量数据进行预先分类识别，可有效调度不同优先级的流量数据，提高网络资源的利用率和服务质量。

综上所述，使用深度强化学习模型进行服务功能链选路比传统基于规则的方法更为高效地利用网络资源，提高了用户使用体验，并且具有更好的鲁棒性。引入流量数据识别模型后，SFC 选路方案可赋予不同业务差异化的传输优先级，使得网络传输更加合理与高效。

4.1.4　无线网络 VNF 的资源编排

5G 无线接入网采用中心单元（Centralized Unit，CU）与分布式单元（Distributed Unit，DU）功能分离的架构。分布式的多个小区基站作为 DU，并连接到一个负责网络功能编排的 CU。CU-DU 分离架构中，CU 负责维护一组 VNF，为多个 DU 提供服务，无线接入网的 VNF 模型[17]如图 4-10 所示。无线接入网络中基站负责用户数据的传输、移动性控制、RAN 共享、定位、会话管理等任务，基站将其所有的流量转发给 CU。无线网络的 CU 利用资源池部署并维护了 VNF 集合，提供一组异构网络功能；同时，CU 也为 VNF 提供虚拟的计算、存储与网络等资源的编排功能，并支持弹性资源负载均衡（如自动拓展 VNF 实例数目）。此外，当 CU 本地资源无法支持 VMF 部署时，可将其卸载到云计算中心。

与物联网或核心网类似，无线接入网中 VNF 同样可采用容器技术[25]，即每次启动 VNF 时，在物理服务器中部署一个容器。容器是一个轻量级、可执行的软件包，包括代码、运行、系统工具、系统库、设置等运行应用程序所需的一切，由操作系统内核运行[26]。容器之间彼此隔离，可以通过良好定义的通道进行通信。与其他虚拟化技术（如 VM）相比，容器需要更少的功耗[27]，启动和重新启动的时间也更短，是一种更合适实现 VNF 的虚拟化技术[28-29]。更重要的是，容器可以在不中断其提供服务的情况下动态地进行伸缩。

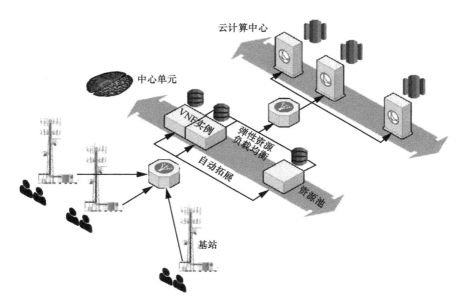

图 4-10　无线接入网的 VNF 模型

CU 为一组 VNF 提供资源编排，包括考虑水平伸缩、垂直伸缩以及计算卸载等决策。但由于网络环境的动态性以及 NF 之间的复杂依赖关系，VNF 资源编排问题通常难以直接求得最优解。动态资源编排需要为每个 NF 进行动态资源分配决策，可将这一过程建模为马尔可夫决策过程，并使用强化学习方法获得相应的优化方案[17]。将智能体部署于 CU 中，根据系统状态［如服务请求到达、服务速率、服务水平协议（Service Level Agreement，SLA）等］，以经济成本、SLA 以及用户时延为综合优化目标，学习 VNF 垂直伸缩（改变计算与存储资源）、水平伸缩（改变 VNF 实例数量），或计算卸载（将 VNF 任务发送到云端）等决策。

RL 中常见的 Q-learning 和 SARSA 算法可用于有离散动作空间的问题，但是无法用于连续控制问题[30]。文献[14]考虑了连续动作空间，但它关注的是单个资源（带宽）的分配，不适用于多种连续资源的分配。由于 VNF 资源编排问题的状态空间与动作空间过大，考虑使用深度神经网络拟合高维状态空间[7]，并采用具有策略网络和评价网络的 AC 算法。与值迭代[9-13]方法相比，基于深度强化学习的 AC 算法，可获得较好的收敛性[31]。

Roig 等[17]提出了一种新的深度强化学习算法，称为参数化动作孪生（Parameter Action Twin，PAT）。PAT 是基于 DDPG[31]和改进模型双时延 DDPG[32-33]，以及参数化动作马尔可夫决策过程（Parameterized Action Markov Decision Processes，PAMDP）的思想[33-34]。PAT 以在线方式进行学习，可以动态适应网络流量，并使用未标记的历史数据进行学习。下面将具体介绍其所采用的状态空间、动作空间和回报函数。

① 状态空间：状态空间是网络所有可能配置的集合，包括每个 VNF 的请求到达数量、已部署的 VNF、每个服务器上 VNF 服务的用户数量、CU 和云计算中心之间的链路速率、服务器分配每个 VNF 的计算资源和存储资源数量。

② 动作空间：CU 可以在垂直伸缩、水平伸缩和计算卸载 3 种情况下对网络负载变化进行响应。CU 为到达系统的每个用户请求选择相应的动作，尽量将请求相同 VNF 的用户分配给不同的服务器。动作空间是每个离散动作和与其相关的连续参数的组合，其中，离散动作表示分配给用户请求的服务器，连续参数表示该服务器在上述 3 种情况下资源参数的更新方式。

③ 回报函数：CU 可能需要同时优化 3 个目标：时延、经济成本和服务质量。为了简化多目标优化问题的求解，CU 最小化这 3 个目标的长期加权平均值。特别地，为了获取 VNF 容器的重新配置对整个网络的影响，涉及的每个目标成本函数都按用户数量进行缩放。因此，涉及更多用户的重新配置比涉及较少用户的重新配置对回报函数的值有更大的影响。

PAT 采用两个评价网络来估计动作值函数的值，这种训练方式可以避免对动作值函数的过高估计。在训练过程中，尽可能降低两个网络的更新值差距能够得到更好的训练策略。虽然这种更新规则可能会有低估的偏差现象，但是通过实验可以得出，这种规则可以从长期回报上避免趋于次优的决策。

4.2　智能网络切片

4.2.1　网络切片的需求与概念

在移动数据流量经历爆炸性增长[35]的同时，5G 网络需要为各种应用提供大量的端到端网络服务，不仅面向传统的移动通信业务，同样为垂直行业领域的细分市场，例如自动驾驶、无人机、远程医疗、大规模物联网等提供网络服务。为了服务于不同的应用场景，垂直行业需要通过差异化的 QoS、SLA 和关键性能指标（Key Performance Indicator，KPI）来评价各自独特的网络服务性能。针对垂直服务的通信需求，传统的网络采用"一刀切"方法提供服务，"所有网络设备遵循相同的管道，很少考虑服务定制"的设计理念无法提供差异化的服务，即无法满足垂直服务在时延、可扩展性、可用性和可靠性方面所提出的多样化性能要求。因此，有必要探索新技术来应对 5G 网络相关垂直产业带来的挑战。

5G 场景中的网络切片概念由下一代移动网络（Next Generation Mobile Network，NGMN）提出[36]。网络切片可在一个通用的物理基础架构平台上建立多个逻辑独立的网络，将物理网络、逻辑网络和云计算资源集成到一个可编程的、面向软件的开放式多租户网络环境中。第三代合作伙伴计划（3GPP）将网络切片定义为一种技术，使运营商能够创建并定制网络，以针对要求多样化的业务场景（例如功能、性能和隔离性）提供优化的解决方案[37]。国际电信联盟电信标准部（ITU-T）将网络切片视为由多个虚拟资源组成的逻辑隔离网络分区，其隔离并配备了可编程的控制和数据平面[38]。

　　网络切片作为 5G 关键技术之一，在网络的基础架构上创建了从无线接入网（Radio Access Network，RAN）到核心网（Core Network，CN）的端到端逻辑独立的网络[39]。网络切片模型如图 4-11 所示，由从基础通信和网络资源中抽象出来的若干网络功能和资源组成逻辑网络，作为网络服务提供不同的业务场景。共享基础设施包括无线接入网、边缘云、核心云以及外部其他网络，每个逻辑独立的网络切片之间[40]相互隔离，具有独立的管理与控制功能，可针对特定性能要求的垂直服务进行单独设计。例如，为不同场景定制的智能终端切片、车联网切片与传感器网络切片之间相互隔离，具有独立管理与控制功能。网络切片能够为各种复杂的 5G 通信场景定制网络服务，实现了一个灵活的生态系统，支持技术和业务创新，为缺乏物理网络基础架构的垂直细分市场、应用程序提供商和第三方创造了更高的价值。

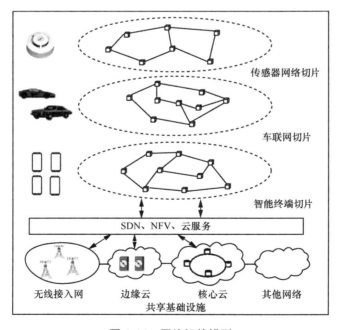

图 4-11　网络切片模型

与传统网络相比，基于切片技术的 5G 网络具有以下显著优势[41]：① 网络切片可以为逻辑网络提供比统一化网络更好的差异化服务；② 网络切片可根据服务需求和用户数量的变化而动态伸缩；③ 网络切片将一项服务的网络资源与其他服务隔离，各部分之间的配置不会互相影响，可增强每个切片的可靠性和安全性；④ 根据服务需求定制网络切片，优化物理网络资源的分配和使用。

5G 移动通信网络支持的三大主要切片场景如下。

① 增强型移动宽带（Enhanced Mobile Broadband，eMBB）：该类型业务与当前的视频、下载等业务场景类似，但是性能需求更高、用户的连接数更大。车辆、高铁、飞机中的移动通信增加了 eMBB 的技术难度。未来，虚拟现实、增强现实和三维重建等新服务将是 eMBB 的新应用。

② 大规模机器类型通信（Massive Machine Type Communication，mMTC）：该系列包括低成本、低功率、远程或宽带大规模机器通信。例如，未来的大量超轻、低功率传感器可能会集成到人们的衣服中，测量各种环境和健康属性；用于感知计量、环境监测和交通控制的物联网服务也将在城乡普及，这类场景都将带来高密度的终端接入。

③ 超可靠低时延通信（Ultra-Reliable and Low Latency Communication，URLLC）：此类别涵盖对实时交互有强烈要求的场景。例如，自动驾驶场景既需要超可靠的通信，又需要立即做出反应，以防止发生交通事故，预计将在亚毫秒范围内完成实时响应。

构成网络切片的 VNF 可能会根据特定切片的服务要求而发生变化。与网络切片相关联的服务类型将确定网络切片的资源配置和服务处理方式，例如，有关实时通信的网络切片将就近配置资源以满足超低时延需求。网络切片的特点和相关原则包括如下 7 个方面。

① 自动化：不需固定的合同协议和手动干预便可按需配置网络切片。该机制允许第三方发出切片创建请求，该请求除了包含常规 SLA 之外，将明确描述切片所需的网络容量、服务等待时间以及时延抖动等，还会考虑切片服务的开始和结束时间以及持续时间等时序信息或者网络切片的周期性。

② 隔离：为不同的租户提供性能要求相互冲突的服务，确保每个租户的性能保证和安全性，是网络切片的一项基本属性。然而，取决于资源分离方式，隔离可能会以降低复用增益为代价，导致网络资源利用率低下。隔离的概念不仅涉及数据平面，还涉及由控制平面定义的资源分离程度。隔离方式包括：使用不同的物理资源部署、以虚拟化技术隔离共享资源以及为每个租户定义共享资源的访问权限策略等。

③ 定制：确保分配给特定租户的资源得到有效利用，以满足各自的服务要求。定制的方式包括：在网络范围内考虑抽象的拓扑结构以及数据和控制平面的分离来

实现切片定制；在数据平面上具有服务定制的网络功能和数据转发机制；在控制平面引入可编程策略、操作和协议；通过诸如大数据和上下文感知之类的增值服务实现定制。

④　弹性：与分配给特定网络切片的资源相关的基本操作，确保在服务用户数量或位置变化的情况下满足 SLA。实现弹性切片有 3 种方式：第一，通过按比例放大、缩小或重新放置 VNF 和增值服务重新分配切片资源；第二，通过调整切片策略并对网络功能进行重新编程，实现资源弹性；第三，通过修改物理网络和虚拟网络功能，例如利用不同的 RAN 技术或加入新的 VNF，可增强无线接入性能和网络容量。

⑤　可编程性：允许第三方通过公开网络功能的开放式应用程序接口（API），控制分配的切片资源（即网络和云资源），从而促进按需服务的自定义网络和资源弹性配置。

⑥　端到端网络服务：从服务提供商到最终用户的所有服务交付。该属性具有两个扩展：第一，跨越不同的管理域，即合并属于不同基础设施提供商资源的切片；第二，统一各种网络层和异构资源，包括无线接入网（RAN）、核心网、传输网和云计算系统。端到端网络切片整合了各种资源，以叠加网络的方式提供网络服务。

⑦　分层抽象：以递归虚拟化的方式，将资源抽象过程在分层模式中重复进行，每个级别依次增高，从而在更大范围内提供更大的抽象。分配给特定租户的网络切片的资源可以部分或全部交易给第三方参与者。例如，从基础设施提供商获取网络切片的虚拟移动运营商拥有部分网络资源，并可以进一步抽象，并以不同切片的方式，提供给物联网企业用户。

4.2.2　网络切片的资源管理

网络切片的资源管理与云计算中的基础架构即服务（Infrastructure as a Service，IaaS）紧密相关[41]。IaaS 在不同的租户之间共享计算、存储和网络资源，并以云服务的方式支持各类虚拟化资源[42-43]。同时，作为构建软件化、虚拟化和云化网络的基础，SDN[44]和 NFV[45]也是构建网络切片的关键技术。SDN 基于控制平面和数据平面分离的设计，使网络控制功能可以作为应用程序在逻辑集中的控制器中独立运行，来提高数据转发效率和网络可编程性。NFV 将特定的网络功能从专用且昂贵的硬件平台解耦到通用商业硬件，使网络运营商可以在通用服务器上实现各种 VNF。由多个 VNF 组合的网络切片不仅可以提供灵活、可扩展和可编程的网络服务，还可以通过有效地编排和管理 VNF 来减少网络部署和运营成本。此外，边缘计算[46]作为 5G 中的关键技术，将计算、存储和网络资源从远程公共云移到了网络边缘，为用户提供低时延通信服务和虚拟化资源。在上述技术背景下，网络切片可提供面向场景的无线接入、网络传输和云计算等差异化服务，并根据动态需求灵活分配和重新分配资源。

网络切片可分为 3 个主要层次[47]，即服务实例层、网络切片实例层和资源层，Ngm[47]提出的网络切片概念模型如图 4-12 所示。每个服务实例都反映了由垂直行业、应用提供商或移动网络运营商所提供的服务。网络切片实例代表为满足特定服务性能需求而定制的一组资源，并且可以不包含、隔离或共享一个或多个不同的子网实例。子网络切片实例可以是某些网络功能（例如 IP 多媒体子系统），也可以是实现网络切片实例的一部分的网络功能或网络资源的子集。每个网络切片实例按照端到端模式建立，并且可以包含另一个网络切片实例的不同管理域的不同子网。根据网络切片实例的配置策略，以隔离、分离或共享的方式使用与子网相关联的资源。网络切片实例可以由服务实例专用或在通常具有相同类型的不同服务实例之间共享。相关资源的通用开放接口允许控制面对网络切片实例进行动态控制，以满足 QoS 需求。

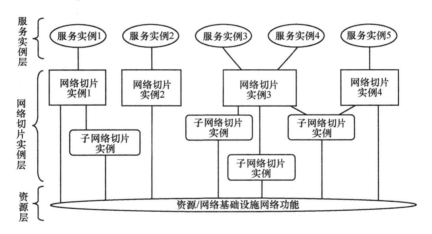

图 4-12　Ngm 提出的网络切片概念模型

4.2.3　无线接入网切片

无线接入网中的网络切片框架[48]如图 4-13 所示，可构建无线频谱资源、网关、路由器之上的网络切片，由资源编排功能根据用户需求进行资源分配与管理。频谱是 RAN 切片的基本无线资源，在 4G 长期演进（Long Term Evolution，LTE）系统中，频谱资源被称为物理资源块（Physical Resource Block，PRB）。媒体访问控制（Medium Access Control，MAC）调度程序可以分配和管理共享的 PRB，以适应弹性流量、可变信道条件和 QoS 需求，从而增强资源弹性和复用增益[49]。无线接入网络的物理资源还包括传输功率和基站缓存等。

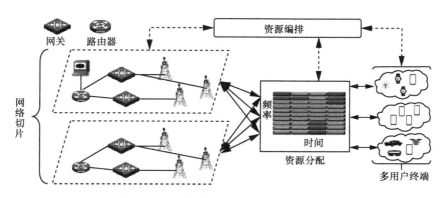

图 4-13　无线接入网中的网络切片框架

为了提供性能更好、更具有成本效益的服务，对 RAN 切片进行实时资源管理具有以下挑战：① 频谱是一种稀缺资源，必须保证频谱效率（Spectrum Efficiency，SE）[42]；② 切片租户的 SLA 通常会提出严格的 QoS 要求；③ 每个切片的实际需求在很大程度上取决于移动用户的请求模式[50]。经典的专用资源分配方法无法同时解决这些问题[51]。根据移动用户的服务需求将无线资源（例如，带宽或时隙）分配给切片，满足每个切片用户的 SLA 要求，但这样通常会以牺牲 SE 为代价[52]。例如，基于遗传算法的切片策略优化器没有考虑切片上所需资源和 SLA 之间的明确关系，更为严格的 SLA 则导致一个切片需要更多资源。此外，若根据用户需求将不同类型的资源（带宽、缓存、网络容量）分配给切片租户，当网络和用户规模扩大（例如，增加网络切片或共享资源的数量）时，优化问题将变得非常复杂。

强化学习方法可解决需求感知的资源分配问题，智能体通过观察状态转换和获取回报，学习如何在环境中执行最佳动作[53]。考虑到现有网络切片的资源管理难题，可利用 DQN 来获得最佳的资源分配策略。但 RL 与神经网络的随机性使错误估计值函数存在潜在风险，将影响 SE 和 QoE。Hua 等[48]引入分布式深度强化学习（Distributional DRL，DDRL）估计值函数的分布，从而避免基于值函数的 RL（例如 DQN）的动作误差。同时，受基于梯度惩罚的 Wasserstein 生成对抗网络（Wasserstein Generative Adversarial Network with Gradient Penalty，WGAN-GP）的启发，文献[48]利用 WGAN-GP 估算值函数的分布，以实现切片的动态高效频谱分配。基于 WGAN-GP-DDQN 的 RAN 切片模型[48]如图 4-14 所示。状态空间、动作空间和回报函数的定义如下。

① 状态空间：每个切片在每个时间段内到达的数据包个数。

② 动作空间：为每个切片分配的带宽。

③ 回报函数：切片的频谱效率与每个切片的用户 QoE。

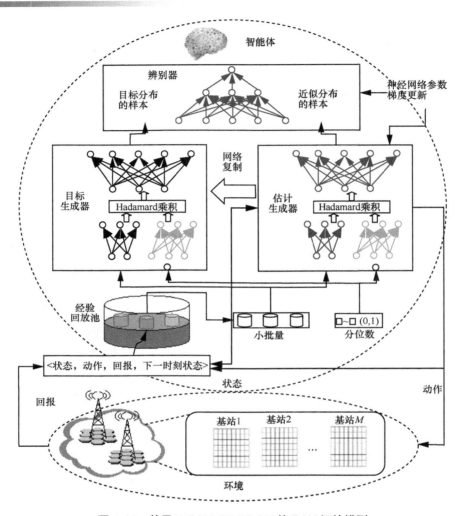

图 4-14　基于 WGAN-GP-DDQN 的 RAN 切片模型

　　由于随机噪声对 SE 和 QoE 的影响，使得 DQN 算法无法实现高性能的网络切片；为了解决此问题，不再利用简单的值函数期望来学习最优策略，而是利用 DDRL 估计值函数的分布。Q-learning 和 DQN 的目标都是减小时间差分（Time Differential，TD）误差，该误差的计算通常依赖于 $Q(s, a)$ 值函数。通常 RL 值函数通过平均值迭代计算，但在某些场景下，平均值难以全面反映出一个概率分布的特征。针对这个问题，DDRL 提出将 TD 误差改为度量两种分布的距离函数。TD 误差表示估计的 Q 值和最优策略的 Q 值之间的距离，DDRL 则采用距离函数表示"估计的值函数"分布和"最优策略的值函数"分布的距离，训练目标是缩小这一分布之间距离。此外，通过引入 WGAN-GP 最小化该距离来优化值函数的分布。WGAN-GP 从基本分布中生成值函数分布的各个分位数，其中生成器网络 G 负责生成 Q 值的估计样本分布，判别器网络 D 将最优策略的 Q 值样本与生成的 Q 值样本区分开。通过交替更新 G 网络和 D 网络，期望生成对抗网络（Generative Adversarial Network，GAN）能够近似最优策略的值函数分布。

当使用非线性函数拟合时，DRL 的性能存在不稳定性。为了解决这个问题，文献[48]利用了经验回放机制和目标生成器网络。在每一轮迭代中，智能体将当前状态和样本从均匀分布中采样的分位数馈送到生成器 G，其由 3 个神经网络组成，算法流程为：① 生成器 G 首先利用两个独立的神经网络分别从当前状态和分位数中提取信息；② 将两个单独的神经网络的输出做阿达马（Hadamard）乘积，并将结果馈送到另一个神经网络中；③ 生成器 G 针对每个动作从当前的值函数输出 N 个动作值样本。智能体根据值函数的分布来计算当前值函数，并据此选择当前时刻应执行的动作。智能体收到由环境反馈的当前回报，环境转移到下一状态，并将此次的状态转移样本（即状态、动作、回报和下一时刻状态）存储在经验回放池中。当经验回放池已满时，智能体每隔一定训练轮次使用其中的所有状态转移样本更新 G 和 D 网络。

5G 网络中的 RAN 具有多种网络拓扑和异构网络功能，其中不同的网络拓扑和网络功能以不同的方式执行。将网络切片与 RAN 架构相结合将有利于性能提高和灵活部署。F-RAN[54]将雾计算纳入 RAN，使基站可在更靠近用户的位置提供分布式的计算、存储、控制和联网功能。F-RAN 在网络边缘提供本地信号处理、协作式无线资源管理和分布式存储等功能。根据不同的缓存和信道条件，用户设备不仅可以访问雾用户设备和雾接入点以减少传输时延，还可以访问远程无线单元进行协作资源管理。借助先进的边缘缓存和自适应模式选择方案，可以实现较高的频谱和能耗效率，同时降低时延。F-RAN 中网络切片分层体系结构由集中的编排层和切片实例层组成，以使 RAN 切片能够自适应的实现。

F-RAN 中网络切片的主要优势之一是通过联合在 F-RAN 中分配缓存和无线电资源提高切片实例的性能。利用雾接入点缓存的内容，可以有效地减少内容重复传输，进一步减少受限回传链路的负担，并提高网络切片的性能。尽管 F-RAN 中的网络切片具有优势，但仍有技术难题需要解决，即应该开发一种在实际无线环境中有效利用缓存和无线电资源的机制。内容流行度分布可能会随时空变化而变化[55]，并且信道在实际的无线环境中也会有所变化，需要同时考虑内容未知性特征和无线信道时变特性。此外，无线信道建模为有限状态马尔可夫过程，以具有衰落过程的相关结构为特征。在这些假设下，根据下载内容选择用户设备的传输模式，将导致内容缓存和模式选择相互耦合，问题将更具挑战性。

文献[56]将 RAN 切片建模为内容缓存和模式选择的联合优化问题，对时变信道和未知内容流行度分布进行建模。但是，由于用户设备的需求不同且可用资源有限，需要同时考虑所有用户设备（User Equipment，UE）、雾接入点（Fog Access Point，F-AP）和射频拉远单元（Remote Radio Unit，RRU），问题复杂性非常高，传统优化算法求解时间长。同时，UE、F-AP、RRU 的数量增加也加深了问题求解的复杂性。此外，约束中的变量之间存在耦合性，导致迭代计算时产生额外的复杂性。

DRL 在处理复杂问题和提高网络性能方面具有一定优势，因此 Xiang 等[56]采用 DRL 模型解决上述问题，并使用深度神经网络对复杂网络环境和众多优化变量进行拟合求解。DQN 可以学习到内容流行度，实时生成内容缓存策略，并学习切片实例中的 UE 模式选择策略。通过学习和积累有关通信和缓存环境的知识，DQN 可以获得面向复杂网络的优化解决方案，以尽可能少的信息交换为网络提供自主决策能力。

F-RAN 中基于 DQN 的切片实例系统模型[56]如图 4-15 所示。系统中考虑两类 F-RAN 切片，即热点区域的 UE 聚集在一定范围内（如 UE 0、UE K_0），需要高速率的增强移动宽带服务，而更大区域 M_1 内的车载通信的 UE 处于高速移动状态（如 UE K、UE K_1），需要有时延保证的数据传输。M_0 类型的 RRU（如 RRU 0、RRU 1、RRU 2）仅具有无线通信功能，并通过回传网络连接到云计算中心。由于回传网络容量有限，M_1 类型的 F-AP 位于目标区域，可缓存流行内容，并与云计算中心连接，以减轻回传网络负担。云计算中心负责获取每个 UE 的信道状态和 F-AP 的缓存状态以构建系统状态 $s(t)$。基于状态 $s(t)$，智能体 DQN 获得一个指示内容缓存和模式选择的动作 $a(t)$。在执行动作之后，根据定义的回报函数从环境中获得回报，系统将转移到新状态。具体而言，该系统的回报函数包括 3 部分[56]。

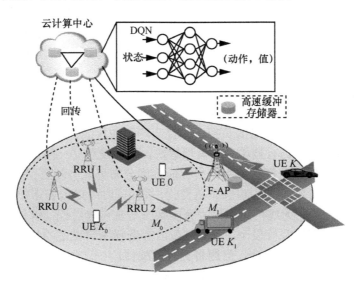

图 4-15　F-RAN 中基于 DQN 的切片实例系统模型

① 短期和长期缓存命中率的加权和。

② 与每个 UE 的残差比特有关，若残差比特越少，则回报越高。

③ 与每个 UE 的剩余时隙有关，若 UE 具有的剩余时隙越少（剩余比特越多），则回报越低。

利用从动作中获得的内容缓存和模式选择，可以最大化由缓存命中率和切片实例性能定义的系统累积回报。实验表明基于 DQN 的 F-RAN 网络切片策略可显著提高性能，并且可以抵抗时变信道和推测未知内容的受欢迎程度。

4.2.4　核心网切片

与 4G 分组核心网相比，5G 将核心网划分为更多细粒度的网络功能，采用了更加模块化的架构。每个网络功能以 VM 或容器的方式部署在虚拟平台上，由 SDN 和 NFV 进行管理和协调，以提供灵活、可扩展和可编程的网络服务，并可通过虚拟资源伸缩机制调整切片资源分配。在 NFV 管理和资源编排框架下，由多个 VNF 组成的核心网切片形成在物理网络上运行的虚拟网络[57]。

核心网络切片的资源分配包括两个关键步骤：将虚拟节点映射到物理节点以及将虚拟节点连接到由物理路径组成的虚拟链接，其中物理节点包含计算、存储和网络资源。如图 4-16 所示，底层是物理网络，由转发服务器（如 H_3）和部署有特定 VNF 的服务器组成（如 H_1、H_2、H_5、H_6）。网络切片可以描述为由 VNF 组成的 SFC 转发的一组网络流量。底层物理网络可以建模为加权的有向无环图，其中物理节点可以分为两种类型：支持 VNF 的节点和公共节点。支持 VNF 的节点可以提供某些类型的 VNF，例如移动性管理实体（Mobility Management Entity，MME）、网络地址转换（Network Address Translation，NAT）以及防火墙等。公共节点不具有 VNF 功能，仅用于数据包转发。网络切片可抽象描述为，一组经过 SFC 的流，每个流都可以被精确地映射到一条物理路径上。一个网络切片中所有流都经过一个 SFC 逻辑，但每个流经过的 VNF 部署节点可能不同。

通常，网络切片的资源配置模型，需要考虑路由路径、带宽和 VNF 实例等方面。SDN 路由器可以将一对虚拟节点之间的虚拟链路建立在互联的物理链路上，并跨越多个物理节点。收到切片请求后，网络切片将由切片管理和编排（Management and Orchestration，MANO）层启动并配置。由于网络切片承载的流量复杂多变且应用请求也存在不确定性[58]，切片资源配置并非一劳永逸。一方面，流量需求变化将导致资源分配方案失去其最优性，从而降低资源利用率。另一方面，应用请求的激增可能导致资源紧缺，进而违反 SLA，降低切片服务的 QoS。因此，有必要及时动态地进行切片重新配置，根据业务需求变化动态调整切片的资源分配，以便在满足 SLA 的同时保持较高的资源效率。

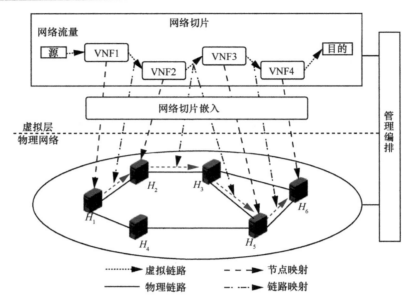

图 4-16　核心网中的网络切片模型

　　网络切片重新配置问题（Network Slice Reconfiguration Problem，NSRP）是核心网研究的关键技术之一。由于切片之间的性能和资源隔离的性质，可以对单个切片的内部资源执行重新配置，也可以对整个网络的多个切片进行重新配置。频繁地重新配置网络切片的过程会产生资源开销，例如建立和调整链路时的管理与控制开销、路由干扰中的重新路由开销以及数据位置变更导致的重传开销等[59]。实际上，由于缺乏对未来流量需求的预测机制，定期求解最优化方案以满足瞬时流量需求可能会导致频繁地重新配置。因此，迫切需要一种智能切片重配置策略，以应对流量的不确定性。

　　具有长期优化目标的 NSRP 本质上是一个序列决策问题，可以建模为 MDP，Wei 等[60]提出基于 DRL 的 NSRP 解决方案。对于具有复杂网络切片的底层网络，很难提取一组有效特征来表征环境。此外，由于 NSRP 具有巨大的状态空间和多维离散动作空间，传统基于 Q 表格的 RL 无法适用。文献[60]根据问题的属性简化了环境表征，使用深度优先搜索（Depth First Search，DFS）算法识别可以部署 SFC 的所有物理路径，并使用其容量、流量以及重配置历史信息表示环境状态。并且，将动作分支架构合并到基于竞争的深度双重 Q 网络（Dueling-Double Deep Q-network，Dueling-DDQN）模型中，以解决大型状态空间以及多维离散动作空间的探索问题。下面简要介绍基于上述 DRL 改进思想的智能切片重配置方法。

　　① 状态空间：每条候选路径的容量、网络切片中每个流量的需求、重新配置成本等信息。状态空间必须包含底层物理网络的信息。然而，可用于表示底层

物理网络的特征数量非常多，构造底层物理网络的单个特征的时间复杂度高达 $O(n^3)$，直接表示底层物理网络将导致特征构建过程的收敛缓慢。因此，状态空间表示方法基于以下认知进行设计：网络切片提供服务的候选路径的数量不会太大，尤其是对于基于粗粒度 NFV 实现的网络切片；网络切片重新配置的本质是从所有流的候选路径中找到最佳映射，可以通过 DFS 在多项式时间内找出所有候选路径；底层物理网络可以由路径的容量来表示。由此，NSRP 等效于从所有流的候选路径中找到最佳映射。流量变化不会改变流量的源和目的地，只需要使用流量速率来表示流量。重配置成本的历史记录反映了两个连续时间步长之间的流量变化数量，对于预测将来的切片改动非常重要，并且可以帮助减少将来的重新配置成本。

② 动作空间：DRL 智能体从网络切片所承载的 N 个流的候选路径中选择最佳映射。因此，该动作空间是 N 维离散空间。

③ 回报函数：回报函数由两部分组成，第一部分是网络切片嵌入的代价函数，第二部分是网络切片重新配置的代价函数。

根据以上分析，此 MDP 的动作空间是一个 N 维离散空间，且每个维度的子动作都有 M 个取值（M 为候选路径的个数）。因此，离散动作空间的 DRL 算法——Dueling-DDQN 非常适合解决此问题。但是，随着流量的增加，动作空间的大小与流的数量呈指数关系，神经网络的时间复杂度随 N 呈指数增长，从而使神经网络难以收敛，进而导致 Dueling-DDQN 难以求解 NSRP。因此，需要将动作分支架构合并到 Dueling-DDQN 中以压缩 MDP 的多维离散动作空间。

动作分支架构为解决具有多维离散动作空间的 MDP 提供了有效的框架。该体系架构的核心概念是可以自由设定个体动作的维度，同时在这些维度之间共享一个公共的状态值估计网络。文献[60]基于 Dueling-DDQN 模型设计了分支竞争的 DQN（Branching Dueling Q-network，BDQ），实现了动作分支结构。将动作分支结构合并到 Dueling-DDQN 中，以获得可用于压缩 NSRP 的自然多维动作空间的 BDQ 模型。BDQ 模型结构[60]如图 4-17 所示。基于 Dueling-DDQN，BDQ 进一步将优势函数分支拆分为 N 个分支，同时保持输入状态的共享表示。这样，BDQ 为每个子动作赋予了一定程度的自治权。具体而言，将维度为 N 的动作 a 分为 N 个子动作，并分别进行处理。状态 s 下，每个子动作 d 的优势函数，即 $A_d(s, a_d)$，通过经验回放以共同的状态值函数 $V(s)$ 进行训练。与 Dueling-DDQN 中的类似，通过汇总值函数分支 $A_d(s, a_d)$ 和相应的优势函数分支 $V(s)$，获得每个子动作 d 的 Q 值 $Q_d(s, a_d)$。BDQ 实现了动作数目随动作空间维数的线性增长。在 NSRP 中，BDQ 将动作的数目从 M^N 减少到 $N \cdot M$，N 为物理网络节点数，M 为物理链路数，BDQ 训练的时间复杂度随 N 线性增加，适用于可以在大型网络切片中完成 NSRP。

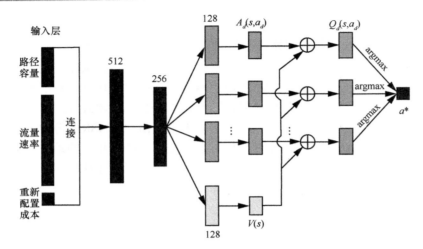

图 4-17 BDQ 模型结构

参考文献

[1] LIANG C, YU F R. Wireless network virtualization: a survey, some research issues and challenges[J]. IEEE Communications Surveys and Tutorials, 2014, 17(1): 358-380.

[2] HAN B, GOPALAKRISHNAN V, JI L, et al. Network function virtualization: challenges and opportunities for innovations[J]. IEEE Communications Magazine, 2015, 53(2): 90-97.

[3] MURTHY M K M, SANJAY H A, ANAND J. Threshold based auto scaling of virtual machines in cloud environment[C]//IFIP International Conference on Network and Parallel Computing. Berlin: Springer, 2014: 247-256.

[4] LORIDO-BOTRAN T, MIGUEL-ALONSO J, LOZANO J A. A review of auto-scaling techniques for elastic applications in cloud environments[J]. Journal of Grid Computing, 2014, 12(4): 559-592.

[5] Amazon Web Services. Fleet management made easy with auto scaling[EB]. 2016.

[6] Microsoft Azure. Azure resource manager overview[EB]. 2018.

[7] DUTTA S, GERA S, VERMA A, et al. Smartscale: automatic application scaling in enterprise clouds[C]//2012 IEEE Fifth International Conference on Cloud Computing. Piscataway: IEEE Press, 2012: 221-228.

[8] YAZDANOV L, FETZER C. Vscaler: autonomic virtual machine scaling[C]//2013 IEEE Sixth International Conference on Cloud Computing. Piscataway: IEEE Press, 2013: 212-219.

[9] CHEN X, ZHANG H, WU C, et al. Optimized computation offloading performance in virtual edge computing systems via deep reinforcement learning[J]. IEEE Internet of Things Journal, 2018, 6(3): 4005-4018.

[10] TANG P, LI F, ZHOU W, et al. Efficient auto-scaling approach in the telco cloud using self-learning algorithm[C]//2015 IEEE Global Communications Conference. Piscataway: IEEE Press, 2015: 1-6.

[11] RAHMAN S, AHMED T, HUYNH M, et al. Auto-scaling VNFs using machine learning to improve QoS and reduce cost[C]//2018 IEEE International Conference on Communications. Piscataway: IEEE Press, 2018: 1-6.

[12] LI R, ZHAO Z, SUN Q, et al. Deep reinforcement learning for resource management in network slicing[J]. IEEE Access, 2018, 6: 74429-74441.

[13] CHEN X, ZHAO Z, WU C, et al. Multi-tenant cross-slice resource orchestration: a deep reinforcement learning approach[J]. IEEE Journal on Selected Areas in Communications, 2019, 37(10): 2377-2392.

[14] QI C, HUA Y, LI R, et al. Deep reinforcement learning with discrete normalized advantage functions for resource management in network slicing[J]. IEEE Communications Letters, 2019, 23(8): 1337-1341.

[15] FU X, YU F R, WANG J, et al. Dynamic service function chain embedding for NFV-enabled IoT: a deep reinforcement learning approach[J]. IEEE Transactions on Wireless Communications, 2019, 19(1): 507-519.

[16] HE B, WANG J, QI Q, et al. Towards intelligent provisioning of virtualized network functions in cloud of things: a deep reinforcement learning based approach[J]. IEEE Transactions on Cloud Computing, 2020, 10(2): 1262-1274.

[17] ROIG J S P, GUTIERREZ-ESTEVEZ D M, GÜNDÜZ D. Management and orchestration of virtual network functions via deep reinforcement learning[J]. IEEE Journal on Selected Areas in Communications, 2019, 38(2): 304-317.

[18] HU L, QIU M, SONG J, et al. Software defined healthcare networks[J]. IEEE Wireless Communications, 2015, 22(6): 67-75.

[19] SHAO W, SALIM F D, GU T, et al. Traveling officer problem: managing car parking violations efficiently using sensor data[J]. IEEE Internet of Things Journal, 2017, 5(2): 802-810.

[20] HU L, NI Q. IoT-driven automated object detection algorithm for urban surveillance systems in smart cities[J]. IEEE Internet of Things Journal, 2017, 5(2): 747-754.

[21] PAN J, MCELHANNON J. Future edge cloud and edge computing for internet of things applications[J]. IEEE Internet of Things Journal, 2017, 5(1): 439-449.

[22] FENG J, YU Y, ZHOU Z H. Multi-layered gradient boosting decision trees[C]//32nd International Conference on Neural Information Processing Systems. Piscataway: IEEE Press, 2018.

[23] WU Y, MANSIMOV E, LIAO S, et al. Scalable trust-region method for deep reinforcement learning using kronecker-factored approximation[J]. Advances in neural information processing systems, 2017, 30: 5279-5288.

[24] CHU X. Policy optimization with penalized point probability distance: an alternative to proximal

policy optimization[J]. arXiv preprint arXiv:1807.00442, 2018.

[25] SHARMA P, CHAUFOURNIER L, SHENOY P, et al. Containers and virtual machines at scale: a comparative study[C]//Proceedings of the 17th International Middleware Conference. New York: ACM Press, 2016: 1-13.

[26] Docker. What is a container[EB].2018.

[27] MORABITO R. Power consumption of virtualization technologies: an empirical investigation[C]//2015 IEEE/ACM 8th International Conference on Utility and Cloud Computing. Piscataway: IEEE Press, 2015: 522-527.

[28] PIRAGHAJ S F, DASTJERDI A V, CALHEIROS R N, et al. A framework and algorithm for energy efficient container consolidation in cloud data centers[C]//2015 IEEE International Conference on Data Science and Data Intensive Systems. Piscataway: IEEE Press, 2015: 368-375.

[29] MAHESHWARI S, DEOCHAKE S, DE R, et al. Comparative study of virtual machines and containers for DevOps developers[J].Computer Science, arXiv preprint arXiv:1808.08192, 2018.

[30] LILLICRAP T P, HUNT J J, PRITZEL A, et al. Continuous control with deep reinforcement learning[J]. Computer Science, arXiv preprint arXiv:1509.02971, 2015.

[31] SILVER D, LEVER G, HEESS N, et al. Deterministic policy gradient algorithms[C]//International Conference on Machine Learning. [S.l.:s.n.], 2014: 387-395.

[32] FUJIMOTO S, HOOF H, MEGER D. Addressing function approximation error in actor-critic methods[C]//International Conference on Machine Learning. [S.l.:s.n.], 2018: 1587-1596.

[33] HAUSKNECHT M, STONE P. Deep reinforcement learning in parameterized action space[C]//4th International Conference on Learning Representations.[S.l.:s.n.], 2016.

[34] SUTTON R S, BARTO A G. Introduction to reinforcement learning[M]. Cambridge: MIT press, 1998.

[35] FORECAST G. Cisco visual networking index: global mobile data traffic forecast update[EB].

[36] NGM N. 5G end-to-end architecture framework V0.8.1 white paper[EB]. 2017.

[37] 3GPP. TR23.799: study on architecture for next generation system (release 14)[S]. 2016.

[38] ITU-T Recommendation Y3011: Framework of network virtualization for future networks[S]. 2012.

[39] ROST P, MANNWEILER C, MICHALOPOULOS D S, et al. Network slicing to enable scalability and flexibility in 5G mobile networks[J]. IEEE Communications Magazine, 2017, 55(5): 72-79.

[40] LI X, SAMAKA M, CHAN H A, et al. Network slicing for 5G: challenges and opportunities[J]. IEEE Internet Computing, 2017, 21(5): 20-27.

[41] AFOLABI I, TALEB T, SAMDANIS K, et al. Network slicing and softwarization: a survey on principles, enabling technologies, and solutions[J]. IEEE Communications Surveys and Tutorials, 2018, 20(3): 2429-2453.

[42] ZHANG H, LIU N, CHU X, et al. Network slicing based 5G and future mobile networks: mobili-

ty, resource management, and challenges[J]. IEEE Communications Magazine, 2017, 55(8): 138-145.

[43] ORDONEZ-LUCENA J, AMEIGEIRAS P, LOPEZ D, et al. Network slicing for 5G with SDN/NFV: concepts, architectures, and challenges[J]. IEEE Communications Magazine, 2017, 55(5): 80-87.

[44] MCKEOWN N, ANDERSON T, BALAKRISHNAN H, et al. OpenFlow: enabling innovation in campus networks[J]. ACM SIGCOMM Computer Communication Review, 2008, 38(2): 69-74.

[45] VIRTUALISATION N F. An introduction, benefits, enablers, challenges and call for action[C]//White Paper, SDN and OpenFlow World Congress. [S.l.:s.n.], 2012.

[46] ETSI. Executive briefing — Mobile edge computing (MEC) initiative, white paper[EB]. 2014.

[47] NGM N. Description of network slicing concept V1.0 white paper[EB]. 2015.

[48] HUA Y, LI R, ZHAO Z, et al. GAN-powered deep distributional reinforcement learning for resource management in network slicing[J]. IEEE Journal on Selected Areas in Communications, 2020, 38(2): 334-349.

[49] SU R, ZHANG D, VENKATESAN R, et al. Resource allocation for network slicing in 5G telecommunication networks: a survey of principles and models[J]. IEEE Network, 2019, 33(6): 172-179.

[50] LI R, ZHAO Z, SUN Q, et al. Deep reinforcement learning for resource management in network slicing[J]. IEEE Access, 2018, 6: 74429-74441.

[51] DA SILVA I, MILDH G, KALOXYLOS A, et al. Impact of network slicing on 5G radio access networks[C]//2016 European Conference on Networks and Communications. Piscataway: IEEE Press, 2016: 153-157.

[52] VASSILARAS S, GKATZIKIS L, LIAKOPOULOS N, et al. The algorithmic aspects of network slicing[J]. IEEE Communications Magazine, 2017, 55(8): 112-119.

[53] LUONG N C, HOANG D T, GONG S, et al. Applications of deep reinforcement learning in communications and networking: a survey[J]. IEEE Communications Surveys and Tutorials, 2019, 21(4): 3133-3174.

[54] PENG M, YAN S, ZHANG K, et al. Fog-computing-based radio access networks: issues and challenges[J]. IEEE Network, 2016, 30(4): 46-53.

[55] SONG J, SHENG M, QUEK T Q S, et al. Learning-based content caching and sharing for wireless networks[J]. IEEE Transactions on Communications, 2017, 65(10): 4309-4324.

[56] XIANG H, YAN S, PENG M. A realization of fog-RAN slicing via deep reinforcement learning[J]. IEEE Transactions on Wireless Communications, 2020, 19(4): 2515-2527.

[57] JANG I, SUH D, PACK S, et al. Joint optimization of service function placement and flow distribution for service function chaining[J]. IEEE Journal on Selected Areas in Communications, 2017, 35(11): 2532-2541.

[58] CAO B, XIA S, HAN J, et al. A distributed game methodology for crowdsensing in uncertain

wireless scenario[J]. IEEE Transactions on Mobile Computing, 2019, 19(1): 15-28.

[59] FAN J, AMMAR M H. Dynamic topology configuration in service overlay networks: a study of reconfiguration policies[C]//25th IEEE International Conference on Computer Communications. Piscataway: IEEE Press, 2006: 1-12.

[60] WEI F, FENG G, SUN Y, et al. Network slice reconfiguration by exploiting deep reinforcement learning with large action space[J]. IEEE Transactions on Network and Service Management, 2020, 17(4): 2197-2211.

第 5 章
基于强化学习的网络控制

　　网络系统是一个复杂的系统，网络的不同部分之间相互影响、相互制约，网络环境是高度动态、非线性的环境，难以被精确地建模。人工智能对动态环境具有认知能力，实践表明人工智能也是解决网络控制和资源分配问题的有效方法。深度强化学习是人工智能的一个重要分支，已在诸多网络控制领域取得显著成果。

　　将深度强化学习应用于网络控制具有以下显著的优点。首先，使用硬件加速的深度神经网络几乎可以实时地完成基于给定输入的前向推断，神经网络的前向传播只需要进行简单矩阵运算，因此有助于深度强化学习智能体快速地对网络进行控制决策。其次，深度神经网络强大的表征能力使得智能体可以直接从网络的原始高维数据中学习，而不需人工输入。进一步地，深度强化学习能够学习动作对未来回报和成本的影响，找到给定状态下能够最大化长期回报的动作。最后，利用深度强化学习可以在不依赖特定系统模型先验知识的条件下构建智能化的网络控制解决方案。

　　本章将从智能路由控制、智能拥塞控制和智能流量调度 3 个角度介绍深度强化学习在智能网络控制中的最新进展，涉及网络控制中网络层、链路层和应用层等多个层次，希望能给读者带来对基于深度强化学习的智能网络控制的整体而深入的认识。

5.1　智能路由控制

　　学术界和工业界对路由优化的研究由来已久，并提出了大量的方案。然而，这类方案要么难以落地应用，要么不能达到最佳性能。近年来，通信网络的网络规模和应用种类迅速增长，相应地，业务流时空分布的强度、多样性和复杂性也大大增加，这给底层网络的路由策略带来了很大的挑战。非优的路由策略将严重影响传输网络的利用率。例如，网络流量的不平衡会导致某些区域处于过载状态，而另一些区域处于空闲状态，从而导致服务质量降低和资源浪费等一系列问题。针对这种网络流量压力下的路由优化问题，研究者们提出了大量的白盒方案。但是，网络流量并非是静态的，因此，能够获得接近实时最佳性能的动态路由策略的设计并非易事。负载均衡和服务质量（Quality of Service，QoS）保障是两个典型的路由优化场景，主要通过改变流量的路由路径，达到更好的网络性能。一般情况下，与负载均衡相比，QoS 保障需要考虑更多的参数，因此其建模更为复杂。传统的路由优化主要使用一些精心设计的算法，依赖于链路预测技术或其他先验经验。这些算法在精细度与时间复杂度之间难以平衡。除了这些传统的白盒方法外，人工智能技术也拓宽了这一研究领域的视野。人工智能技术近年来发展势头迅猛，被认为比传统算法在分析和处理大量数据方面具有更强的能力，因而有可能在更复杂的环境中发现新的数据模式、做出准确的决策[1]。因此，网络设计领域的许多研究者都在关注人工智能的应用。2003 年，Clark 等[2]提出了"知识平面"，描述了人工智能在网络设计中的应用。Thomas 等[3]于 2005 年提出"认知网络"。2017 年，Mestres 等[4]发表了"知识定义的网络"一文，重新定义了网络中的知识平面，引发了学术界的热议。然而，这些方案并没有提供实现网络自动控制的细节，在网络设计中应用人工智能还存在许多问题。

软件定义网络的出现也为路由优化提供了很多帮助。在 SDN 中，控制平面和数据平面是解耦的，这样管理者可以在控制平面上放置一些集中化的逻辑功能，而将转发功能留给数据平面。这种分离提升了网络资源的利用效率。一方面，数据平面上的可编程性为网络设计者与管理者操纵和利用底层网络基础设施带来了极大的便利，可以灵活地部署新的网络功能和策略。另一方面，解耦的控制平面降低了获取网络的全局视图和在数据平面上部署异构功能实体的难度。然而，要充分发挥集中式网络管理的优势，就必须能够进行动态信息分析并相应地生成优化的管理策略，然后将策略转换为数据平面的流表。传统的路由优化技术，如负载均衡和 QoS 保障，大多数都是基于离线分析优化或启发式方法，难以有效、细粒度地应用到新型网络架构中。

最近，DRL 将深度学习的感知能力与强化学习的决策能力结合在一起，在决策和自动控制问题的解决上有了显著的改善。由于 DRL 具有处理高度动态时变环境和处理复杂的状态空间等优点，这使得 DRL 在流量工程、IP 路由和光路由等网络自动控制方面特别有前途。

5.1.1　时间相关 QoS 的路由控制

Sun 等[5]提出了一种基于深度强化学习的智能网络控制体系结构：时间相关深度强化学习路由优化（Time-Relevant Deep Reinforcement Learning for Routing Optimization，TIDE），可以在没有人工经验的情况下，根据网络状况动态优化 SDN 中的路由策略。TIDE 的总体架构如图 5-1 所示，其由 3 个平面组成：数据平面、控制平面和人工智能（AI）平面。控制平面和数据平面建立在一个典型的 SDN 上。数据平面主要由支持 OpenFlow 的交换机等转发设备组成。这种可编程转发设备可以用来执行灵活的转发策略，也便于对网络状态进行采集。例如：OpenFlow v1.3 支持 39 个匹配字段，为网络管理者对网络中的业务流进行分类和调度提供了很细致的粒度；每个流条目都有一个计数器字段来反映每个流的强度，可以用来反映网络中的流量分布。OpenFlow 还支持针对转发规则的在线更新，因此，控制器可以实时更改路由策略以动态调整网络状况。控制平面连接南向接口的数据平面和北向接口的人工智能平面。通过南向接口，控制器可以采集网络状态，如流表统计、资源可用性等。

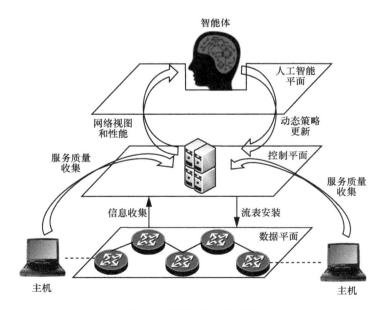

图 5-1　TIDE 的总体架构

利用收集到的网络信息，可在对网络进行高度抽象的基础上制定控制策略。同时，控制器收集 QoS 度量信息，用于评估网络控制策略的性能。控制器还可以将细粒度的路由控制策略转换为流表，使用南向接口将流表安装到相应的交换机上。通过北向接口，控制器将全局视图下的网络状态发送到 AI 平面，并从 AI 平面接收动态策略。AI 平面作为 TIDE 的核心部分，起着大脑的作用。在人工智能平面中，智能体将网络的全局视图和网络性能作为智能算法的输入，然后输出网络拓扑中每个链路的链路权重，用于路由策略的更新。在与网络的每次交互中，智能体生成一个路由策略，并根据从网络中收集的回报（例如，由 QoS 参数度量的服务质量）来评估该策略的性能。然后，智能体调整算法参数，试图获得更高的回报。经过一段时间的训练，智能体可以从与网络环境的交互中学习到足够的经验，并为网络产生一个近似最优的策略。

1. 网络信息收集

网络信息收集过程包括收集网络状态和路由策略性能的信息。作为人工智能平面的输入，信息采集的粒度和及时性对智能体的性能有很大的影响。直观地说，根据抽样定理，为了发现网络流量的模式，应该保证一个至少是流量主频两倍的状态报告频率。因此，应选择适当的信息收集方案。

SDN 中的网络监控方法很多，通常分为推送、轮询和带内网络遥测（In-band Network Telemetry，INT）等。推送的计算开销较低，但粒度较粗。轮询提供了对网络的灵活监控，但在信息格式上不太灵活。INT 将网络信息（如链路利用率、时延）附加到每个支持 INT 的交换机的每一个数据包上，这样就可以向控制器发送实时、细粒度的网络状态。但是数据包级别的信息报告会给控制器带来很大的处理压力。在实际应用中，应根据所用硬件的性能和所需信息的粒度来选择合适的网络监控方法。信息的格式取决于路由策略的目标，路由策略由两部分组成：网络状态信息和 QoS 度量信息。例如，在 QoS 保障中，对策略的评价应考虑端到端 QoS 参数，包括端到端时延和丢包率，相应的网络状态信息应包括链路容量和链路利用率。

2. 智能路由算法

TIDE 使用了深度确定性策略梯度（Deep Deterministic Policy Gradient，DDPG）作为主要算法。与 DQN 等强化学习模型输出离散的动作选择不同，DDPG 输出一组连续的动作数值。这个特性使得 DDPG 适合于连续动作的生成。在路由优化中，通常需要调整每个链路的链路权重，以精细地操纵网络中的所有业务流。在规模化的网络中，链路权重空间很大，难以被有效地离散化，这使得 DDPG 等用于连续控制的算法更适合于路由策略的设计。

典型的强化学习将环境与智能体之间的交互过程看作马尔可夫决策过程。智能体根据策略选取一个动作，可以是随机策略 $\pi(a|s)$，也可以是确定性的策略 $a = \mu(s)$。无论策略好坏与否，都要评估策略的价值。强化学习中常用的一个值函数方法是 Q 学习，定义如式（5-1）所示。

$$Q(s_t, a_t) = \mathbb{E}\left[\sum_{k=0}^{\infty} \gamma^k R(s_{t+k}, a_{t+k})\right] \tag{5-1}$$

其中，$R(s_{t+k}, a_{t+k})$ 是以状态 s_{t+k} 和动作 a_{t+k} 作为输入得到的立即回报值，γ^k 是折扣因子 γ 进行 k 次迭代后的累积折扣，k 趋向于无穷大。以上的形式可以很好地代表值函数，但是未来回报的获取只适合离线学习，这在网络使用中是不恰当的。这种 Q 值也可以用迭代方式表示为式（5-2）的形式。

$$Q(s_t, a_t) = \mathbb{E}\left[R_t + \gamma Q(s_{t+k}, a_{t+k})\right] \tag{5-2}$$

其中，R_t 是 t 时刻获得的回报值。式（5-2）更便于引入策略梯度函数。

对于连续环境下的策略梯度，需要用函数拟合器来表示 Q 值，而不是简单地将 Q 值存储在表中进行搜索。神经网络可以被用来当作函数拟合器。因此，$Q(s, a)$ 可以更具体地定义为 $Q(s, a \mid \theta)$，其中 θ 是神经网络中的参数。基于神经网络的模型依靠损失函数进行梯度的反向传播和模型训练。对以 θ 为参数的 Q 函数进行更新时，损失函数 $L(\theta)$ 定义如式（5-3）和式（5-4）所示。

$$L(\theta) = \mathbb{E}\left[\left(Q(s, a \mid \theta) - y_t\right)^2\right] \tag{5-3}$$

$$y_t = R(s_t, a_t) + \gamma Q(s_{t+k}, a_{t+k} \mid \theta) \tag{5-4}$$

其中，y_t 是对当前状态 s_t 和当前动作 a_t 的长期累积回报的最新估计，通过当前的立即回报值 $R(s_t, a_t)$ 叠加上经过 γ 折现的 Q 值 $Q(s_{t+k}, a_{t+k} \mid \theta)$，这个 Q 值是在参数 θ 下的对下一状态 s_{t+k} 和下一动作 a_{t+k} 长期累积回报的估计。

因此，DDPG 的策略梯度方法可以被定义为式（5-5）。其中：以 $\mu(s \mid \theta^\mu)$ 为动作网络，参数为 θ^μ，输入为状态 s，针对给定状态选定动作；以 $Q(s, a \mid \theta^Q)$ 为评价网络，参数为 θ^Q，输入为状态 s 和动作 a，对策略进行评价。评价网络用来引导策略网络的训练，可以将策略网络在参数 θ^μ 下的损失函数定义为 J，其参数更新的梯度方向如式（5-5）所示。

$$\nabla_{\theta^\mu} J \approx \mathbb{E}\left[\nabla_{\theta^Q} Q\left(s, \mu(s \mid \theta^\mu) \mid \theta^Q\right)\right] = \mathbb{E}\left[\nabla_a Q\left(s, a \mid \theta^Q\right) \nabla_{\theta^\mu} \mu\left(s \mid \theta^\mu\right)\right] \tag{5-5}$$

其中，∇_{θ^μ} 表示对参数 θ^μ 求梯度，∇_{θ^Q} 表示对参数 θ^Q 求梯度，∇_a 表示对动作 a 求梯度。

3. 面向网络路由应用的 DDPG 设计

Lakhina 等[6]对网络流量分析进行了研究，并指出网络流量中的起点-终点

（Origin-Destination，OD）流以周期性流量为主要成分。例如，在数据集 Sprint-1 中，超过 90% 的流量内容具有周期性特征。因此，时间相关性是传输网络中最重要的业务特征之一。假设网络流量由两部分组成：周期流 PF 和随机流 RF。TIDE 使用式（5-6）来表示这两部分的比例。

$$RP = \frac{RF}{PF} \qquad (5-6)$$

通过选择流量序列而不是网络中的瞬时流量分布，智能体可以获得更准确的网络状态视图。

TIDE 使用递归神经网络（Recurrent Neural Network，RNN）作为输入神经网络来挖掘这种特征。RNN 是为处理序列数据而设计的，现在有各种流行的版本，如长短期记忆（Long Short-Term Memory，LSTM）、门控递归单元（Gate Recurrent Unit，GRU）和双向 RNN（Bidirectional RNN，BiRNN）。RNN 的基本结构如图 5-2 所示。在每个时间步之后，输出数据也作为下一个时间步的输入之一。然后，将所有 RNN 单元的输出连接到一个前馈神经网络，该网络产生最终结果，即链路权重。

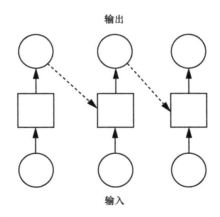

图 5-2　RNN 的基本结构

网络状态由一个网络状态信息序列 s_t 表示，其中 t 是序列中的时刻，n 是网络中的交换机数量。动作 r 定义了任意两个路由器之间每个双工链路的链路权重。

TIDE 以提供 QoS 保障为目标进行路由优化。在保证 QoS 的情况下，根据网络的 QoS 反馈来计算回报率。在不同的 QoS 保障策略下，可以灵活地计算不同的指标，例如可以按照式（5-7）进行计算。

$$r = w_i I_d + w_2 I_j + w_3 I_t + w_4 I_l \qquad (5-7)$$

其中，w_i 是权重参数，I_d 是时延，I_j 是时延抖动，I_t 是吞吐量，I_l 是丢包率。

深度强化学习智能体将网络状态作为神经网络的输入数据，输出一组 l 个链路权重的元组，对应交换机间的 l 条链路。基于这组链路权重运行 Floyd-Warshall 算法，计算每个业务流的路由路径，然后将这些路径转换为控制器中所有交换节点的路由表。TIDE 的算法逻辑如图 5-3 所示。

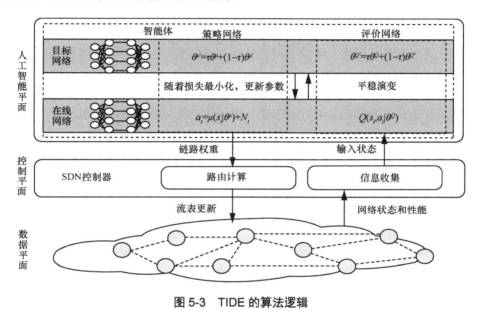

图 5-3　TIDE 的算法逻辑

5.1.2　边缘网络路由控制

智慧城市的概念在各种先进技术不断进步的基础上得到了蓬勃发展。智慧城市通过提供多种先进服务，极大地提高了我们的日常生活质量。然而，由于智慧城市不同区域人群的动态分布，如何设计路由策略以满足日益严格和不断变化的网络需求变得越来越复杂。为了缓解网络拥塞、平衡网络负载、支持差异较大的智能城市服务，Zhao 等[7]提出了面向移动边缘计算（Mobile Edge Computing，MEC）场景下的基于智能路由的深度强化学习算法（Deep-Reinforcement-Learning-based Smart Routing Algorithm，DRLS），在满足服务时延约束的同时，使分布式计算和通信基础设施可以支持人群的需求。

随着城市中人群的活动，与各种服务相关的大规模物联网设备会在不同的时间上和区域中产生请求，例如商场的广告业务、医院的医疗保健业务和交易所的股票交易业务。此外，新兴的高级智能服务通常是资源密集的和对时延敏感的（例如，增强现实和交互式游戏）。因此，物联网设备附近需要具有无所不在的网络覆盖和丰富的资源，以便为人群提供服务。

MEC 为接入范围内的密集人群提供智能城市服务，可显著降低时延。与此同时，另一项先进技术，超密集网络（Ultra Dense Network，UDN）也出现了，其通过密集部署小型基站等通信基础设施，提高网络容量，改善高速网络接入，扩大网络覆盖范围。因此，MEC 和 UDN 的结合将对拥有众多物联网设备的人群提供服务的效率产生显著影响。当人群分布在不同的城市区域之间流动时，容量受限的物联网设备从边缘网接入服务，将大大增加异构网络流量，给现有的通信基础设施带来难以承受的压力。

随着连接到边缘网络的物联网设备的急剧增长，人群活动模式的日益变化将导致网络流量负荷的高度动态变化。因此，物联网设备发送的服务请求数据具有不同的服务需求，不同的重流量负载将显著影响人群的 QoE。在这一点上，随着城市的人群流量不断波动，网络流量控制成为边缘网络向物联网设备提供各种服务和为人群提供高质量服务体验的关键技术。然而，如何设计路由策略以满足不断变化的网络需求变得越来越复杂。因此，在复杂的网络环境下，迫切需要一种智能路由机制来应对流量的急剧增长。

1. 问题定义

考虑一个支持 SDN 的 UDN 场景，其中 MEC 服务器为智能城市不同区域的人群提供服务。然而，由于基础设施高昂的部署和维护成本，在 UDN 中为每个小区基站部署 MEC 服务器是不现实的。宏基站及其附属基础设施（如小区基站和 MEC 服务器）被视为边缘节点，负责虚拟化资源以支持多种业务。考虑到每个边缘节点的资源都是有限的，因此只能在一个边缘节点上同时部署有限数量的服务。

尽管 MEC 服务器的计算和存储能力比物联网设备好得多，但在智慧城市人群分布发生变化时，需要谨慎管理其有限的资源，以应对来自不同行业的各种物联网设备对多种服务的巨大突增需求。此外，不同服务的请求具有不同的时延约束，这些时延约束应该通过考虑网络状态的变化来更好地路由到相应的 MEC 服务器。

成功服务访问速率最大化（Successful Service Access Rate Maximization，SSARM）：给定初始信息，如服务类型、不同扇区内每个服务的请求生成速率、访问时延容忍度以及边缘网络拓扑结构，目标是优化群体产生的服务请求的服务访问时延以满足其各种时延容忍度。传统的路由方案很难适应多变、密集的业务负载，因此，更需要智能路由方案去解决该问题。

网络资源使用率平衡（Network Resource Usage Balancing，NRUB）：城市不同行业人群的分布具有高度的动态性，可以根据人们的日常活动进行调整。城市各个区域之间的计算和通信基础设施会受到可变负载冲击的影响，因此，充分利用边缘网络资源是一项重要的任务。平衡网络资源的使用，不仅可以提高边缘基础设施的工作效率，而且可以避免潜在的网络拥塞，提高人群的 QoE。因此，NRUB 对于为移动用户提供可靠的服务保障以及为基础设施提供商带来显著的利益至关重要。

2．解决方案

DRLS 解决了城市中的 SSARM 问题。其中，DRL 是一种将深度学习的感知能力与强化学习的决策能力相结合的半监督学习方法，目标是获得最大的累积回报。DRLS 采用深度 Q 网络策略来实现。传统的 Q 学习使用 Q 表存储每个"状态–动作"对的 Q 值。在所考虑的路由场景中，边缘网络的状态是复杂多变的，因此使用一个表来存储所有Q值或是在大规模的表中频繁地搜索相应的状态均是不现实的。

因此，DRLS 提出了一种直接用神经网络产生 Q 值的 DQN 方法，即以网络状态作为输入，每个可能动作的 Q 值作为输出。DRLS 的训练阶段和运行阶段如下所述。

（1）训练阶段

首先定义 3 个重要元素：状态、动作和回报。状态 s 由边缘节点 $n \in N$ 收到的服务 $m \in M$ 生成的请求的位置组成。动作 a 由 $|N| \cdot |M|$ 个元素组成。每个元素可以表示为边缘节点 $n \in N$ 对服务 $m \in M$ 的请求而采取的路由操作，可以很容易地从每个边缘节点的相邻节点中选择合理的操作选择。回报：在每一步中，DRL 智能体在采取可能的行动后，都能获得一定的回报，这需要体现智能路由算法最大化成功的服务接入率的目标，以平衡网络资源的使用。根据以下条件定义 DRL 智能体获得的回报 r。

① 请求是否成功访问提供相应服务的边缘节点。

② 由网络负载的方差计算出的资源使用平衡度。

③ 通过边缘网络访问服务的请求数据传输时延。

图 5-4 所示为 DRLS 在 SDN 控制器中的训练过程。DRLS 根据 SDN 控制器采集的网络状态 s，首先利用神经网络参数 ω 对评价 DQN 的输出评价 Q 值 $Q(s, a; \omega)$ 进行动作决策，这里的 a 是可选的动作，然后用 ε-greedy 策略选择动作（即在 ϵ 的可能性下选择评价 Q 值最大的动作），得到一定的回报 r。下一个状态 s' 可以根据动作转发的每个请求来获得。DRLS 将每个状态转移样本 (s, a, r, s') 存储到具有一定容量的经验回放池中。DRLS 每隔一段时间从经验回放池中随机抽取一小批状态转移样本来执行训练过程。为了提高训练的稳定性和收敛性，DRLS 使用了两个 DQN 实体进行学习，分别是目标 DQN 和评价 DQN。在目标 DQN 中，策略相对固定，使智能体可以与环境进行策略稳定的交互。评价 DQN 的参数则通过反向传播和梯度下降方法以均方误差为损失函数直接进行更新，以准确地评价智能体当前运行的策略效果。目标 DQN 的参数以特定速率向着评价 DQN 参数的方向进行部分更新。所以，评价 DQN 与目标 DQN 之间的偏差可以最小化。综上所述，通过上述训练

过程的迭代 DRLS 可以稳定地得到最优策略。

DRLS 使用的 ε-greedy 策略可以使 DRLS 在选择路由行为时，不仅可以在已知信息中获得最大的回报，而且可以在已知的环境之外进行探索。因此，还可以学习样本中不存在的"状态–动作"对。另外，从经验回放池中随机选取状态转移样本训练评价 DQN，可以打破样本间的相关性，提高数据利用率。此外，回报也能反映需要解决 SSARM 和 NRUB 问题的目标。如果所有请求数据都更接近其目标，或者网络资源的总体使用变得更加平衡，以及当请求以较小的传输时延访问其相应的服务时，操作决策将获得更高的回报。

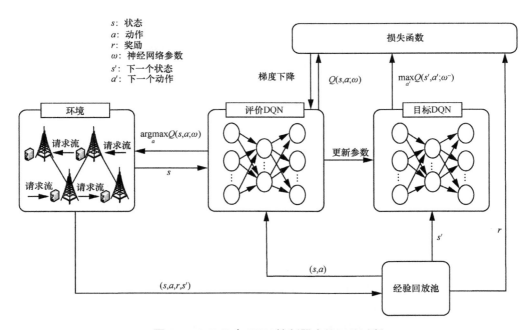

图 5-4　DRLS 在 SDN 控制器中的训练过程

（2）运行阶段

部署在 SDN 控制器上的 DRL 单元负责运行 DRLS。首先，SDN 控制器收集整个边缘网络的信息并及时更新 DRL 单元的整体状态 s。然后，可以通过 DRL 单元获得针对所有请求的操作。最后，SDN 控制器通过控制平面 OpenDayLight 和开放网络操作系统（Open Network Operating System，ONOS）向每个边缘节点发送控制消息。

DRLS 以经典路由策略开放最短路径优先（Open Shortest Path First，OSPF）作为基准，并与一种适应边缘网络环境变化的增强型 OSPF（Enhanced-OSPF，EOSPF）路由策略进行对比。EOSPF 首先通过观察前一个周期的网络状态来估计每个通信链路上的平均时延，然后将时延设置为相应链路的权重。该过程使 EOSPF 能够及时了解网络的最新情况，并不断更新路由策略。因此，EOSPF 可以比传统 OSPF 更智能。

5.1.3　带缓存的 DCN 路由控制

数据中心网络（Data Center Networks，DCN）具有如下新特性：多种数据流（大象流、小鼠流和协同流）共存、多种网络资源（带宽、缓存和计算）共存。缓存可以消除 DCN 中的冗余流量，是影响路由决策的一个因素。然而，传统的路由方案无法借鉴以往的网络异常经验，其度量仍然是单链路状态（如跳数、距离和代价），不包括缓存的影响。因此，它们不能充分有效地分配这些资源来很好地满足各种流类型的性能需求。Liu 等[8]提出了一种基于不同度量的多个网络资源重组方法和基于资源重组状态的路由方案 DRL-R。通过量化缓存和带宽在减少时延方面的贡献分数来重组缓存和带宽。DRL 智能体部署在 SDN 控制器上，通过对网络资源进行优化分配，不断与网络进行交互，根据网络状态自适应地执行合理的路由。DRL-R 中使用了 DQN 和 DDPG。

大数据应用的集群计算（MapReduce、Spark、Web 搜索等）在数据中心网络中产生了相当大的协同流（Coflow）。换句话说，大象流、小鼠流、协同流在 DCN 中共存。更重要的是，这些不同类型的流对网络有不同的性能要求。同时，小鼠流通常是一个时延敏感的应用程序，并且期望更高的截止时间满足率。最后，协同流的一部分（如 MapReduce、Spark）期望较小的协同流完成时间，而另一部分（如 Web 搜索）期望更高的截止时间满足率。

由于各种类型的流在竞争有限的网络资源，现有的流调度方法以损害其他类型流的性能为代价，来满足特定流的性能要求。因此，从另一个角度来看，在一个具有多个网络资源的 DCN 中，路由问题实际上变成了如何合理分配网络资源以满足不同类型流的需求。一方面，多种网络资源的共存使得路由选择变得更加多样化和复杂化。另一方面，大象流、小鼠流和协同流的共存使得路由对象变得更加多样化和复杂化。相应地，这两种新的共存方式给 DCN 的路由带来了相当大的挑战。

在 DCN 中，广泛使用的路由解决方案包括通过最短路径，如 OSPF 调度流量、基于排队理论的等价多路径路由（Equal-Cost Multipath Routing，ECMP）、针对更大和更长流量的分布式自适应路由以及基于 SDN 的混合寻址路由。然而，这些方案并没有从之前的经验中学习网络异常，例如网络拥塞等。此外，现有的方法不能正确地处理网络动态性，比如时变的资源状态和流量需求。

将 SDN 纳入 DCN，即软件定义的数据中心网络（Software-Defined Data Center

Networks，SD-DCN），可以为 DRL 在 DCN 中的应用提供便利。在 SD-DCN 中，SDN 控制器可以从全局视图集中控制 DCN 的流量；而 DRL 智能体也需要从全局视图不断地与网络交互、学习。因此，在 SDN 控制器上部署 DRL 智能体是实现 SD-DCN 智能路由的一种很好的方法。一个设计合理的 DRL 可以自动地从网络监控数据中导出关键的流量模式，并学习流量模式与更优化的路由路径配置之间的映射关系。

1. 问题定义

假设 SD-DCN w 有交换机集合 V 和链路集合 L，SD-DCN 中的每一个交换机（即节点）都有一定的缓存空间，并且可以缓存转发的内容。这里使用最简单的缓存无处不在（Cache Everything Everywhere，CEE）作为缓存策略以及最近最少使用（Least Recently Used， LRU ） 作 为 缓 存 替 换 策 略 。 在 网 络 编 码 的 信 息 中 心 网 络 （Information-Centric Networking with Network Coding，ICN-NC）多源传输的基础上，DRL-R 采用编码消息（Coded Message，CM）代替原始内容进行转发和缓存。

下面给出网络各组成部分的表示定义：一个节点表示可由节点自身及其下行链路组成，一个路径表示由多个节点表示组成，一个区域由多条路径表示组成。同时，多种网络资源特指带宽和缓存。

由于带宽和缓存在 DCN 中共存，首先将带宽和缓存进行资源重组（Resource-Recombined，RR），作为调度资源的单元。此外，一个节点的 RR（$\text{Cost}(o)_i$）、一条路径的 RR 和一个区域的 RR 可以分别反映一个节点、一条路径和一个区域的性能。更重要的是，它们具有可比性和可加性，因此 RR 可以作为比较路由路径质量性能的指标，也可以作为提高资源利用率的资源分配指标。令 $\text{Cost}(o)_i$ 为节点 i 向其下游节点传输内容 o 的链路成本。在选择路由路径时，所有链路建立路径的成本之和越高，该路径越好。

在重组多种网络资源的过程中，量化了网络资源（缓存和带宽）对满足性能要求（即减少时延）的贡献分数，建立了性能与资源之间的映射关系。这样，可以把流的性能需求转化为流的资源需求。因此，如果每个流的性能需求已知，则每个流的资源需求也已知。例如，流通过的路径时延要求为：x 个单位的成本。由于 DCN 中存在密集链路，源和目标之间的流有多条路径，如果采用多径路由方案，可以将 x 单位的成本分解到多条路径上。

带宽和缓存是两个不同的指标。多资源重组的核心思想是评价利用带宽和利用缓存在时延减少上的贡献度，并借助这个贡献度在多个资源的需求之间进行转换。通常，带宽和缓存分别影响传输时延和传播时延。因此，DRL-R 分别量化带宽和缓存减少时延的贡献分数，然后重新组合它们。DRL-R 调度器在每个时间步选择一个或多个等待流进行调度。此外，还假设每个流的性能需求是已知的，这被划分为 H 级。由于上述内容建立了性能与资源之间的映射关系，换句话说，实际上假设每个流的资源需求在到达时已知。更具体地说，给出了需要资源流的资源概况。

DRL-R 致力于为数据传输寻找一条良好的路径。因此，在具有多种网络资源的 DCN 中，路由方案的本质就变成了合理分配资源以满足各种类型流的需求。例如，选择一条路径，其链路具有适当的带宽，并且节点具有一定的缓存。

总之，DRL-R 背后最关键的思想是将流的性能需求转换为其对网络资源的需求。因此，在资源管理中，路由问题可以转化为一个对多种资源有需求的任务调度问题，由等待转发的流组成任务。

2. 系统架构

DRL-R 的系统架构由 3 个平面组成，它们建立在典型的 SDN 架构之上，如图 5-5 所示。SDN 控制器通过南向接口收集网络状态（如资源分配状态和资源需求状态）。通过北向接口，SDN 控制器将网络状态的全局视图作为状态输入发送到 DRL 智能体。然后，DRL 智能体可以向 SDN 控制器输出一个动作（即网络节点子集）。基于此，SDN 控制器构建路由路径并将其转换为 OpenFlow 的流表，这些流表安装在相应的交换机上。此外，SDN 控制器收集一些 QoS 参数，如流完成时间（Flow Completion Time，FCT）和节点的吞吐量，作为 DRL 智能体的回报来评估路由策略的性能。在每次与网络的交互中，DRL 智能体调整参数以获得更高的回报。经过一段时间的训练，DRL 智能体可以从与网络的交互中学习到足够的经验知识，从而为网络产生一个近似最优的路由策略。

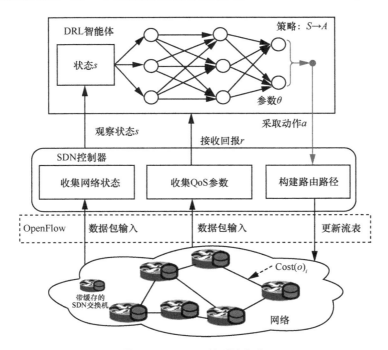

图 5-5　DRL-R 的系统架构

DRL-R 的基本工作流程分为 3 个步骤，如下所示。

① 对于以基于社区的方式划分网络域的问题，Filiposka 等[9]已经证明，基于社区的数据中心可以有效地实现最佳的资源管理，例如容量分配和负载均衡。在基于社区的 SD-DCN 中，网络被划分为一些社区，其中一个是网络域，由一个 SDN 控制器来管理域内通信。社区加权如图 5-6 所示。如图 5-6 中虚线所示，这些 SDN 控制器相互连接，形成一个扁平的分布式 SDN 控制器网络来管理域间通信。DRL-R 的目标是实现域内通信，在每个 SDN 控制器上使用一个 DRL 智能体，如图 5-6 中的 v_1 和 v_2 所示。这样的部署可以分别实现网络状态上传和决策下载，目的是从全局角度实现对大规模网络的集中控制。

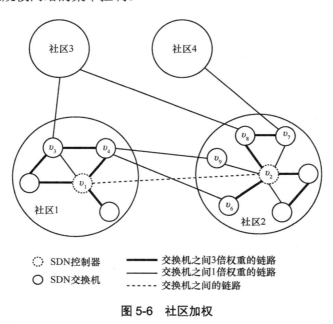

图 5-6　社区加权

② 根据全局网络拓扑构建资源重组的网络，SDN 控制器构建资源重组的网络 w，其中节点 i 与其下游节点之间的链路代价表示为 $\text{Cost}(o)_i$，如图 5-5 所示。$\text{Cost}(o)_i$ 包括节点 i 的缓存，以及节点 i 与其下游节点之间链路的带宽。

③ 采用两种 DRL 算法（DQN 和 DDPG）来构建 DRL-R，分别简称为 DRL-R-DQN 和 DRL-R-DDPG。

一方面，智能体基于 RL 与网络进行交互，包括从 w 收集状态，对 w 采取动作，最后反馈 w 的回报，SDN 控制器根据智能体的动作，使用 OpenFlow 的流表为交换机创建路由路径和转发规则。DRL-R 采用流作为转发粒度。

另一方面，智能体利用 CNN 寻找从状态空间 S 到动作空间 A 的最优映射，也就是说，经过智能体与 w 的多次交互，找到实现最优路由目标的最优动作策略。

3．算法设计

设计回报函数、状态空间和动作空间是 DRL 成功的关键。如下的设计很好地抓住了路由问题的关键部分。

（1）回报 r

回报 r 用来引导智能体朝着目标前进：当两种流的 FCT 满足各自的 QoS 要求时，使网络的整体吞吐量最大化。智能体在一个时间段内不会因中间决策而获得任何回报。具体来说，r_i 是时间步骤 i 的回报，设置如式（5-8）。

$$r_i = \begin{cases} \sum_{j \in N} T_{ij}, & F_{1i} < D_{\text{QoS1}}, F_{2i} < D_{\text{QoS2}} \\ R, & \text{其他} \end{cases} \tag{5-8}$$

其中，N 是网络节点的总数，T_{ij} 是节点 j 在时间步骤 i 的吞吐量，R 是常数，$R < 0$。F_{1i} 和 F_{2i} 分别是时间步 $(i-1)$ 中成品小鼠流和大象流的 FCT 平均值。D_{QoS1} 和 D_{QoS2} 是一个常数，$D_{\text{QoS2}} > D_{\text{QoS1}} > 0$。$F_{1i} < D_{\text{QoS1}}$ 表明小鼠流的 FCT 达到了其截止时间，$F_{2i} < D_{\text{QoS2}}$ 表示大象流的 FCT 满足其 QoS 要求。FCT 可能超过一个时间步长，因此不能立即获得某个操作所采取的流的 FCT，要等效地计算前一个时间步中所有完成流的平均 FCT。D_{QoS1} 和 D_{QoS2} 可根据实际流量确定。

（2）状态 s

状态 s 包括资源分配状态和资源需求状态：资源分配状态表示节点的资源已使用多少，资源需求状态表示等待调度的流需要多少资源。DRL-R 将当前的资源分配状态和等待调度的流的资源需求状态表示为不同的图像（状态表示如图 5-7 所示，其中不同的灰度表示不同的流）。

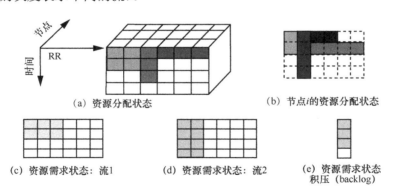

图 5-7　状态表示

如图 5-7（a）所示，资源分配状态图像是三维的（节点、RR 和时间）。作为节点 i 的资源分配状态示例，图 5-7（b）中不同的灰度图像分别表示 4 个流的资源分配状态。

资源需求状态图像是二维的（RR 和时间），代表等待流的资源需求。例如，

图 5-7（c）和图 5-7（d）分别表示流 1 和流 2 的资源需求状态。其中，此 RR 是从源到目标的整个路径所需 RR 的流的总和。

由于状态（图像）是 CNN 的输入，需要固定的输入大小，CNN 的输入大小取决于图像的大小和图像的个数。一方面，图像的大小取决于资源回收周期和分割资源的数量。另一方面，用于资源分配的图像数量取决于通常固定的节点数目。资源需求的图像数量取决于等待调度的流的数量。因此，DRL-R 只为到达的前 F 个流保存图像（未调度）。如图 5-7（e）所示，F 后的流被汇总成积压长度信息并添加到状态中，仅对流的数量进行计数。这种方法还限制了动作空间的大小，使学习过程更有效。

实际网络可能会出现节点故障、链路故障、接口锁定、传输错误、拥塞丢包等故障。当链路中断时，其对应节点的资源分配状态被占用 1 个 RR 和 z 个时间单位。z 由链路中断的时间决定。

（3）动作 a

对一个流采取的动作 a 是从 w 中选择一组节点，建立一条单路径或多路径的节点及其相应链路的列表，以将流量从源端传递到目标端。这实际上是路径级别的动作，每个动作对应选定的端到端路径。

在每个时间点，调度器可能想要接收 F 个流的任何子集，这将需要 2^F 大小的动作空间。为了防止消息在网络上循环，将路由路径的跳数限制为 H_1，H_1 可以根据 DCN 中的拓扑结构来确定，同时禁止路由循环。因此，对于具有 V 个节点的网络，每个流的最大路径数为 $(V-1)(V-2)\cdots(V-H_1)$。因此，总动作空间的大小为 $(V-1)(V-2)\cdots(V-H_1)2^F$。然而，这使 DRL-R 的学习变得非常具有挑战性。

在 $K=4$ 的集群胖树网络（K-Pod Fat Tree Network）下，为采取动作 h2 和 h8（h1 和 h7）之间的流建立一个单路径（多路径）路由，如图 5-8 所示。

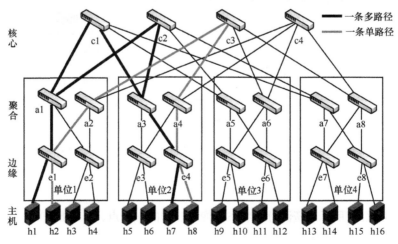

图 5-8　采取动作为 h2 和 h8（h1 和 h7）之间的流建立一个单路径（多路径）路由的示例

4. 多资源重组

DRL-R 通过挖掘带宽和缓存在减少时延方面的共同特征，将其抽象为一种可量化的、可加性的资源重组。显然，较短的物理距离和较大的链路带宽可以产生较少的时延。在 DCN 中，链路的物理距离较短，而带宽是影响 DCN 链路物理距离的主要因素。因此，可以计算节点 i 与其下游节点之间链路带宽在减少时延上的贡献分数，如式（5-9）所示。

$$L_{\text{Cost}_i} = \frac{\alpha_1}{B_i} \qquad (5\text{-}9)$$

其中：B_i 是从节点 i 到下游节点的链路带宽，单位为 Mbit/s；α_1 是可调因子。按照 OSPF 设置成本的原则，可以设置 $\alpha_1 = 1\,000$，因为现代 DCN 中的链路带宽通常高于 1 Gbit/s。

当用户想要获得内容 o 时，ICN-NC 中多源传输的基本思想是：只要用户能够从一个节点、一条路径、一个区域中获得额定数量的 CM 则可以完成该传输任务，这些 CM 与内容 o 线性无关。因此，作为基本单元，一个节点的 CM 越多，完成传输任务的时间就越短。减少的时延与一个节点上关于内容 o 的 CM 数量与额定数量的比例有关。更重要的是，该比例的可加性导致缓存与带宽具有类似的可加性，因此可以执行加法并比较一个节点、一条路径和一个区域的缓存的大小。节点缓存对减少时延的贡献分数如式（5-10）所示。

$$C_{\text{Cost}_i}(o) = \frac{M_i(o)}{E(o)} \qquad (5\text{-}10)$$

其中：$M_i(o)$ 是缓存内容的 CM 的节点 i 的数量；$E(o)$ 是指定的 CM 数量，它是一个常数，在随机线性网络编码中也称为生成大小，用于解码 CM 以获得内容 o。通常，$E(o)$ 被设置为 8。

在评价路由路径时，有两个合理的规则：链路带宽越高，路径越好；节点缓存越高，路径越好。特别地，DRL-R 在评价路由路径时认为，所建立的所有链路的代价之和越高，路径越好。

在分别量化了带宽和缓存对减少时延的贡献分数后，缓存大小和带宽便具有了可比性。然后将它们统一抽象为 3 个尺度的网络资源重组，即节点资源重组、路径资源重组和区域资源重组，具体过程如下。

当节点 i 的缓存与它和其下游节点之间的链路带宽重组为内容 o 时，称之为内容 o 的节点 i 的 RR。为支持上述规则，定义如式（5-11）所示。

$$\text{Cost}(o)_i = \frac{\beta C_{\text{Cost}_i}(o)}{\alpha L_{\text{Cost}_i}} \qquad (5\text{-}11)$$

其中，α 和 β 是分别映射到时延的带宽和缓存的权重。不失一般性，$\alpha = 1$ 和 $\beta = 1$。

假设路径 j 包括 k 个节点，而区域 v 包括 g 个路径。因此，路径 j 的 RR 是 k 个节点的 RR 之和，定义如式（5-12）所示。

$$\text{Cost}_j(o)_{\text{path}} = \sum_{i=1}^{k} \text{Cost}(o)_i \tag{5-12}$$

如果 v 区域有 g 条路径进行多源传输，则 v 区域的 RR 为 g 条路径的 RR 之和，定义如式（5-13）所示。

$$\text{Cost}_v(o)_{\text{area}} = \sum_{j=1}^{g} \text{Cost}_j(o)_{\text{path}} \tag{5-13}$$

按上述过程对多种网络资源重组后，各级别的得分可以作为资源的统一化单位在状态空间对资源进行描述。

5.2　智能拥塞控制

随着当今网络规模的扩大化、网络数据的海量化、网络结构的复杂化以及网络应用的多样化，网络负荷日益加重。与此同时，日新月异的网络应用也对网络的可靠性、高效性提出了更高的要求。在网络性能方面上，网络拥塞的避免与解决是当前困扰网络运行的一大难题。

当某一网络或网络中某一子网在一定时间内出现过多的流量时，网络性能就会受到很大的影响，可能会出现端到端时延的激增、大量数据包信息丢失、网络吞吐量下降等现象，甚至导致整个网络出现灾难性的系统级崩溃。图 5-9 所示为网络负载和网络关键指标（吞吐量、响应时间、网络性能）的关系。

图 5-9（a）和图 5-9（b）中存在关键指标的性能转折点：膝点（Knee）和崖点（Cliff）。当网络负载较小（小于膝点所在的网络负载量）时，吞吐量相对较小，随着网络负载的增加，吞吐量大幅增加，响应时间（即时延）会以较小的斜率增加，网络性能也会得到提升。而当网络负载超过膝点时，网络负载的增加将会加大网络负载对网络运行的影响，以至于出现数据丢失、路由丢包率激增等现象。此时时延会迅速增加，吞吐量也会因为丢包现象而增速减缓，网络性能开始下降，如图 5-9（c）所示，用户端会出现掉线、卡顿等现象。而当网络负载超过崖点时，网络负载达到了当前网络性能的极限水平，吞吐量会极速下降、时延会迅速上升，网络将处于系统级崩溃边缘。通过上面的分析可知，当网络负载在膝点附近时，网络性能极佳，网络表现优异。所以从网络负载的层面考虑，通常将膝点附近的区域称为拥塞避免区，膝点和崖点之间称为拥塞恢复区，崖点之外被称为拥塞崩溃区。因此，拥塞控制在网络负载层面上看，保持网络负载处于膝点附近水平，可以保证当前网络以最

优秀的性能提供通信数据服务。拥塞控制就是通过网络节点算法控制，使得网络负载控制在膝点附近，使网络能保持较大的吞吐量和较低的时延。

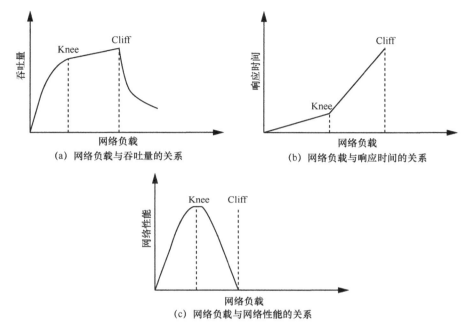

(a) 网络负载与吞吐量的关系

(b) 网络负载与响应时间的关系

(c) 网络负载与网络性能的关系

图 5-9　网络负载和网络关键指标的关系

上述分析是从网络负载的层面解析网络拥塞现象。而在实际的网络中，造成网络拥塞的原因远不止如此。从用户层面上讲，用户端需求的网络数据带宽远大于当前网络能提供的带宽。这里的影响因素主要有：链路带宽、存储资源和处理器处理能力甚至包括网络协议的缺陷。即当前的网络能力无法满足海量的用户需求。

在存储方面，面对网络海量数据传输需求时，经常会出现多个数据包在某一个端口排队等待传输，尤其在网络流量高峰时期，就需要大量内存空间进行存储。而当流量峰值高过膝点并进入拥塞恢复区时，极有可能出现内存空间不足而导致的数据丢失现象，也就是数据丢包，这就加重了网络拥塞现象。

在网络资源方面，当网络出现太多数据包，超过网络的承载能力时，网络负载就会进入拥塞恢复区甚至拥塞崩溃区。例如，网络带宽容量不足，当需要高速传输的数据被错误路由到低速链路侧时，就会发生数据跟不上其他高速链路的现象，也就产生了网络拥塞。

在网络协议方面，当前互联网流行的 TCP/IP 的拥塞控制机制存在天然的缺陷。加之当前网络资源和流量分配不均，网络恶意攻击等因素都会造成网络拥塞现象。

在应用深度学习方法之前，有很多工作聚焦于网络拥塞的研究，而这些研究主要分为预防性方案和解决性方案。预防性方案主要指拥塞避免，主要研究设计网络方案来避免网络负载过分越过膝点，进而避免网络拥塞；解决性方案主要指拥塞调整，当遇到网络拥塞时，设计拥塞应急方案来缓解网络拥塞造成的影响。大部分传统方案是预防性方案。而这些方案主要有：调整网络拓扑结构、设计路由器缓冲区分配方案、设计资源调度算法、设计均衡链路负责算法。其中调整网络拓扑结构是解决问题的关键，针对不同的节点设计不同的网络拓扑，非常有利于提高网络性能。而其他方案一般是在网络拓扑结构较为固定时避免网络拥塞的辅助方案。但从这些研究可以看出，目前的方案出现了从原来的被动调控逐渐转变为主动规划的趋势。

近些年来，由于深度强化学习技术的广泛应用，也有不少学者开始将深度强化学习技术应用于网络拥塞控制。

5.2.1 多路径 TCP 控制

多路径 TCP（Multipath TCP，MPTCP）是由 IETF 于 2013 年提出的一种兼具多链路容量融合和单链路连接维护的协议，深受学术界和工业界的关注。并且 MPTCP 在文件传输加速等多种应用场景中被验证是有效的。

与传统的 TCP 沿单一路径传输所有数据包不同，MPTCP 可以建立多个子流，数据包流可以同时在多个路径上传输。数据包调度是 MPTCP 设计和实现的一个独特的基本机制。调度器负责确定分配到子流上的数据包数量，这对 MPTCP 的性能有很大影响。

错误的调度决策会导致严重的性能问题。例如，在异构网络的背景下，数据包被复用在时延差异较大的多条路径上（如 Wi-Fi 和 LTE），不适当的数据包调度可能会导致队头（Head-of-Line，HoL）阻塞：排在低时延路径上的数据包必须等待高时延路径上的数据包，以确保有序到达。此外，为了适应无序数据包，接收端必须维护一个大的队列来重新组织接收的数据包。对于缓冲区大小有限的移动设备而言，这将导致应用时延延长和吞吐量大幅下降，交互式或流式应用的使用体验不佳。

为了解决这些问题，诸多学者在这一领域做了很多努力和贡献。MPTCP 的默认调度器 MinRTT，试图用最低的往返路程时间（Round Trip Time，RTT）来填补子流的拥塞窗口，然后再推进到其他子流。ReMP（可复制的 MPTPC）[10]调度器在所有子流上复制数据包，以换取可靠性。阻塞估计调度器（Blocking Estimation Scheduler，BLEST）[11]则采取主动方式，以最小化 HoL 阻塞。解耦多路径调度器（DEcoupled Multipath Scheduler，DEMS）[12]旨在减少多路径的数据块下载时间，当文件大小为中小规模时，其效益最大。其他一些调度器关注一些特定的性能目标，如能源效率、路径优先级和接收器缓冲区占用率。

尽管上述研究做出了许多贡献，但仅是在特定的应用场景中发挥了优良的表现效果。而在更广泛的应用场景下，这些研究所提出的调度器解决方案难以胜任所有场景，主要原因是这些方法往往倾向于在有限类型的场景中优化特定的性能指标，而缺乏关键的自适应性。因此，现有的调度器并不完善，它们面临着应对网络异构性、实现全面的 QoS 目标、处理复杂动态的网络环境等艰巨挑战。

得益于 DRL 技术的发展，自适应的调度器方法的研究有所转机。由 Zhang 等 [13]提出的基于 DRL 的 MPTCP 调度方法 ReLeS 旨在解决上述问题。ReLeS 采用 DRL，通过经验学习神经网络，生成数据包调度的控制策略。同时制定了综合回报函数，重点考虑了数据包调度中吞吐量、时延、丢包等因素对 MPTCP 调度器的影响。

现有的 MPTCP 调度器在异构动态网络环境中面临着诸多挑战。首先，多路径数据包的调度器应考虑网络异质性（如时延和容量），以便有效地利用多路径方案的优势。其次，包调度算法必须平衡各种 QoS 目标，例如最大限度地提高平均吞吐量，减少总体数据传输时间，最大限度地减少自身时延或无序缓冲区大小，以及保持抖动的平滑性。同时，多路径调度器应适应网络环境的动态变化。现实网络环境中，网络条件随着时间变化，且不同环境下网络条件的变化也有很大差异。因此基于固定调度的调度器难以适应时空变化的网络条件。针对上述挑战，ReLeS 调度器引入了 DRL 技术以重点解决这些问题。

多路径调度器从应用流中获取数据包，并决定在哪个子流上传输每个数据包。假设时间被划分为连续的时间段，称为"调度时间间隔"（Scheduling Interval，SI）。SI 的典型值为 200 ms，约为 3～4 个 RTT。一个事件定义为一个 MPTCP 连接的持续时间，从 MPTCP 会话的启动开始直到其中断，其中可能包含多个 SI。

在每个 SI 中，调度器需要确定分配给每个子流的数据量。假设一个 MPTCP 连接 n 个子流，其中 $n \geq 1$，令 p_i 是第 i 个子流上传送的数据包的分割率，那么有 $\sum_{i=1}^{n} p_i = 1$。调度器的目标是为子流找到一组最佳的数据流分配比例 $(p_1, p_2, \cdots, p_n)$，从而达到最佳性能。

ReLeS 调度器结构如图 5-10 所示，为了保障调度器的实时性，ReLeS 调度器的结构主要由在线调度和离线训练两部分组成。

在线调度部分：如图 5-10 上半部分所示，调度器观察一组原始网络信号（如 RTT 和吞吐量测量），并将这些值作为状态输入给神经网络，神经网络输出两条路径数据包调度的分割比例，即 p_1 和 p_2，并执行动作。然后观察所得到的回报，并将其传回调度器，调度器转移到新状态。这些经验会进一步传递给收集器线程，用于训练和改进神经网络模型。

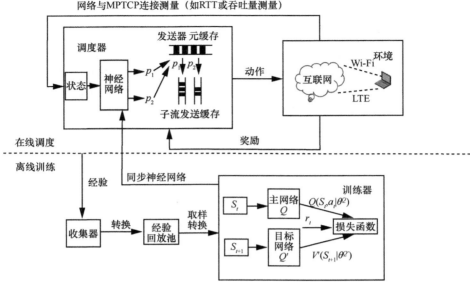

图 5-10　ReLeS 调度器结构

离线训练部分：如图 5-10 下半部分所示，调度器与环境之间的交互经验被收集起来，并存储在经验回放池中。交互经验的形式为 $(s_t, a_t, r_t, s_{t+1}, t)$，其中 s_t 表示前一时刻的状态，a_t 表示前一时刻智能体所采取的动作，r_t 表示前一时刻采取动作后得到的回报值，s_{t+1} 表示下一时刻的状态，t 表示前一时刻具体的时间。根据收集到的真实网络记录，训练器采用异步强化学习算法来训练神经网络模型。

在线调度和离线训练过程异步迭代运行。在每个训练周期结束后，训练器都会根据环境的变化，将训练好的策略同步到调度器中，促使调度策略逐渐最优化。

ReLeS 的设计具体分为智能体、状态、动作、策略、回报 5 部分。

智能体是系统中执行学习任务的实体。在 MPTCP 包调度问题中，智能体负责确定 MPTCP 连接发送端多个子流的流量分布。

状态是指智能体可以观察到的环境快照信息。在每个 SI 开始时，智能体观察系统状态。假设在第 t 个 SI 中，系统状态用 $s_t = (s_{t,1}, s_{t,2}, \cdots, s_{t,n})$ 表示，$s_{t,i}(1 \leq i \leq n)$ 是第 i 个子流的状态，可以用元组 $s_{t,i} = (x_{t,i}, w_{t,i}, d_{t,i}, u_{t,i}, v_{t,i})$ 表示，其中：$x_{t,i}$ 表示第 t 个 SI 中子流吞吐量测量；$w_{t,i}$ 表示第 t 个 SI 中子流的平均拥塞窗口大小；$d_{t,i}$ 代表第 t 个 SI 中子流的平均 RTT；$u_{t,i}$ 代表第 t 个 SI 中子流的未确认数据包数目；$v_{t,i}$ 代表第 t 个 SI 中子流的数据包重传数目。

动作表示智能体如何对观察到的状态做出响应。在 MPTCP 包调度中，一个动作对应一个调度决策，它决定了如何将当前的流量分配到多条路径上。由于每个子流上分配的数据包数量可以用分裂率来描述，所以一个动作可以用 $a_t = (p_1, p_2, \cdots, p_n)$ 来表示，其中 $p_i(1 \leqslant i \leqslant n)$ 是在第 i 个子流上传送的数据包的分流比例。

策略表示为 $\mu(s_t) : S \to A$，定义了一个从环境状态到所采取动作的映射，其中 S 和 A 分别是状态空间和动作空间。具体来说，一个调度策略可以用一系列动作 $a_0 = \mu(s_0), a_1 = \mu(s_1), \cdots, a_t = \mu(s_t)$ 表示，它从观察到的网络状态映射到数据包调度的动作。在深度强化学习中，策略是由一个神经网络生成的，输入一个状态序列，并相应地输出动作序列。

在第 t 个 SI 中，智能体观察到状态 s_t，并采取一个动作 a_t，应用动作后，环境的状态转移到 s_{t+1}，智能体通过采取动作获得回报。通过对某一特定包调度策略的回报函数来评价 MPTCP 的长期性能。系统中使用的回报函数 R 如式（5-14）所示。

$$R(s_t, a_t) = V_t^{\text{throughput}} - \alpha V_t^{\text{RTT}} - \beta V_t^{\text{loss}} \tag{5-14}$$

其中，$V_t^{\text{throughput}} = \sum_{i=1}^{n} x_{t,i}$ 代表 MPTCP 的吞吐量，由所有 n 条子流的总吞吐量进行衡量，每个子流的吞吐量是 $x_{t,i}$；$V_t^{\text{RTT}} = \dfrac{1}{\sum_{j=1}^{n} x_{i,j}} \sum_{i=1}^{n} x_{t,i} d_{t,i}$ 代表 SI 中所有数据包的平均 RTT，由每个子流的平均 RTT $d_{t,i}$ 以该子流的吞吐量 $x_{t,i}$ 为权重进行加权平均得到，其中 $x_{t,i} d_{t,i}$ 也被称为带宽时延积（Bandwidth Delay Product，BDP），表示一个子流的最大未确认数据包数（接收端缓冲区大小）；$V_t^{\text{loss}} = \sum_{i=1}^{n} v_{t,i}$ 代表总的数据包重传数目，由每个子流的数据包重传数目 $v_{t,i}$ 求和得到。

在完成了智能体、状态、动作、策略、回报 5 部分的建模后，需要对模型进行训练。训练的目标为最大限度地提高预期的累积折扣收益，如式（5-15）所示。

$$\text{maximize} : \mathbb{E}\left[\sum_{t=0}^{\infty} \gamma^t R(s_t, \alpha_t)\right] \tag{5-15}$$

在式（5-15）中，$\gamma \in (0,1]$ 是对未来回报进行折现的参数，称为折现因子；$\mathbb{E}$ 表示求期望。可以使用异步训练的方法进行模型训练。

ReLeS 使用归一化优势函数（Normalized Advantage Function，NAF）框架来生成调度策略，NAF 将 Q 学习扩展到连续动作空间。ReLeS 使用的神经网络结构如图 5-11 所示，对基本的 NAF 神经网络提出了两个增强功能，以使其更适合 MPTCP 中的包调度任务。第一个是 ReLeS 调度器使用堆叠的长短期记忆（Long Short-Term Memory，LSTM）网络从 k 个过去状态的回溯中提取特征；第二个则解释了如何使用末端 Q 网络的输出。Softmax 用于神经网络的最后一层激活函数,以形成包调度策略的概率化表达。

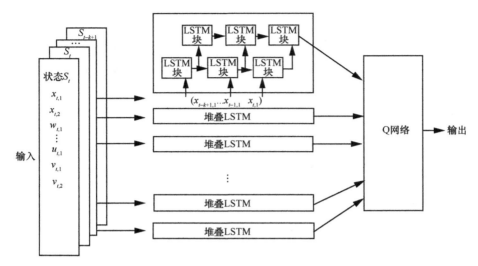

图 5-11　ReLeS 使用的神经网络结构

5.2.2　智能拥塞控制模型 Aurora

在当今的高速互联网络上,增速缓慢的通信资源难以满足海量增长的用户通信需求。因此,必须对不同流量源的输出传输速率加以动态调整,以充分高效地利用网络资源来提供更好的用户体验。高效的拥塞控制方案对流媒体视频、IP 语言通话等互联网基础服务和虚拟现实、物联网、边缘计算等新兴互联网服务的用户体验有着至关重要的影响。

多连接链路共享单一信道的情况示意如图 5-12 所示。其中,多个用户连接(也就是用户流量)共享单一的信号链路。每个连接都由一个发送端和一个接受端组成,发送端将数据包发送给接收端。在常见互联网通信协议(例如 TCP/IP)中,发送端也会不断收到接收端的反馈数据[在 TCP/IP 中,即为数据包确认信息(Acknowledgment,ACK)信号]。一般而言,发送端会根据反馈信号及时调整发送速率,而发送速率的确认就涉及网络的拥塞控制策略。网络的拥塞控制策略也会通过控制发送接收的发送速率来控制信道的编码速率。在图 5-12 所示的网络中,整个网络的动态变化过程就包含了拥塞控制协议下的网络动态速率、网络链路容量以及链路缓冲区大小和包排队策略。如果当前网络的网络负载过重,超过膝点,则将会出现数据丢失、流量丢弃的现象。频繁的丢包势必影响用户端的体验。

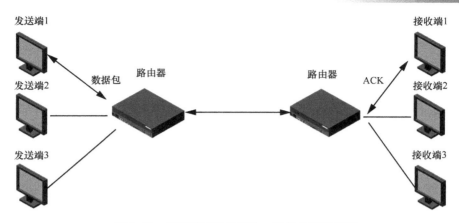

图 5-12　多连接链路共享单一信道的情况示意

从上面的分析可以看出，即使是在简单的单链路网络中，拥塞控制策略对于网络的高效运行都至关重要。而在现实网络中，不同的连接更是以一种不协调的、分散的方式进行通信。在没有性能优异的拥塞控制协议、甚至拥塞控制协议失效的情况下，不同连接之间由于缺乏网络关键信息（当前链路带宽信息、缓冲区负载信息、数据包队列信息）会进行恶意竞争，甚至出现网络拥塞。而由于互联网结构复杂、流量巨大、应用场景复杂等，关于互联网的拥塞控制协议存在诸多争议，并广受学者关注。

拥塞控制问题可以被转换为发送速率控制问题，即控制器通过获取接收端或者网络本身反馈的网络性能信号（信道带宽、发送速率等）来影响下一个时段的发送速率。同时，深度强化学习具有强力的环境适应能力，可从网络流量的历史信息和当前信息中及时完成建模，并及时输出有效的反馈信号，已经能够实现对拥塞流量损失和非拥塞流量损失的区分。因此，Jay 等[14]提出了基于深度强化学习的互联网拥塞控制模型 Aurora。

Aurora 旨在通过高效的拥塞控制协议来改善互联网基础通信的性能，同时通过应用深度强化学习方法，为互联网拥塞控制协议提供更多的思路。模型假设网络的本地历史记录包含了流量和网络状态的所有信息，并通过强化学习方法在历史信息中学习从网络统计数据到发送速率的映射，从而更好地调节下一时刻的发送速率。下文主要介绍 Aurora 并解释拥塞控制中的深度强化学习方法。

Aurora 用深度强化学习的视角看待拥塞控制问题，DRL 的动作可以表征当前网络发送速率的变化。在 Aurora 中，智能体拥有很高的权限——流量的发送任务由智能体完成。因此，智能体通过控制某一流量的发送时间达到控制发送速率的效果。具体而言，在相同时间间隔 t 之内，智能体可以根据 Aurora 输出的拥塞控制策略有选择地发送流量，以达到控制发送速率的目的。

模型状态被定义为当前网络统计数据的有限集合。当智能体选择了以时间间隔 t 发送速率 x_t，模型会观测并记录当前发送速率，并同时根据接收端反馈的数据修正实际的发送速率，最后结合反馈信息计算出一个统计量 v_t。Aurora 收集的统计量 v_t 主要有以下几方面：时延梯度（时延相对于时间的导数）、时延比（当前时间间隔 t 内，平均时延与历史上最低观测时延的比值）、发送比（发送端发送的数据包与接收端确认的数据包之比）。从网络统计的角度来看，网络拥有可用带宽、时延和损耗率等方面的不同统计量，但由于互联网的复杂性，部分统计量难以在某些场景下对反映真实的网络状态作出贡献，Aurora 选择通用性较好的时延数据和丢包数据作为反映网络当前状态的关键统计量，旨在提供网络的通用性并降低重复的特征计算。

智能体对下个时间间隔的发送速率选择，主要参考上述网络当前状态的反馈信息。这些统计量主要从接收端的数据包收集得到，考虑到网络环境的多变性和网络数据的海量性，必须对统计量的时间窗口加以灵活控制，不仅要根据当前网络状态决定统计时间窗口的跨度，还应当注意拥塞控制问题的实时性要求，需要根据不同的网络环境进行适应性变化。总体而言，Aurora 的网络状态可以被定义为式（5-16）的形式。

$$s_t = (v_{t-k+d}, \cdots, v_{t-d}) \tag{5-16}$$

其中，k 为 Aurora 定义的一个固定常数，d 为采集当前发送速率的采样时延。常数 k 需要根据互联网环境的不同而进行调节，以获得一个较好的性能表现。参数 d 影响发送速率的采样效率，较小的 d 可以保证发送速率的实时性，但会增加模型的计算负担。

Aurora 可以把网络状态统计量（时延梯度、时延比、发送比）映射到动作输出 a_t 上。那么，从上一时刻发送速率 x_{t-1} 到下一时刻发送速率 x_t 的计算可以按照式（5-17）所示的方式进行。

$$x_t = \begin{cases} x_{t-1}(1+\alpha a_t), & a_t \geq 0 \\ \dfrac{x_{t-1}}{1-\alpha a_t}, & a_t < 0 \end{cases} \tag{5-17}$$

其中，α 是用于抑制振荡的缩放因子，在实践中可以设置 $\alpha = 0.025$。

为了提高模型的实时性，Aurora 使用线性回报函数及时输出当前状态和动作的回报并调节发送速率。虽然已有的一些文献表明，Dong 等[15]的 PCC-Vivace 方法和 Arun 等[16]的 Copa 方法在其他的 DRL 中取得了很好的效果，但在 Aurora 中，这些方法的效果并不理想。这是因为上述方法使用不同的指数或对数来优化回报函数，但是在 Aurora 中，对吞吐量、时延的复杂关系已经反映在网络状态统计量（时延

梯度、时延比、发送比）上。因此，Aurora 的回报函数应设计为式（5-18）的
形式。

$$10\gamma^t - 1\,000\gamma^d - 2\,000\gamma^l \qquad (5\text{-}18)$$

其中：γ^t 表示网络的吞吐量，即每秒传输的数据包数量；γ^d 表示网络的时延，在
Aurora 中，以 s 为单位计算时延；γ^l 表示损失，即已经发送但未收到 ACK 的数据
包比例。每个参数前的权值是根据 Aurora 在大量实践中选取的最优表现值，主要
目的是均衡网络的高带宽和低时延需求。Aurora 可以使用近端策略优化（Proximal
Policy Optimization，PPO）算法进行训练。

针对不同的网络环境或不同的时间段，Aurora 会以不同的速率向网络拥塞控制
器反馈当前状态的回报。这是因为不同的应用对网络环境有不同的性能需求。例如，
一些在线游戏应用可能需要非常低的时延，一些大文件传输应用则需要更高的网络
带宽，这些不同的网络需求，体现在回报函数的权值上。

从上面的讨论不难看出，网络状态即网络统计量的选取和计算方法对
Aurora 影响深远。所以对网络统计参数的选取和回报的计算需要额外关注相关
参数。在 Aurora 中，主要关注历史窗口长度（History Length）和折扣因子（Discount
Factor）。当历史窗口长度（以下简称时间长度）为 k 时，智能体会根据最新的 k
个统计数据来进行决策。显然，较高的时间长度虽然会消耗更多的计算力，但
会因为提供了更多的信息而有助于智能体做出更好的决策。所以在保证系统实
时性的前提下，一般选择较高的时间长度。折扣因子的选择主要有利于模型数
学方面的计算，Aurora 的折扣因子主要避免在计算回报时出现无穷大和无穷小
的问题。

从与多种拥塞控制算法的对比实验结果可以看出，Aurora 在带宽、时延、数据
队列和数据丢失等参数的变化方面具有很好的敏感性，在上述参数出现变化时，
Aurora 可以根据变化及时调节发送速率，以防止网络拥塞现象的发生。

5.3　智能流量调度

流量工程（Traffic Engineering，TE）是指根据各种数据业务流量的特性选
取传输路径的处理过程。流量工程用于平衡网络中不同的交换机、路由器以及
链路之间的负载。在复杂的网络环境中，TE 可以控制不同的业务流走不同的路
径，关键的业务走可靠的路径并保证服务质量，并且在某段网络拥塞的情况下，
动态调整路由，使整个网络如同一个"可控的城市交通系统"，流量工程示意如
图 5-13 所示。

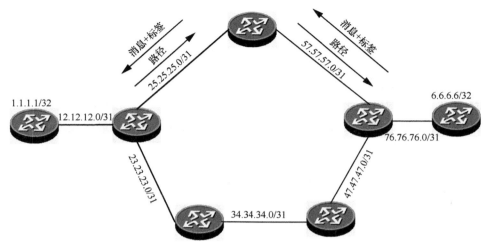

图 5-13　流量工程示意

5.3.1　流量工程概述

为了有效地利用通信网络的资源，研究者们已经提出了大量的算法和协议。简单而被广泛使用的解决方案包括：始终通过最短路径路由流量，例如，OSPF[17]；通过多个可用路径均匀分配流量，例如，Valiant 负载均衡（Valiant Load Balance，VLB）[18]或者基于排队理论的通信网络建模与辅助资源分配[19]。传统的网络资源分配方法大多是基于模型的，通常假设网络环境和用户需求都可以被很好地建模。实际上，现代通信网络已经变得非常复杂和高度动态，这使得它们难以被良好地建模、预测和控制。

此外，网络效用最大化（Network Utility Maximization，NUM）[20]也得到了很好的研究，它通常通过制定和求解一个优化问题来提供资源分配的解决方案。但这些方法存在以下问题：① 通常假设一些关键因素（如用户需求、连接使用等）作为输入，难以估计或预测；② 很难明确直接减少端到端时延的效用函数，因为考虑到资源配置的决策变量（如流量工程），很难以一个封闭且精确的数学模型表示相应的端到端时延；③ 这些解决方案没有很好地解决网络动力学问题。它们中的大多数都声称针对网络的快照状态提供最优或近优的资源分配解决方案。然而大多数通信网络是高度时变的，这些 NUM 解决方案难以很好地调整或重新计算资源分配以适应这样的动态性。

近些年来，一些研究工作开发基于深度强化学习的 TE 控制框架，并且有较大的性能上的提升。利用深度强化学习控制通信网络具有以下优势：① DRL 优于其他动态系统控制技术，如基于模型的预测控制，前者是无模型和不依赖于精确的数学便可以解决的系统模型（如排队模型），从而增强了其适用性；② 能够处理系统状态时变、用户需求时变等高度动态时变的环境；③ 能够处理复杂的状态空间，优于传统的强化学习。

然而，DQN 等基本的 DRL 技术适用于离散动作空间的控制问题，并不适用于连续控制的 TE 问题。DDPG 等适用于连续控制的方法，也难以直接用于解决 TE 问题。

5.3.2 智能流量调度

文献[21]提出基于 DRL 的 TE 控制框架——DRL-TE，相较于之前的工作可以更好地解决 TE 问题，在保持更好或相当的吞吐量的同时，显著降低了端到端时延并持续提高了网络效用。DRL-TE 对网络变化具有较强的鲁棒性，能够更好地适应通信网络的变化。其考虑一个具有 K 个端到端通信会话的通信网络场景，使用有向图 $G(V, E)$ 建模整个网络。对于每一个通信会话 k 都有一个源节点和目标节点，以及一个连接源节点和目标节点的候选路径集合，这些路径可以承载一定的流量负载。通信网络中流量工程问题的目标是寻求一个能够最大化网络效用的速率分配解决方案，来决定每一条候选路径上的流量负载。DRL-TE 的设计考虑了所有通信会话的吞吐量以及时延。

深度强化学习解决方案的设计需要明确 3 个重要的元素：状态空间、动作空间以及回报函数。状态由每个通信会话的吞吐量和时延组成。动作是每个通信会话在每个候选路径上的流量分配比例。回报是流量工程问题的目标，它是所有通信会话的总效用。DRL-TE 基于 DDPG，并针对流量工程问题对算法提出了两种改进技术。

首先，通过向当前 DDPG 的策略网络返回的动作中添加随机噪声来生成一个用于探索的动作。DDPG 本身没有明确规定如何进行探索，而简单的基于随机噪声的方法，或者是诸如文献[16]中的为物理控制问题提出的方法都不能很好地解决流量工程问题。DRL-TE 在生成探索动作时，以 ϵ 的概率选择叠加了随机噪声的基线流量工程解决方案作为动作，例如将最短路径或将每个通信会话的流量负载均匀分布到所有候选路径作为基线方法，然后以 $1-\epsilon$ 的概率选择由策略网络生成的动作，同时添加了随机噪声。

其次，DDPG 只是简单地从经验回放池中均匀地取样状态转移样本。文献[22]引入了一种叫作优先经验回放的方法，当它与 DQN 结合使用时，可以提高任务的性能。优先经验回放方法为每个状态转移样本分配一个优先级，基于这个优先级，在每个阶段中对经验回放池中的临时数据进行采样。然而，该方法仅针对基于 DQN 的

DRL，未与 AC 框架结合用于连续控制。作者对该方法进行了扩展，使其能够在 AC 框架下实现有优先级的经验回放。具体来说，由于 AC 框架使用两个网络（策略网络和评价网络）来指导决策，所以优先级应该由两部分组成。第一部分是时间差分（Time Differential，TD）误差，对应评价网络的训练，第二部分是策略网络的训练。这两部分可以组成状态转移样本的优先级，并按照优先级进行采样以用于神经网络训练。

5.3.3 分布式流量调度

DRL-TE 解决的是单个区域内流量工程问题。但在实践中，大型网络常常被划分为多个（逻辑或物理）区域，或者根据地理位置应用异构路由技术。在这样的多区域网络中，每个区域通常根据区域网络的观察做出自己的局部流量工程决策。在显著提高网络管理的可伸缩性的同时，由于缺乏共同的努力和协调，使用多个区域使得实现全球流量工程目标变得困难。

所以多区域网络中的流量工程更是一个具有挑战性的问题，其要求每个区域都必须基于局部观测独立地计算路由决策，而目标是优化全局的流量工程目标。传统的方法往往缺乏敏捷性，无法适应不断变化的流量模式，因此在高度动态的流量需求下，可能会造成严重的性能损失。

Geng 等[23]提出了一个多区域流量工程问题的数据驱动框架，是基于多智能体深度强化学习（Multi-Agent Deep Reinforcement Learning，MADRL）的新方法。该方法针对每个区域分别提出了两种强化学习智能体，即终端智能体（Terminal-Agent，T 智能体）和出站智能体（Outgoing-Agent，O 智能体），分别控制终端流量和出站流量。这些分布式智能体收集其区域内的本地链路利用率统计信息，优化本地路由决策，并观察由此产生的与拥塞相关的回报，从而优化全局流量工程目标。

通过将一个大问题分解为几个小的子问题，多智能体设计可能比单智能体设计具有更好的可伸缩性，多区域 TE 问题的数据驱动框架如图 5-14 所示。由于小区域减小了区域内发生一个以上随机链路故障的可能性，因此在随机链路故障的情况下可以获得更强大的流量工程性能。

多区域的强化学习智能体与环境交互示意[23]如图 5-15 所示，在每个区域内，有两个独立的学习智能体：T 智能体与 O 智能体。这两个智能体分别协调每个区域内的两类网络流量：① 留在该区域的终端流量；② 穿越多个地区的出站流量。终端流量的路由直接影响当前区域的状态，而出站流量的路由不仅影响当前区域的状态，还影响其他区域的状态，因为从不同边界路由器离开该区域的流量对其他区域的影响是不同的，所以两个智能体的学习目标是不一样的。

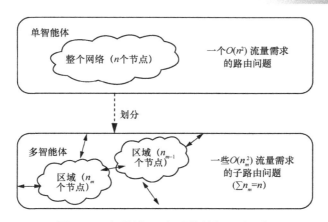

图 5-14　多区域 TE 问题的数据驱动框架

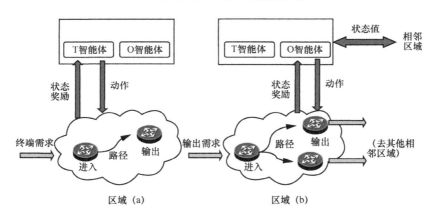

图 5-15　多区域的强化学习智能体与环境交互示意

T 智能体负责处理留在该区域的终端流量。决策时将区域内所有边的利用率作为输入。边的利用率由流量需求和路由决策决定，边 e 的容量用 c_e 表示，f_e 表示边上的总流量，则边的利用率可以表示为 f_e / c_e。通过收集区域信息，T 智能体可以做出路由决策，决定分配到每个转发路径上的流量分配比例。作者采用了文献[8]中提出的流量无关路径选择算法来计算转发路径。边的代价函数是负载均衡场景[9]下成本函数的一般形式，可表示为 $h(e) = \left(\dfrac{f_e}{c_e} \right)^{1+\alpha} / (1+\alpha)$，$\alpha$ 是个常数，$\alpha \geqslant 0$。而回报函数的设定是使区域内的代价最大的边代价最小，在区域 m 中 T 智能体于时刻 t 得到的立即回报为：$r_t^{m,\mathrm{T}} = -\max\limits_{e \in E(m)} \{h(e)\}$，其中 $E(m)$ 表示区域 m 中边的集合。

O 智能体负责跨越多个区域的输出流量。决策时同样是将所有边的利用率作为输入。与 T 智能体相似，O 智能体的动作也包含一组预先计算的转发路径上的流量分配比例。与 T 智能体不同的是，O 智能体的目标是如何合理地转发输出流量，这些流量可能从多个出口节点发出，离开区域并进入下一跳邻近区域。因此，输出流量的路由不仅决定了如何将流量从入口节点发送到出口节点，还决定了如何在多个出口节点之间实现流量均衡。而回报函数的设定也区别于 T 智能体，为了减少局部区域以及整个网络的拥塞，O 智能体的回报值不仅要反映局部区域的网络状况，还要反映其他区域的网络状况。为了准确评价 O 智能体决策，回报函数结合本地和邻近区域的情况来计算回报值。其表达如式（5-19）所示。

$$r_t^{m,\mathrm{O}} = \beta r_t^{m,\mathrm{T}} + (1-\beta)\mathbb{E}_{m'\in\mathrm{neighbor(m)}}(r_t^{m',\mathrm{T}}) \tag{5-19}$$

其中，非负常数 $\beta\in[0,1]$ 作为权重调节 O 智能体对其回报中两个组成部分的偏好性（局部区域的网络状态和其他区域的网络状态），$m'\in\mathrm{neighbor}(m)$ 表示区域 m' 是位于区域 m 的附近，$r_t^{m',\mathrm{T}}$ 给出了在区域 m' 中 T 智能体于时刻 t 得到的立即回报。

文献[23]进一步构建了一个模拟的数值网络环境来训练智能体。模拟网络与真实目标网络具有相同的拓扑结构和相同的链路容量设置。给定一个流量矩阵和所有智能体的动作，可以轻松计算每个智能体更新的状态和回报。使用采用 DDPG 的深度强化学习算法和增量训练可以使智能体能够适应高度异构的流量模式甚至链路故障。在训练过程中，可以动态地改变模拟网络中的流量，使智能体逐渐地更新其参数并不断改进它们的动作策略。

参考文献

[1] STAMPA G, ARIAS M, SANCHEZ-CHARLES D, et al. A deep-reinforcement learning approach for software-defined networking routing optimization[C]//ACM International Conference on Emerging Networking Experiments and Technologies. New York: ACM, 2017, 26(9): 1-5.

[2] CLARK D D, PARTRIDGE C, RAMMING J C, et al. A knowledge plane for the internet[C]//Conference on Applications. New York: ACM, 2003: 3-10.

[3] THOMAS R W, FRIEND D H, DASILVA L A, et al. Cognitive networks: adaptation and learning to achieve end-to-end performance objectives[J]. IEEE Communications Magazine, 2006, 44(12): 51-57.

[4] MESTRES A, RODRIGUEZ-NATAL A, CARNER J, et al. Knowledge-defined networking[J]. ACM SIGCOMM Computer Communication Review, 2016, 47(3): 2-10.

[5] SUN P, HU Y, LAN J, et al. TIDE: time-relevant deep reinforcement learning for routing optimi-

zation[J]. Future Generation Computer Systems, 2019, 99(20): 401-409.

[6]　LAKHINA A, PAPAGIANNAKI K, CROVELLA M, et al. Structural analysis of network traffic flows[C]//Proceedings of the Joint International Conference on Measurement and Modeling of Computer Systems. New York: ACM, 2003, 32(1): 61-72.

[7]　ZHAO L, WANG J, LIU J, et al. Routing for crowd management in smart cities: a deep reinforcement learning perspective[J]. IEEE Communications Magazine, 2019, 57(4): 88-93.

[8]　LIU W, CAI J, CHEN Q C, et al. DRL-R: deep reinforcement learning approach for intelligent routing in software-defined data-center networks[J]. Journal of Network and Computer Applications, 2020, 177(12): 102865.

[9]　FILIPOSKA S, JUIZ C. Community-based complex cloud data center[J]. Physica A Statistical Mechanics and Its Applications, 2015, 419: 356-372.

[10]　ALEXANDER F, TOBIAS E, ALEJANDRO P B, et al. ReMP TCP: low latency multipath TCP[C]//IEEE International Conference on Communications. Piscataway: IEEE Press, 2016: 1-7.

[11]　FERLIN S, ALAY O, MEHANI O, et al. BLEST: blocking estimation-based mptcp scheduler for heterogeneous networks[C]//IFIP Networking Conference. Piscataway: IEEE Press, 2016: 431-439.

[12]　GUO Y E, NIKRAVESH A, MAO Z M, et al. Accelerating multipath transport through balanced subflow completion [C]//23rd Annual nternational Conference on Mobile Computing and Networking. New York: ACM, 2017: 141-153.

[13]　ZHANG H, LI W, GAO S, et al. ReLeS: a neural adaptive multipath scheduler based on deep reinforcement learning[C]//IEEE Conference on Computer Communications. Piscataway: IEEE Press, 2019: 1648-1656.

[14]　JAY N, ROTMAN N, GODFREY B, et al. A deep reinforcement learning perspective on Internet congestion control[C]//Proceedings of the 36th International Conference on Machine Learning. New York: PMLR, 2019: 3050-3059.

[15]　DONG M, LI Q, ZARCHY D, et al. PCC: Re-architecting congestion control for consistent high performance[C]//Proceedings of the 12th USENIX Conference on Networked Systems Design and Implementation. Berkeley: USENIX, 2015: 395-408.

[16]　ARUN V, BALAKRISHNAN H. COPA: practical delay-based congestion control for the internet[C]// Proceedings of the Applied Networking Research Workshop. New York: ACM, 2018, 329-342.

[17]　SIDHU D, FU T, ABDALLAH S, et al. Open shortest path first (OSPF) routing protocol simulation[J]. ACM SIGCOMM Computer Communication Review. 1993, 23(4): 53-62.

[18]　RUI Z S. Valiant load-balancing: building networks that can support all traffic matrices[M]. Berlin: Springer, 2010.

[19]　LI Y, PAPACHRISTODOULOU A, CHIANG M, et al, Congestion control and its stability in networks with delay sensitive traffic[J], Computer Networks, 2011, 55(1), 20-32.

[20]　LOW S H, LAPSLEY D E. Optimization flow control-basic algorithm and convergence[J]. IEEE ACM Transactions on Networking, 1999, 7(6): 861-874.

[21] XU Z, TANG J, MENG J, et al. Experience-driven networking: a deep reinforcement learning based approach[C]//IEEE Conference on Computer Communications. Piscataway: IEEE Press, 2018: 1871-1879.

[22] SCHAUL T, QUAN J, ANTONOGLOU I, et al. Prioritized experience replay[C]//International Conference on Learning Representations. [S.l.:s.n.], 2016.

[23] GENG N, LAN T, AGGARWAL V, et al. A multi-agent reinforcement learning perspective on distributed traffic engineering[C]//IEEE 28th International Conference on Network Protocols (ICNP). Piscataway: IEEE Press, 2020: 1-11.

第6章
基于强化学习的任务调度

伴随着移动互联网、物联网、大数据以及云计算的发展，网络用户数量和网络规模飞速增长，同时业务和应用日益多样化，网络结构也越来越复杂。面对网络中爆炸式增长的流量以及繁杂的网络资源，如何科学高效地对网络、计算以及存储等资源进行调度变得十分重要。任务调度需要协调多维度的资源，以达到优化目标并满足多种非功能性约束。其面临的挑战如下：第一，任务调度的整个流程十分繁杂，难以精准建模；第二，资源需求可能随用户位置与环境而变化；第三，随着云计算与边缘计算的高速发展，越来越多的任务非本地处理，在管理与调度更多层次的异构资源的同时还需要充分考虑网络状态。

在任务调度问题上，传统的求解方式是在特定条件下找到一种有效的启发式算法，并且在以后的实践中根据任务执行效果不断进行调整，以获得近似最优的结果。启发式算法确实可为任务调度问题提供一个较优的可行解，但是其缺乏稳定性，且极度依赖于开发者的经验。目前，DRL 已被广泛应用于机器人控制、参数优化、机器视觉等领域，甚至被认为是通用人工智能发展的重要途径。近年来，深度强化学习开始运用在任务资源调度领域，与基于场景定制的启发式方法相比，深度强化学习方法可实现任务的智能资源调度，提高了大规模系统资源的管理效率。

6.1 并行计算的任务调度

随着计算机视觉、自然语言处理、自动驾驶等多领域业务场景的快速发展，数据中心的计算任务请求数量激增。数据处理是数据中心十分普遍的任务请求，例如智能数据分析、DNA 测序、智能交通数据等。并行计算已经成为处理海量数据的有效方式，在计算资源有限的分布式集群中，这些任务往往被划分为若干子任务并行执行。因此，并行任务调度成为重要的研究课题之一。然而，日益发展的业务场景导致复杂动态的并行计算环境难以建模、预测与控制，传统方法难以准确刻画真实场景，无法进行扩展。

深度强化学习作为一种求解序列决策问题的无模型算法，可有效利用经验进行决策，实现长期回报最大化。将强化学习方法应用到并行任务调度中，可以构建直接从经验中学习系统资源调度的过程，将动态调度问题转化为序列决策的学习问题。利用深度神经网络的强大拟合能力，可以在一定程度上突破传统方法在自适应和组合优化等方面的局限性。本节首先讨论并行任务调度环境，分析该场景下存在的技术问题，之后讨论基于强化学习提出的并行任务调度方法。

6.1.1 问题定义

资源分配与任务调度是并行计算系统高效运行的重要保障。任务调度需要为一组任务分配资源，满足任务处理要求的同时使系统资源的利用效率达到最优化。在并行计算系统中，人们希望随着使用的处理器数量的增加，计算性能可以得到相应的改善。然而，由于通信开销、控制开销、网络拥塞等问题以及任务之间的优先级约束，一般情况下很难达到理想的改善效果。

云计算、边缘计算、雾计算等场景是典型的分布式计算环境，并行数据处理任务被分配到不同的计算节点上，并行任务调度环境如图 6-1 所示。由于这些系统中的计算资源有限，如何合理分配并行的数据处理任务，是分布式计算与并行计算领域非常值得关注的问题。

随着并行计算的节点规模、任务数量与任务类型的不断增加，任务调度在大规模高性能实时计算系统中变得越来越重要。并行计算系统的效率通常用任务完成时间、执行速度或吞吐量等指标来衡量，这些指标可以有效反映任务调度性能。在实际的分布式集群中，通常采用优先级策略和回填机制等经典调度算法，或进化算法来完成任务调度。这些方法高度依赖于对任务运行时间的预测，然而，实现更高精度的任务运行时间预测，将增加实时调度系统的时间开销。同时，在大规模计算环境中，到达的任务和计算资源始终动态变化，难以进行全面准确地建模，传统算法无法高效解决大规模动态调度的问题。此外，在不同的场景下，调度目标也不尽相同，包括改善用户体验、最大化利用整个集群的资源、最小化能耗等，很难逐一根据场景和目标设计调度算法。基于以上原因，如何在复杂动态环境下，高效调度并行任务以合理利用分布式资源，实现计算系统的负载均衡，降低能耗，保证 QoS 是需要重点关注的问题。

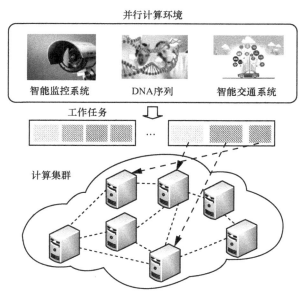

图 6-1 并行任务调度环境

深度强化学习为高效任务调度提供了一种不需准确建模的方法。DRL 利用深度神经网络高维状态空间的拟合能力,学习复杂动态并行计算系统的环境,并利用决策能力,实现任务调度。由于 DRL 可以学习如何在环境中采取动作以使累积回报最大化,非常适合长期优化和控制问题。下面主要讨论基于 RL 的并行任务调度方法以及基于 DRL 的并行任务调度方法。

6.1.2 基于 RL 的并行任务调度方法

在深度强化学习兴起之前,已有研究将任务调度建模为 RL 决策问题,解决并行计算系统中,无依赖任务的调度问题[1]。该方法采用人工先验知识,设计状态空间的特征、动作空间,并构造回报函数,将调度问题转化为 RL 决策问题。

状态特征和动作集合的定义与 RL 决策问题紧密相关。一般来说,状态特征的定义可参考以下准则:① 状态特征能够反映生产环境的主要特征,包括系统的全局状态和局部状态,例如任务队列长度、任务到达时间、截止时间、任务处理时间等;② 利用状态特征表示系统状态,且根据多个场景和问题进行归纳;③ 状态特征归一化,以便更为有效地应用于取值大小不同的特征;④ 状态特征常以数字方式表示大小,即维度的资源量;⑤ 状态特征应该简明扼要,以便压缩状态空间,提高学习效率。

文献[1]中,根据并行计算任务调度的经验,人工定义了 8 个状态特征,包括系统中所有类型任务的等待数量、机器的空闲状态、处理各类任务的剩余时间、当前处理每个任务的机器、等待任务截止时间的紧急程度、等待任务截止时间的紧急程度的最大值、等待任务截止时间的紧急程度的平均值、在一定的时间段内等待所有类型任务的等待数量。

为了利用智能体的学习能力，应利用现有的任务调度理论或经验来解决调度问题，将最短任务优先规则、截止时间优先规则等用于动作空间的设计。每次决策时，如果有空闲的机器且没有作业等待处理，空闲机器则保持空闲；由于该任务调度算法是非抢占的，如果新任务到达时所有机器处于忙状态，则此任务必须排队等待。由此，可定义 5 个动作选项以选择待处理任务和对应的机器，包括不选择任务、以最短时间优先规则选择任务、以加权单机滞后规则选择任务、以加权平均滞后规则选择任务、以加权改进的截止时间优先规则选择任务。

回报函数应该表明动作的即时影响，目标函数由累积回报表示。文献[1]证明了最小化平均加权超期时间相当于在无限范围内最小化每个决策的即时回报，即智能体因所有任务处理的平均加权超期时间越小，可获得的平均回报就越大。

文献[1]中采取了很多人工先验知识建立 RL 模型，对于大规模分布式系统的任务调度问题，以及不断涌现的新任务，较为困难，非常有必要利用深度神经网络的拟合能力，自动学习与构建部分状态空间，以 DRL 端到端学习的方式，实现任务调度的全局优化目标。

6.1.3 基于 DRL 的并行任务调度方法

并行计算系统中的服务器具有不同的任务处理能力，不同的任务定期以一定的时间间隔到达集群，并且每个任务都由多个子任务组成，子任务间相互独立。并行任务调度场景示例如图 6-2 所示。当任务依次到达时，调度器会为每个子任务选择一个执行节点来高效合理地完成工作。每个任务执行时间 T_{task} 由 3 部分组成，包括传输时间 T_{trans}、排队时间 T_{wait} 和处理时间 $T_{process}$。同时，在并行任务调度场景中，负载均衡需要满足系统设计要求，从而保证资源的有效利用以及系统的稳定性。

基于 DRL 的并行任务调度方法，利用经验数据进行序列决策，目标是提高并行计算系统的资源利用率，保证应用的 QoS。如果直接将 DRL 应用于多个并行任务的资源分配，存在两个挑战：一方面，各类应用的任务中并行子任务的数量不同，智能体将统一学习所有任务的资源分配策略，会受到任务中子任务数量的影响，缺乏可扩展性；另一方面，如果将 DRL 输出结构设置为一组并行任务分配的所有可能策略，随着计算节点和任务数量的增加，动作空间的大小将呈指数级增长。

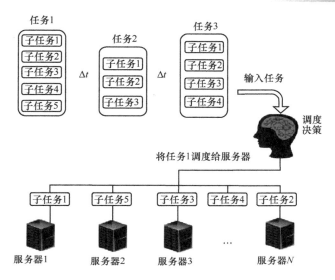

图 6-2　并行任务调度场景示例

　　文献[2]提出了一种用于可扩展并行任务调度的多任务深度强化学习（Multi-task Deep Reinforcement Learning for Scalable Task Scheduling，MDTS）方法。针对并行任务调度的问题，将节点分配策略的输出设计为多任务学习的方式，将多个任务的动作空间进行分离。MDTS 在减小 DRL 动作空间的同时，可兼顾协调并行任务之间的资源竞争。多任务学习包括多个同时学习的任务，由 Caruana[3]在 *Multitask Learning* 中首次提出，旨在利用多个学习任务中包含的有用信息来帮助学习每个任务的学习者。多任务学习采用共享结构共同处理多个学习任务，梯度在训练过程中同时进行反向传播，同时学习多个任务有助于提高模型的泛化能力。

　　MDTS 是基于 A3C 算法实现的多任务异步深度强化学习。A3C 算法的异步实现表现为多个本地智能体并行执行。每个本地智能体将学习结果上传到全局智能体；全局智能体收到新的学习结果后，将其发送给所有本地智能体。A3C 算法的多个本地智能体经历不同的状态转换，它们之间没有相关性，这样就解决了经验回放池中样本之间的相关性问题。在多任务场景下，DRL 方法往往需要极大的动作空间，因此，将一个整体任务的调度决策分为多个子任务的决策，对应提供每个子任务的策略。该方法可以很大程度上减少最终的输出节点数量。

　　多任务 DRL 调度模型 MDTS 架构如图 6-3 所示，其中策略函数和值函数由一个深度神经网络逼近。对于并行任务调度问题，输入并行计算系统的状态，输出包括 M 个特定任务的策略网络（A3C 模型中，称其为 Actor）分支和一个评价网络分支（A3C 模型中，称其为 Critic）。每个特定子任务分支对应一个生成动作的策略网络（如 Actor1、Actor2 等），包括一个全连接层和一个输出层。针对策略 π_i 设计了

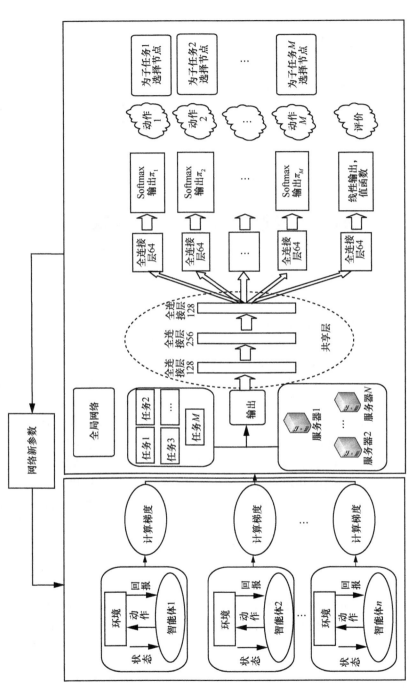

图 6-3　多任务 DRL 调度模型 MDTS 架构

M 个 Softmax 输出分支，每个输出分支由 N 个输出节点组成，反映了分配给这些服务器的任务 i 的概率分布。在输出分支上面是 3 个全连接的共享层，通过训练共享参数，MDTS 减少了输出节点的数量。模型的共享层参数能够感知多个子任务之间的资源占用，并学会在每次调度决策中最小化整个任务的总执行时间。特定任务的策略网络分支学习如何将与每个任务相关联的输入信息分别映射到它们输出的计算节点。由此，在减少输出节点的同时，该架构通过训练共享参数保证了多个并行子任务的联合调度。

MDTS 最终的损失函数计算如下。

$$L(\theta_1', \theta_2', \cdots, \theta_M', \theta_v') = \frac{\sum_{i=1}^{M} L_{\text{Actor}}(\theta_i')}{M} + L_{\text{Critic}}(\theta_v') \tag{6-1}$$

其中：共有 M 个子任务，对应 M 个子任务的策略网络，θ_i' 代表每个策略网络 $i(1 \le i \le M)$ 的参数，θ_v' 为评价网络的参数；$L_{\text{Actor}}(\theta_i')$ 为子策略网络 i 的损失函数；$L_{\text{Critic}}(\theta_v')$ 为评价网络的损失函数。不同于原始的 A3C 算法，一次转换的系统状态并不用于所有参数的训练，而是仅用于训练与这次任务调度相关的策略网络及评价网络参数。与一般的多任务学习相比，MDTS 中所有子任务只有一个相同的目标，即为某个任务（多个并行子任务组成）安排最合适的服务器分配方案，从而尽可能缩短整个任务的执行时间，同时兼顾其他调度指标。因此，系统未设计每个策略网络输出的特定回报，系统的即时回报将用于训练所有子任务的策略网络参数。

通过对状态空间、动作空间和神经网络架构的特殊设计，MDTS 具备了调度任务的可扩展性。对于状态空间，如果子任务的数量小于 M，则所有缺失任务的输入数据长度等信息均设为 0。而对于动作空间，如果子任务的数量小于 M，则直接丢弃对应输出的动作。当训练所有神经网络时，一组数据（组内所有任务的子任务数量一致）只用于训练与此任务调度相关的评价网络和策略网络的参数。这种结构的优点是它可以适应各种有不同子任务数量的任务调度。当然，这种结构也存在一定的缺陷，即系统必须保证每项任务的子任务数量不超过某个固定值。MDTS 在一定程度上解决了输出结构可扩展性问题，对于神经网络来说，输入数据的可扩展性同样影响 DRL 的应用。目前，研究者仍然在尝试寻找一种更好的可扩展任务调度方案。

在评估 DRL 时，有一些重要的特性需要考虑，比如计算复杂度和采样复杂性。首先，MDTS 在线计算复杂度较低，其计算复杂度与每个决策时期的输出节点数（计算节点数乘以子任务数）成正比，这对于计算系统较为合理。样本复杂度衡量算法达到最佳表现时的时间步长，是学习一种良好策略所需的经验量，是 DRL 需要受关注的度量。MDTS 采用多任务学习思路改进了 DRL，有助于降低样本复杂度[4]。

总结而言，MDTS 采用基于 DRL 的调度方法，可以仅凭自身的经验而不是精确的数学模型来学习如何将并行任务分配到合适的分布式计算节点。同时，MDTS 改进了 DRL 的神经网络结构，增加了多个输出分支，考虑了并行任务之间的资源竞争，并实现了并行任务的精细调度，取得了良好的调度效果。

6.2 基于有向无环图的任务调度

随着云计算技术的快速发展，越来越多的复杂工作流被迁移到云计算系统（简称"云系统"）中处理。复杂工作流通常由相互依赖的多个任务组成，可用有向无环图（Directed Acyclic Graph，DAG）表示。云系统采用分布式架构，具有丰富的多种计算资源，用于完成数据处理和计算任务，但通常包含一些异构性能的计算节点。因此，为了充分利用分布式系统中的计算资源，提高用户访问资源的满意度以及资源调度的公平性，需要对分布式异构环境下的复杂工作流任务调度问题进行研究。本节主要围绕分布式异构环境中的任务调度问题，以边缘计算、云计算以及数据处理集群为场景，介绍基于深度强化学习技术的具体应用方法。

6.2.1 分布式系统任务模型

异构资源的分布式系统中，任务执行模式一般可以分为两种类型。第一是非同步模式，即任务集被拆分为多个独立的任务，各个任务之间互不影响，不需要互相等待执行结果；第二是协作模式，即任务集被拆分为有依赖关系的任务，各个任务在执行中需要等待其他任务的执行结果，前后之间有依赖关系的任务中，后一个任务必须等待前面任务执行完成后才能开始执行。

目前，协作模式的应用程序中，多个任务可由 DAG 对其依赖关系进行建模。相较于传统的链式结构，DAG 可以表示更为复杂的任务关系，包括任务处理时间以及任务间的数据传输量。工作流的任务示例如图 6-4 所示。在图 6-4（a）中，DAG 中的节点（以圈表示）对应着工作流中的一个任务（如 T1～T9），节点间的有向边代表任务之间存在控制或者数据依赖关系，有向边的权重表示任务之间的通信开销。图 6-4（b）中，由于不同服务器的性能存在差异，对同一任务的执行时间不同。例如，任务 T1 在服务器 1 中执行时间为 10 个单位时间，而在服务器 2 中执行时间为 54 个单位时间。

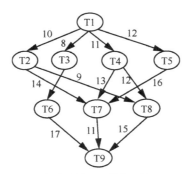

(a) 应用的DAG结构示例

任务	服务器1	服务器2	服务器3
T1	10	54	23
T2	30	36	64
T3	25	46	46
T4	43	63	32
T5	54	24	64
T6	15	46	43
T7	35	34	54
T8	34	46	23
T9	36	12	45

(b) 任务之间数据依赖的关系

图 6-4 工作流的任务示例

DAG 模型可由图 $G = \{V, E\}$ 表示，其中：V 表示节点集合，即任务集 $V = \{v_1, v_2, \cdots, v_n\}$，$n$ 表示任务总数；E 表示有向边集合，每个有向边连接两个任务节点，$E = \{e_{i,j} \mid e_{i,j} = <v_i, v_j> e_{i,j} \in V \times V\}$。如果 $e_{i,j} \in E$，则表示任务 v_i 和任务 v_j 之间有约束关系，任务 v_j 必须在任务 v_i 完成之后才能开始运行。DAG 中每条边上的数字表示通信开销（如时间），用 $c_{i,j}$ 表示任务 v_i 和任务 v_j 在不同处理器上处理时所需要的通信开销，$C = \{c_{i,j} \mid e_{i,j} \in E, c_{i,j} > 0\}$ 表示整个 DAG 的通信开销。

6.2.2 边缘计算任务调度

边缘计算的广泛应用，使网络应用能够下沉到边缘执行，同时，终端应用也可卸载到边缘计算平台中执行。边缘计算环境通常由终端、多个分布式计算服务器（简称"边缘服务器"）以及云系统组成，天然具有分布式计算特点，因此非常有必要研究边缘计算的复杂任务调度算法。采用 DAG 来表示边缘计算任务的复杂结构，DAG 中的顶点表示边缘计算环境中的任务，而边表示任务之间的依赖关系。由于边缘计算环境的节点性能有限且异构性更强，同时，任务请求难以预测，要保证复杂 DAG 任务调度的全局优化，针对边缘计算环境中的复杂任务请求调度过程需要更加智能的解决方案。

Zhang 等[5]提出了一种针对边缘计算的在线任务调度优化方法——增量式学习任务分配策略，目标是最小化系统的时延和能耗，并满足并发请求之间的时间约束。该调度过程可建模为马尔可夫决策过程，并采用 TD 算法来学习每个决策阶段的最优任务分配策略。

① 建模：将在线调度机制建模为 MDP，将并发请求的内部时间约束、网络负载和边缘服务器的处理器占用情况等作为系统状态。回报函数以提高决策效率为目标，旨在降低系统的时延和能耗，同时提高任务请求的完成质量。

② 系统状态：使用三元组将系统状态描述为式（6-2）的形式。

$$s(t) = <\mathrm{CP}_i^t, L_{i,j}^t, \mathrm{RT}_t>_{i,j \in N} \tag{6-2}$$

其中：t 为执行决策的时刻，即强化学习的时间步；i、j 为边缘服务器序号；CP_i^t 可表示为 $1 \times N$ 矩阵中的元素，代表边缘服务器的空闲时间点；$L_{i,j}^t$ 表示 $N \times N$ 矩阵中的元素，代表相应两台边缘服务器之间的网络传输空闲时间；RT_t 表示在当前时间段可以执行的任务集合。系统状态 $s(t)$ 示意[5]如图 6-5 所示，ES_k 表示第 k 个边缘服务器，TC 表示任务之间的时间约束。

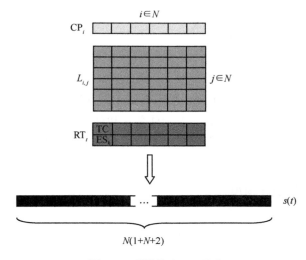

图 6-5　系统状态 $s(t)$ 示意

③ 动作空间：在每个时间段内，系统会将一组子任务 RT_t 分配给相应的边缘服务器。边缘服务器可以选择接受或不接受该子任务。这一过程可用长度为 N 的二进制序列表示，但这种表示方法无法显示对应边缘服务器的资源分配情况。因此，

定义任务队列的最大长度,设为 R^{max},如果 $R^{max} > N$,一个或多个边缘服务器被分配到多个子任务。如果一个被分配的任务不能立即执行,会在下一个可用的时间段重新分配。由此,设定 $R^{max} = N$,即边缘服务器最多分配给一个任务。t 时刻动作空间为 $a(t) = \{ES_i\}, i \in N$,是所有边缘服务器的排列组合。

④ 状态转移函数:由当前系统状态 s_t 和动作 a_t 决定,即在当前系统状态下执行动作,转移到下一个状态 s_{t+1} 的概率。

⑤ 回报:边缘计算的协作任务调度通常可以设计为多目标优化问题,目标包括满足用户请求的内部时间约束,并实现最小化系统中的长期运行成本。如果一个任务在其时间约束前完成,则为正收益,否则为负收益。系统成本主要包含时延和能耗两个部分。对于一个长期运行的系统来说,关注系统在长时间内的平均成本比关注短时间内的最低成本更为现实。

系统状态空间无法穷举所有情况,因此我们可以采用线性近似的方法,得到各状态下值函数的参数化函数形式。同时,为了保证系统的长期回报最大化,采用随机梯度下降(Stochastic Gradient Descending,SGD)法对值函数的参数进行优化。具体地,可以采用线性动作-值函数逼近的 TD 方法进行学习,并采用随机梯度下降法更新网络。设置两个步长大小的参数为 α 和 β,α 被设置为更新网络的 TD 误差,β 被设置为更新平均回报,不设置折扣因子 γ,探索概率设置为 ε,每一步决策中,算法都会输出最优的 Q 值网络。SGD 法的目标是找到一组参数 ω,使近似值函数和真值函数之间均方误差最小。

6.2.3　云计算的任务调度

云计算包括各类云计算平台与数据中心,其内部是具有众多计算节点的分布式计算环境。云计算中的计算节点简称为云服务器。此外,可协作的云计算平台之间以及地理位置分散的数据中心也是典型的分布式计算环境,跨平台或跨数据中心的计算节点也可视为通信代价较大的云服务器。针对云计算的任务调度,任务调度系统架构如图 6-6 所示,同样可将其建模为 DAG,并利用深度强化学习的任务调度算法,将具有数据依赖关系或不同优先级的任务动态调度到云服务器上,以最小化任务执行时间。例如,Dong 等[6]采用深度 Q 网络(DQN)进行任务调度,同时考虑了任务复杂性和云计算环境的高维性。

DQN 利用深度神经网络估计带参数的动作-值函数,以解决高维状态空间的拟合问题。文献[6]采用两个具有相同网络结构的神经网络作为目标 Q 网络和评价 Q 网络。每个神经网络输出的动作分布,即为选择动作的概率。在每次迭代中,通过最小化损失函数来优化 Q 网络的参数更新。损失函数定义如式(6-3)所示。$L(\theta_i)$ 为迭代第 i 步的损失函数,θ_i 为深度神经网络参数。

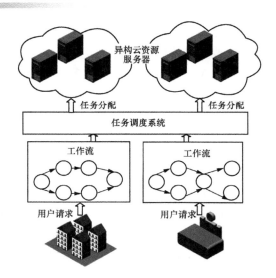

图 6-6　任务调度系统架构

$$L(\theta_i) = \mathbb{E}_{s,a,r,s'}\left[\left(y_i - Q(s,a \mid \theta_i)\right)^2\right] \tag{6-3}$$

其中，y_i 是目标动作−值函数，基于目标 Q 网络输出的动作分布生成，如式（6-4）所示。

$$y_i = r_i + \gamma \max_{a'} Q(s',a \mid \theta_i'') \tag{6-4}$$

评价 Q 网络的所有参数在迭代第 i 步时为 θ_i，并且在每次迭代时都会得到更新。θ'' 是来自目标 Q 网络的参数，这些参数是固定的，只有每隔一定数量的步骤才会更新 θ''。$\gamma \in (0,1)$ 是折扣因子，决定了长期回报的权重设计。

基于 DQN 的任务调度流程如图 6-7 所示。每次迭代，对任务的工作流进行升序排序，确定任务的调度顺序，排序值最小的任务第一个被调度。依据该节点的任务在所有服务器中的平均计算成本进行排序，由工作流出口节点开始计算，向上遍历计算得到所有节点的排序值。DQN 的初始化状态空间中，所有服务器为空。每次决策分配一个任务，一轮训练后，完整工作流中的所有任务都分配在服务器上。对于每个任务，探索概率为 ξ，以贪婪策略，按概率 $1-\xi$ 选择最优值对应的服务器分配任务，以概率 ξ 随机选择动作。执行所选动作后获得系统回报，并转移到下一个状态。每一步的观察值，如 t 时刻 $<s',a',r',s'>$ 存储于经验回放池中。当经验回放池的观察数超过容量时，则对存储的先前观察值进行随机采样，以采用 Mini-batch（小批量样本）计算动作−值函数，并利用随机梯度下降法更新 Q 网络中的参数 θ。

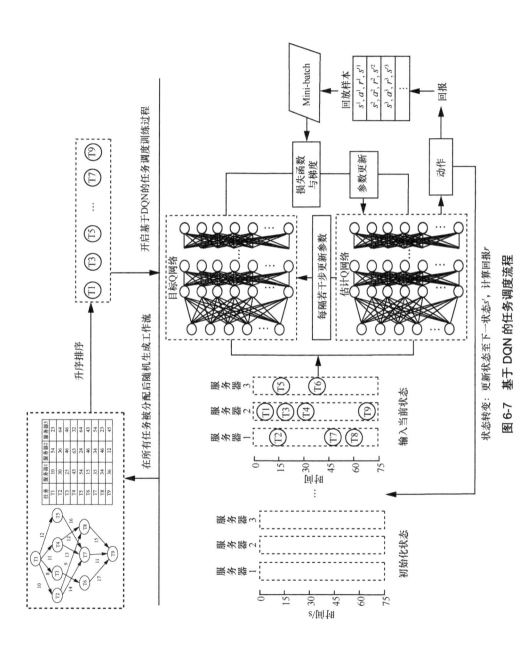

图 6-7　基于 DQN 的任务调度流程

6.2.4 数据处理集群的任务调度

我们生活在一个数据爆炸的时代,高效的数据处理是众多人工智能和数据分析应用的基础。通常,大数据处理在支持分布式计算的集群内完成,采用 Hadoop、Spart 等框架。在分布式计算集群上高效地调度数据处理任务需要较为复杂的算法。一个好的调度策略可以将任务紧密地打包以减少碎片化,并根据用户感知的时延等高级指标来确定任务的优先级,避免低效设置。当前的集群调度器依赖于启发式方法,优先考虑通用性、直观性和实现难度,实现整个系统的最佳性能。

数据处理系统和查询编译器,都会创建 DAG 结构的任务,这些任务由输入输出依赖关系连接的多个处理阶段组成,数据处理集群 DAG 结构任务[7]如图 6-8 所示。对于集群中常见的重复性任务,可估计其运行时间和中间数据大小,从而进行合理的任务调度。然而,大多数集群调度器在决策中存在诸多问题,如依赖于粗粒度的公平共享、僵硬的优先级以及需要手动调整任务的并行性等,很大程度上忽略了丰富、容易获得的任务结构信息。设计能够合理利用这些信息的调度算法具有较大难度。例如,大规模具有依赖关系的任务调度中,任务 DAG 有几十个或几百个阶段,且各个任务在复杂的依赖结构中具有不同的持续时间和并行任务数量。理想的任务调度算法能确保相互独立的任务尽可能地并行执行,如果有可用的资源,任何阶段都不会因为依赖关系而产生阻塞。要保证这一点,需要调度算法理解依赖结构并提前做好调度规划。

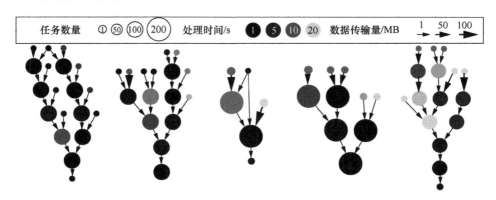

图 6-8 数据处理集群 DAG 结构任务

Mao 等[7]发表了 DAG 结构的任务调度通用框架 Decima,针对具有依赖关系的数据处理任务提供通用调度服务。根据任务依赖关系,将 DAG 划分为多个调度阶段。首先,设计一个可扩展的神经网络,处理任意形状和大小的 DAG,并为每个任务设置有效的并行水平,对 DAG 阶段进行调度;其次,设计一套 RL 训练方法,使调度器可以处理无约束的随机任务到达序列；最后，基于 RL 设计调度器 Decima 调度复杂的数据处理任务，并在没有人工输入的情况下学习集群特定负载情况下的调度策略。研究者在模拟和真实的 Spark 集群中对 Decima 进行了评估，发现 Decima 表现优于先进的启发式方法。

　　具体而言，Decima 将调度器设计为一个可自主决策的智能体，该智能体用神经网络作为策略网络。调度事件由某个 DAG 阶段完成（释放了执行资源）或者一个新任务到达（增加了一个 DAG 节点）触发，智能体将集群的当前状态作为输入，并输出一个调度动作。系统状态捕获了调度器队列中的 DAG 和任务执行节点的状态，而智能体的动作是任务执行节点在任何给定时间内工作的 DAG 阶段。Decima 通过离线仿真训练神经网络，每次尝试调度一个任务，执行动作后为 RL 智能体提供回报。系统回报则根据 Decima 的调度目标设置，RL 利用这个回报信号来逐步改进调度策略。

　　Decima 的 RL 框架如图 6-9 所示。该框架具有较好的通用性，可以应用于各种系统和优化目标。Decima 的设计主要解决了 3 个挑战：状态信息的可扩展处理、调度决策的有效动作编码以及连续随机任务到达情况的 RL 训练。

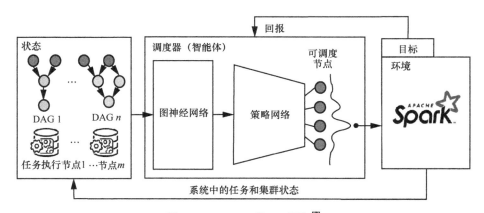

图 6-9　Decima 的 RL 框架[7]

　　首先，系统中有成百上千的任务 DAG，每个 DAG 有几十个阶段，每个任务执行可能处于不同的状态。因此，调度器根据系统中的大量动态信息进行调度决策。由于神经网络通常使用固定大小的输入，无法通过神经网络直接处理不同结构的 DAG 信息。Decima 使用图神经网络实现了可扩展性，将状态信息（如任务的阶段属性、DAG 依赖结构等）编码到一组嵌入信息中。Decima 使用图神经网络实现可扩展性示意如图 6-10 所示。利用图嵌入方法，基于定制化的图卷积神经网络，将任务 DAG 作为输入，使其节点携带一组阶段属性（如剩余任务数、预期任务持续时间等），输出 3 种不同类型的嵌入。

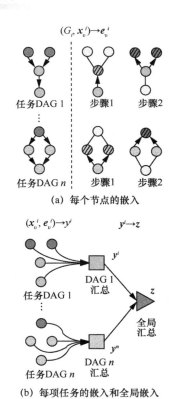

图 6-10　Decima 使用图神经网络实现可扩展性示意[7]

- 每个节点的嵌入，用于捕捉有关节点及其子节点的信息，例如，包含从节点开始的关键路径上的汇总工作。
- 每项任务的嵌入，用于汇总整个任务的 DAG 信息。
- 全局嵌入，用于将所有任务的嵌入信息合并为集群级的摘要，可包含任务数量和集群负载。

① 每个节点的嵌入。给定有向无环图 G_i 中节点 v 对应的阶段属性为向量 $\boldsymbol{x}_v^i$，Decima 为每个节点建立一个嵌入表示 $(G_i, \boldsymbol{x}_v^i) \rightarrow \boldsymbol{e}_v^i$，$\boldsymbol{e}_v^i$ 可表示从节点 v 到所有可达节点的信息。为了计算 $\boldsymbol{e}_v^i$，Decima 从 DAG 的叶子节点开始，以一连串的信息传递步骤将信息从子节点传递到父节点。在每个信息传递步骤中，其节点 v 聚合了其所有子节点的信息，即图 6-10（a）中所示的阴影节点。

② 每项任务的嵌入和全局嵌入。图神经网络计算出 G_i 的所有节点嵌入的摘要，即 $\{(\boldsymbol{x}_v^i, \boldsymbol{e}_v^i), v \in G_i\} \rightarrow \boldsymbol{y}^i$，以及所有 DAG 的全局摘要，即 $\{\boldsymbol{y}^1, \boldsymbol{y}^2, \cdots\} \rightarrow \boldsymbol{z}$。为了计算这些嵌入，Decima 在每个 DAG 中添加了一个摘要节点，将 DAG 中的所有节点作为子节点，如图 6-10（b）中的正方形表示 DAG 1 汇总到 DAG n 汇总。这些

DAG 级的摘要节点又是一个全局摘要节点的子节点，如图 6-10（b）中的三角形表示全局汇总。

其次，对调度决策进行编码，调度器必须将潜在的数千个可运行阶段映射到可用的执行节点。这一指数级的映射空间，需要 RL 在训练过程中进行有效探索，以学习到更具优势的调度策略。文献[7]对调度决策进行编码，以处理大型动作空间的学习和计算复杂性。

① 调度事件。当任何任务的 DAG 中有可运行阶段发生变化时，触发 Decima 的智能体进行调度决策。可运行的阶段是指父阶段已经完成并且至少有一个等待任务的阶段。3 种情况将触发调度事件：DAG 中所有阶段的任务已经完成（即不需要更多的执行者）；一个阶段完成，并解锁了一个或多个子阶段的任务；一个新的任务到达系统。

② 阶段选择。图 6-11 所示为 Decima 的策略网络。对于时间 t 的一个调度事件，状态为 s_t，策略网络选择一个阶段进行调度。对于任务 i 中的节点 v，计算一个分数 $q_v^i \triangleq q(e_v^i, y^i, z)$，其中 $q(\cdot)$ 是一个评分函数，它将嵌入信息映射到一个标量值。与嵌入步骤类似，评分函数也是利用非线性的神经网络实现的。得分 q_v^i 代表调度节点 v 的优先级，Decima 使用 Softmax 运算，根据优先级得分计算选择节点 v 的概率。

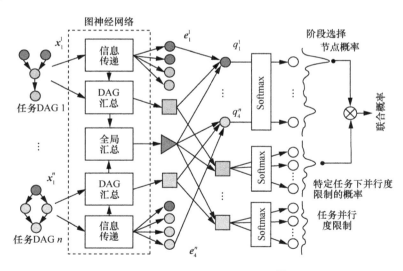

图 6-11　Decima 的策略网络[7]

③ 并行度选择。现有一些调度器为每个任务设置了静态的并行度，例如，Spark 默认将执行节点的数量作为任务提交时的一个命令行参数。Decima 每次为任务进行调度决策时，将调整任务的并行度，并随着任务执行的不同阶段（如可运行或完

成执行）改变并行度。对于每个任务 i，Decima 的策略网络使用得分函数 $W(\cdot)$ 计算出一个得分 $w_l^i \triangleq w(y^i, z, l)$，用于将并行度限制 l 分配给任务 i。与阶段选择类似，Decima 使用 Softmax 运算来计算选择各个并行度限制 l 的概率。

最后，Decima 以调度期为决策周期训练 RL 模型。每个调度期由多个调度事件组成，每个调度事件包括一个或多个动作。令 T 为一个调度期中的动作总数（T 可以在不同的调度期中变化），t_k 是第 k 个动作的时间。为了指导 RL，Decima 根据调度目标，在执行每个动作后给智能体一个即时回报 $r_k = -(t_k - t_{k-1})J_k$，其中 J_k 是 $[t_k, t_{k-1})$ 时间内系统中的任务总数。RL 的目标是在调度期内最小化惩罚的预期时间平均值 $\mathbb{E}\left[1/t_T \sum_{k=1}^{T}(t_k - t_{k-1})J_k \right]$。该目标使系统中的平均任务数最小化，因此，根据利特尔法则（Little's Law），可有效地最小化平均任务完成时间（Job Completion Time，JCT）。Decima 使用策略梯度算法训练 RL 模型，利用训练过程中观察到的回报，以梯度下降的方式更新神经网络参数。

Decima 验证了使用深度强化学习自动学习复杂的集群调度策略的可行性，且可以学习到具有灵活性和高效性的调度策略。Decima 的图嵌入技术和相应的训练框架，同样适用于其他处理 DAG 任务的系统（如查询优化器）。

6.3　混合任务调度

目前，网络中的业务和应用在运行时对不同资源的需求以及执行任务的种类存在差别，可以将任务分为 3 类：计算密集型任务、IO 密集型任务和数据密集型任务。其中，计算密集型任务的特点是要进行大量计算，消耗 CPU 资源，对 CPU 的运算能力要求较高；IO 密集型任务主要是指涉及网络、磁盘 IO 的任务，主要特点是 CPU 消耗少，占用率低，任务的大部分时间都在等待 IO 操作完成；数据密集型任务需要处理大量快速变化的数据，而且这些数据往往是分散和异构的。数据密集型任务具有如下特点：相互独立的数据分析处理任务可以分布到集群系统的不同节点上运行；具有高度密集的海量数据 I/O 吞吐需求；大部分数据密集型应用都有数据流驱动的过程。本节主要针对计算密集型任务与数据密集型任务混合的应用场景，以满足任务调度的 QoS 需求和资源高效利用为目标，介绍基于 Q-learning 的多智能体强化学习算法[8]。

6.3.1　多类型任务调度

云计算平台架构可由信息服务器、任务调度器和虚拟机集群组成，具有多集群的云计算平台如图 6-12 所示。门户连接终端用户和云计算平台，终端用户通过门户提交任务请求。信息服务器存储用户、任务与资源信息。任务调度器将用户的任务请求分配到某个虚拟机集群。虚拟机集群由多个虚拟机实例组成，虚拟机实例具有可分配的资源，如 CPU、内存和带宽，用于处理用户提交的任务。每个虚拟机的可分配资源不同，并且每个用户任务的 QoS 和成本也不同。

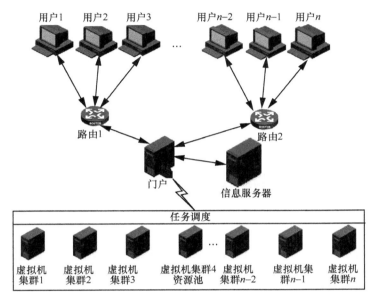

图 6-12　具有多集群的云计算平台

针对多类型混合的任务调度，将云计算平台中的任务描述为 4 元组 $J_i <$ Instruction, Size, Deadline, Arrival $>$，其中 4 个属性分别表示任务指令的数量、任务输入和输出数据的大小、任务的执行期限以及任务到达时间。特别地，对于计算密集型任务，将其输入和输出数据的大小设置为 0。在任务调度过程中，前后时刻系统的状态是相关联的，因此，可将任务调度问题建模为马尔可夫决策过程，并采用 Q-learning 方法作为优化调度方案。

云计算环境中虚拟机和用户任务的数量非常多，带约束的任务调度通常是一个 NP 难问题（NP-hard problem），采用多智能体并行强化学习可加速任务调度。基于多智能体并行强化学习的调度架构如图 6-13 所示。每个智能体都采用 Q-learning 算法学习调度方案，当一个调度期结束后，得到一个次优策略；各智能体根据调度运行结果自行更新 Q 表格。通过策略估计模型估计各智能体策略的性能，得到全局最优策略，并由最优策略更新每个智能体的 Q 表格。

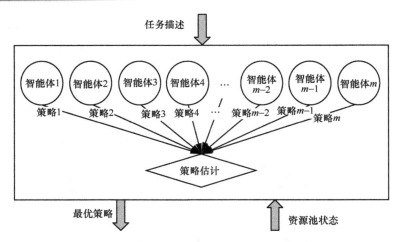

图 6-13　基于多智能体并行强化学习的调度架构

多智能体并行强化学习架构中，重新设计了智能体和其内部结构，RL 智能体的内部结构如图 6-14 所示。每一个智能体的动作根据规则库设定，其中包括数据基础（存放用户数据）、规则基础（存放任务调度的历史规则）、Q 表格以及从其他智能体处迁移的知识。该方法可以利用并行的多个智能体，有效地平衡 RL 的探索和利用，有利于学习到最优策略。

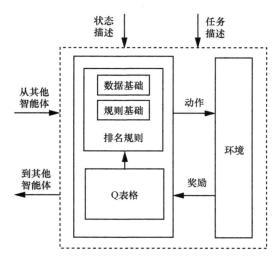

图 6-14　RL 智能体的内部结构

以上方法针对计算密集型任务与数据密集型任务混合的应用场景，设计了基于 RL 的任务调度方案，利用强化学习在动态复杂环境中自我适应和自我调整的机制，实现了对云计算平台中虚拟机资源的高效利用，优化了资源约束下的任务执行时间。

6.3.2　任务调度相关的联合优化

任务调度问题与资源利用率紧密相关，但通常还涉及能耗控制、流量控制等其他问题，有必要将任务调度与相关的控制问题进行联合优化。例如，云计算、大数据分析和机器学习等领域的快速发展，数据中心的能耗大幅增长。典型的数据中心由负责处理任务请求的信息系统以及负责保持数据中心运行环境的冷却系统组成，如图 6-15（a）和图 6-15（b）所示。由于信息系统与冷却系统相互制约，长期处于动态变化中，有必要通过联合优化任务调度与制冷控制来提高数据中心的能源效率。

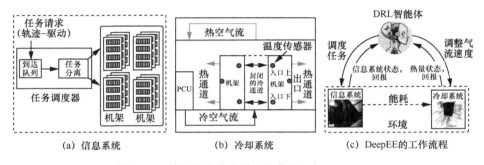

(a) 信息系统　　　　　(b) 冷却系统　　　　　(c) DeepEE的工作流程

图 6-15　基于深度强化学习的优化框架 DeepEE

Ran 等[9]提出了一个基于深度强化学习的优化框架 DeepEE，如图 6-15 所示，联合优化信息系统任务调度和制冷系统控制，以提高数据中心的能源效率。DeepEE 遵循一般的智能体与环境交互模型，由 DRL 智能体和数据中心环境组成。

① 信息系统。数据中心的信息系统包含机架、服务器等硬件设备，以及相关的管理软件（如任务调度器）。如图 6-15（a）所示，数据中心内通常有若干排服务器机架，每个机架包含一组服务器，每台服务器有单核或多核处理器。一个机架中的所有服务器共享同一个电源装置。数据中心的信息系统为用户的任务请求提供服务，如高性能计算。

② 冷却系统。冷却系统是指在数据中心内设置冷却设备，对活动服务器产生的热量进行散热。如图 6-15（b）所示，数据中心为风冷式数据中心，采用抬高地板送风、天花板回风的结构。为了防止再循环效应，采用了冷通道密闭技术。冷却设备为精密冷却装置（Precision Cooling Unit，PCU），由 PCU 提供的冷气流（黑色箭头）穿过高架地板羽管，通过穿孔砖（在冷通道下方的地板上）来到封闭的冷通道。然后，冷气将被机箱风扇抽入机架，并带走机架服务器产生的热量。最后，热空气将被排向热通道，并由 PCU 从数据中心机房中抽出，移至室外环境。

③ DRL 智能体。如图 6-15（c）所示，DRL 智能体为信息系统（如调度任务）和冷却系统（如调整气流速度）提供优化的控制策略。通过训练深度神经网络，得到深度 Q 学习的"状态-动作"对 (s,a) 和相应值函数 $Q(s,a)$ 之间的相关性，以表示最大化的预期累积回报。智能体根据预期累积回报选择执行的动作。

④ 工作流程。DeepEE 的工作流程如图 6-15（c）所示。DRL 智能体与数据中心环境（包括信息系统和冷却系统）之间的交互是一个连续的过程。每个决策时间 t，智能体根据数据中心当前状态 s_t 做出决策，然后数据中心接收到该决策并执行相应的动作。之后，更新数据中心的状态为 $t+1$ 时刻的新状态 s_{t+1}，s_{t+1} 将被转移到 DRL 智能体，以进行未来的决策。DRL 智能体从环境获得即时回报 r_t。

任务调度与制冷控制问题的状态空间与动作空间的复杂性较高，两者联合优化十分具有挑战性。基于上述系统架构，文献[9]提出了针对 DeepEE 框架的参数化动作空间 DQN（Parameterized Action Space DQN，PADQN）算法。将 DQN 与参数化动作空间结合，共同控制信息系统和冷却系统，并在 DeepEE 中引入双时标控制，可更有效地协调两个系统。

（1）参数化动作空间

将参数化动作空间的 MDP 应用到 DQN 算法中，提出 PADQN 算法，用于联合优化数据中心的任务调度和制冷控制。状态空间、动作空间和回报函数定义如下。

- 状态空间。状态由以下部分组成：候选任务 i 所需的 CPU 核数 c_i、气流速率 f、工作负载状态 s_{IT} 和温度状态 s_{THL}。形式上，状态表示为：$s = (c_i, f, s_{IT}, s_{THL})$。

- 动作空间。任务调度的动作 $k \in \left\{ 0, 1, \cdots, \sum_{n=1}^{N} M_n \right\}$，其中 k 是一个整数，表示所选服务器的索引，M_n 表示第 n 排服务器的数量，共有 N 排服务器。调整气流速率的动作为 $x = (x^1, x^2, \cdots, x^J)$。动作可以表示为 $a = (k, x)$。

- 回报函数。将 DRL 智能体收到的即时回报定义为 $r = r_0 - \Gamma - \beta_3$，其中，$r_0$ 是一个大的常数，可以确保回报是一个正值，β_3 是无效行动的惩罚，Γ 是需要被最小化的能耗成本，下面将给出其具体定义。

考虑系统能耗、散热与任务执行效率，DeepEE 设定目标为优化能耗效率（Power Usage Effectiveness，PUE）指标，保障服务器不过热并进行任务负载均衡。PUE 的定义如式（6-5）所示，P_{IT} 为信息系统的能耗，P_{Cool} 为冷却系统的能耗，其值越小能耗率越好。

$$\text{PUE} = (P_{IT} + P_{Cool}) / P_{IT} \tag{6-5}$$

能耗成本 Γ 可以定义为式（6-6）的形式。

$$\Gamma = \mathrm{PUE} + \beta_1 \frac{1}{N} \sum_{n=1}^{N} \ln\left(1 + \exp\left(T_o^n - \phi_T\right)\right) +$$

$$\beta_2 \frac{1}{N} \sum_{n=1}^{N} \frac{1}{M_n} \sum_{k=1}^{M_n} \ln\left(1 + \exp\left(u_k - \phi_u\right)\right) \tag{6-6}$$

其中：$\ln\left(1 + \exp\left(T_o^n - \phi_T\right)\right)$ 是对于第 n 排服务器过热的惩罚项，T_o^n 是第 n 排机架的排气温度，ϕ_T 是排气温度阈值；$\ln\left(1 + \exp\left(u_k - \phi_u\right)\right)$ 是对于服务器 k 过载的惩罚项，u_k 是服务器利用率，ϕ_u 是服务器利用率阈值；β_1 和 β_2 是平衡两个惩罚项的系数。

（2）双时标控制

PADQN 算法中引入了一个双时间尺度的控制机制[9]（称为双时标控制），以联合优化任务调度和制冷控制。该算法具有以下特性：① 决策时可进行交互；② 分别使用两个不同的时间尺度来控制这两个系统。对于第一个特性，以 ω 为动作空间的参数，即策略网络 $x_k(s; \omega)$ 的输出（即调整气流速率的连续动作）被输入以 θ 为参数的 Q 网络 $Q(s, k, x_k, \theta)$ 中，然后 Q 网络输出 $|K|$ 个动作值，表示服务器 k 是否被选择，智能体选择价值最大的动作进行任务调度。此外，工作负载状态和热状态都作为这两个神经网络的输入。与 DQN 的训练类似，目标值以 y_t 表示。

$$y_t = r(s_t, a_t) + \gamma \max_k Q\left(s_{t+1}, k, x_k(s_{t+1}; \omega_t); \theta^-\right) \tag{6-7}$$

其中，θ^- 是目标网络 Q' 的参数。利用梯度下降法第 t 次迭代更新 Q 网络的参数，损失函数设计为式（6-8）所示。

$$L_t(\theta) = [y_t - Q(s_{t+1}, k_t, x_{k_t}; \theta)] \tag{6-8}$$

根据 $L_t(\theta)$ 与 y_t 可计算梯度 $\nabla_\theta L_t^Q(\theta)$。策略网络 $x_k(s; \omega)$ 的参数 ω 可按照式（6-9）更新。

$$\nabla_\omega J = \mathbb{E}\left[\nabla_\omega x_k(s; \omega)\big|_{s=s_t} \nabla_x Q(s, k, x_k(s; \omega); \theta)\big|_{x=x_k(s_t; \omega), s=s_t}\right] \tag{6-9}$$

对于第二个特性，在信息系统的每一个决策时间点 t 和冷却系统的每一个决策时间点 t_{Cool} 进行决策。这里引入一个时间因子 t_f 表示系统的时间状态。如果决策时间 t 等于 t_{Cool} 的整数倍，则 $t_f = 1$，否则，$t_f = -1$，如式（6-10）所示。

$$t_f = \begin{cases} 1, & t = d t_{\mathrm{Cool}}, d \in \mathrm{R} \\ -1, & \text{其他} \end{cases} \tag{6-10}$$

其中，t_f 被用作策略网络 $x_k(s; \omega)$ 和 Q 网络 $Q(s, k, x_k, \theta)$ 的输入。在环境方面，为了促使 DRL 智能体在一个调度期内对冷却系统做出最优决策，如果 $t_f = -1$，且冷却动作 $x \notin \{z \mid -x_{\mathrm{tf}} < z < x_{\mathrm{tf}}\}$，则会在回报中增加一个惩罚（即 β_3），其中 x_{tf} 是约束有

效冷却动作的阈值。根据上面的描述，DeepEE 框架的 PADQN 算法可以总结为算法 6-1。

算法 6-1　DeepEE 框架的 PADQN 算法

输入：随机分别用权重 θ、ω 初始化 Q 网络 $Q(s,k,x_k,\theta)$ 与策略网络 $x_k(s;\omega)$，使用权重 $\theta^- \leftarrow \theta$ 初始化目标网络 Q'，初始化经验回放池 R，设置探索概率 ε，小批量样本（Mini-batch）B，折扣因子 γ，目标网络更新速率参数 τ。

1: 获取初始化环境状态 s_1;

2: for t=1 to T

3:　　if 探索概率 ε;

4:　　　　选择一个随机动作 $a_t = (k_t, x_{k_t})$;

5:　　else

6:　　　　选择一个随机动作 $x_k \leftarrow x_k(s_t;\omega)$;

7:　　　　选择 k_t，其中 $k_t = \mathrm{argmax}_{k \in K} Q(s_t,k,x_k;\theta)$;

8:　　end if

9:　　选择 a_t，计算回报 r_t 与下一个环境状态 s_{t+1};

10:　　存储 $\{s_t, a_t, r_t, s_{t+1}\}$ 到 R;

11:　　从 R 随机选取 B 个样本：$\{s_j, a_j, r_j, s_{j+1}\}_{1 \le j \le |B|}$;

12:　　以式（6-7）计算 y_t;

13:　　计算随机梯度 $\nabla_\theta L_t^Q(\theta)$ 与 $\nabla_\omega J$;

14:　　更新网络 $Q(s,k,x_k,\theta)$ 与 $x_k(s;\omega)$ 的参数;

15:　　更新目标网络 $\theta^- \leftarrow \tau\theta + (1-\tau)\theta^-$，以速率变量 τ 控制;

16: end for

上述方法研究了高效节能数据中心的任务调度和制冷控制的联合优化问题。同时考虑信息系统和冷却系统来提高数据中心的能效，DeepEE 使用 PADQN 算法来联合优化信息系统的任务调度和冷却系统的气流速率控制。PADQN 算法采用参数化动作空间技术来解决混合动作空间问题，并采用双时间尺度控制方法，可以更准确有效地协调信息系统和冷却系统。

参考文献

[1]　ZHANG Z, ZHENG L, LI N, et al. Minimizing mean weighted tardiness in unrelated parallel machine scheduling with reinforcement learning[J]. Computers and Operations Research, 2012, 39(7): 1315-1324.

[2]　ZHANG L, QI Q, WANG J, et al. Multi-task deep reinforcement learning for scalable parallel

task scheduling[C]//IEEE International Conference on Big Data. Piscataway: IEEE Press, 2019: 2992-3001.

[3]　CARUANA R. Multitask learning[J]. Machine learning, 1997, 28(1): 41-75.

[4]　BRUNSKILL E, LI L. Sample complexity of multi-task reinforcement learning[C]//Proceedings of the 29th Conference on Uncertainty in Artificial Intelligence. [S.l.:s.n.], 2013.

[5]　ZHANG Y, ZHOU Z, SHI Z, et al. Online scheduling optimization for DAG-based requests through reinforcement learning in collaboration edge networks[J]. IEEE Access, 2020, 8: 72985-72996.

[6]　DONG T, XUE F, XIAO C, et al. Task scheduling based on deep reinforcement learning in a cloud manufacturing environment[J]. Concurrency and Computation: Practice and Experience, 2020, 32(11): e5654.

[7]　MAO H, SCHWARZKOPF M, VENKATAKRISHNAN S B, et al. Learning scheduling algorithms for data processing clusters[C]//Proceedings of the ACM Special Interest Group on Data Communication. New York: ACM, 2019: 270-288.

[8]　CUI D, PENG Z, LIN W. A reinforcement learning-based mixed job scheduler scheme for grid or IaaS cloud[J]. IEEE Transactions on Cloud Computing, 2017.

[9]　RAN Y, HU H, ZHOU X, et al. DeepEE: joint optimization of job scheduling and cooling control for data center energy efficiency using deep reinforcement learning[C]//39th International Conference on Distributed Computing Systems. Piscataway: IEEE Press, 2019: 645-655.

第7章
基于强化学习的流媒体控制

计算机系统中，多媒体通常包括文字、图片、声音、动画、影片和程序所提供的互动功能。流媒体是指成串的多媒体数据，经过网上分段发送数据，在网上即时传输以供欣赏的技术。此技术使得数据包可以像流水一样发送，不需在使用前下载整个媒体文件。流媒体传输技术可传送现场影音或预存于服务器上的影片，当观看者在收看这些影音文件时，影音数据在送达观看者的计算机后由特定播放软件播放。流媒体传输过程主要包括推流和拉流2个阶段。如图7-1所示，推流是指流媒体采集者推送视频流到流媒体服务器，拉流是指流媒体播放者从流媒体服务器拉取视频流。如今，实时交互式直播服务数量剧烈增长，也带来了一系列与流媒体控制相关的研究热点。

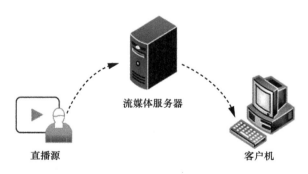

流媒体服务器

直播源

客户机

图 7-1　流媒体传输过程

7.1　超低时延的流媒体传输

7.1.1　超低时延的流媒体传输框架

基于 HTTP 的动态自适应流（Dynamic Adaptive Streaming over HTTP，DASH）已经成为可以提供高质量体验的一种通用流媒体传输框架。许多著名的网络视频方案，例如，微软平滑流媒体（Microsoft Smooth Streaming，MSS）[1]、超文本传输协议直播流媒体（HTTP Live Streaming，HLS）[2]、奥多比超文本传输协议动态流媒体（Adobe HTTP Dynamic Streaming，HDS）[3]和 Akamai HD[4]都采用了 DASH框架。在标准 DASH 框架中，每个视频被编码成多个离散比特率的视频流，每个视频流被分割成多个视频分段（Segment）。客户端视频播放器可以根据当前环境状态动态选择最优视频比特率进行视频播放。DASH 的传输单位是视频分段，其传输过程如图 7-2 所示。

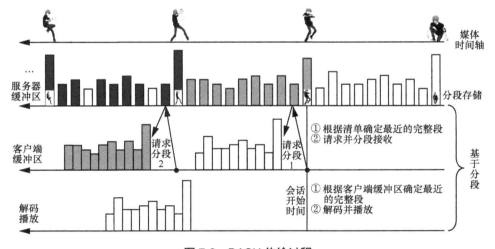

图 7-2　DASH 传输过程

DASH 传输过程的特点是：首先，整个视频分段需要被完全缓存在流媒体服务器中；其次，整个视频分段需要被完全下载到客户端缓存中；最后，客户端才能开始解码操作。因此，流媒体传输的端到端时延至少是 2 个视频分段的长度。一般来说，每个视频分段的长度是 2～8 s，因此端到端的传输时延至少是 4 s。另外，由于当前主流的传输和决策单位都是视频分段，并且仅可以在内部关键帧位置进行视频码率切换操作，而内部关键帧又位于视频分段的边界，码率的切换周期等于视频分段的长度，所以码率的切换周期至少是 2 s。由于网络吞吐量的变化无法预测，视频分段越长，自适应码率切换的效果就越差，用户体验也就越差。在 4G 网络时代，网络带宽资源仍然是流媒体传输体系设计最大的瓶颈。而随着 5G 的出现，核心矛盾已经从网络带宽资源与用户体验之间的矛盾转变为控制信令的开销和用户体验之间的矛盾。

为了降低端到端的传输时延，针对 DASH 框架出现了几种改进方法，首先介绍基于视频短分段[5-6]（Short Segment）的 DASH 改进方法，如图 7-3 所示。基于视频短分段的 DASH 改进方法通过插入内部关键帧的方式将长视频分段划分为视频短分段。因为端到端的传输时延至少为 2 个视频短分段的长度，且码率切换的周期至少是视频短分段的长度，所以基于视频短分段的 DASH 改进方法可以降低传输时延并且改善码率切换的及时性。然而，带来的代价是网络带宽和流媒体服务器资源的大量开销。

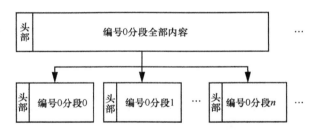

图 7-3　基于视频短分段的 DASH 改进方法示意

基于通用媒体应用格式（Common Media Application Format，CMAF）的 DASH 改进方法[7]采用分段编码的方式，将长视频分段划分为短的视频块（Chunk）。基于 CMAF 的 DASH 改进方法示意如图 7-4 所示，其中图 7-4（a）所示为 CMAF 的编码结构，图 7-4（b）所示的是无 CMAF 块封装的编码结构，图 7-4（c）所示的是有 CMAF 块封装的编码结构，该情况下的编码输出时间更短。在流媒体传输过程中，以视频分段为逻辑单位（码率决策、推流和拉流时控制信令处理单位），以视频块为实际的流媒体传输单位，通过 HTTP1.1 分段传输协议，可以使得端到端时延与视频分段的长度无关，而是至少为 2 个视频块的长度。码率切换的周期等于视频分段的长度。基于 CMAF 的 DASH 改进方法以牺牲网络带宽和控制信令开销为代价，可以降低端到端的传输时延，但无法解决码率切换周期过长的问题。

基于帧的 DASH 改进方法[8]将视频分段划分为帧，可以最大程度地降低端到端的传输时延。由于传输粒度更小，需要解决控制信令开销与用户体验之间的平衡。另外，客户端和流媒体服务器的缓存中一有数据就会立刻被传输，因此还需要解决高卡顿与高用户体验之间的矛盾。

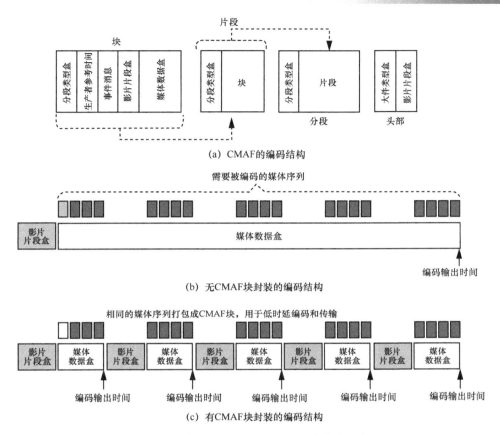

(a) CMAF的编码结构

(b) 无CMAF块封装的编码结构

(c) 有CMAF块封装的编码结构

图 7-4　基于 CMAF 的 DASH 改进方法示意

　　基于可变视频分段的 DASH 改进方法的数据传输过程如图 7-5 所示。上文提到基于视频短分段的 DASH 改进方法需要增加传输带宽和流媒体服务器的资源开销来降低传输时延并且提高码率切换效率，而基于 CMAF 的 DASH 改进方法可以通过增加控制信令开销以降低传输时延，但无法提高码率切换效率。综合二者的优势，可以构建基于可变视频分段的 DASH 改进方法。构建原则为低码率多划分，高码率少划分。视频码率切换点不再是以视频分段为边界，而是以一个固定的决策周期为边界。在每个子决策点，用户可根据当前的环境信息进行码率决策，然后将决策保存在流媒体服务器的触发器中。如果在下一个子决策周期内，被选码率出现视频短分段边界，则码率切换执行；否则，在下一个子决策点，触发器里的内容在没有执行的情况下会被直接覆盖直到触发。基于可变视频分段的 DASH 改进方法的特点是：通过可变视频分段长度机制、决策周期机制和触发器触发机制在低网络资源开销的基础上获取高的码率切换效率；逻辑上仍然是一个长视频分段，推流和拉流的控制信令仍然是基于长视频分段，可以大大地降低控制信令传输造成的时延开销。

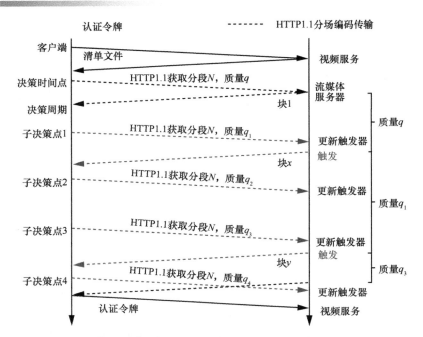

图 7-5　基于可变视频分段的 DASH 改进方法的数据传输过程

7.1.2　码率自适应算法

　　近年来，用户对于多媒体资源的消费模式发生了巨大的转变。从电视机上单一被动的消费非交互式内容到"随时随地，随想随看"的转变，为媒体生产者以及服务者带来了巨大的商机。伴随着这一转变的是无线设备和移动网络使用量的大幅增长。与此同时，用户对视频质量的要求也在不断提高。如果视频质量不够，用户可能会很快放弃视频会话，导致内容提供商的收入遭受重大损失。

　　码率自适应（Adaptive Bitrate Streaming，ABR）算法是内容提供商用来优化视频质量的主要工具之一。ABR 算法是依据当前环境采取的一种码率选择策略，其决策过程如图 7-6 所示。ABR 算法运行在客户端的视频播放器内，并动态地选择下一个时间段内视频块的比特率。ABR 算法根据各种观察结果（如估计的网络吞吐量和播放缓冲区占用率）做出决策，其目标是通过调整视频比特率以适应基础网络条件，从而最大限度地提高用户体验。然而，在网络复杂、动态的条件下，ABR 算法也面临着如下几个挑战。

　　① 网络条件会随着时间的推移而波动，在不同的环境下会有很大的差异。这使得自适应的码率选择变得复杂，因为不同的场景可能需要对输入信号进行不同的加权。例如，在时变的蜂窝链路上，吞吐量预测往往是不准确的，更无法预测网络

带宽的突然波动。不准确的预测会导致网络利用率不足（视频质量降低）或下载时延膨胀（重缓冲）。为了克服这个问题，ABR 算法必须在这些场景下优先考虑缓冲区占用率等更稳定的网络条件作为决策依据。

② ABR 算法必须平衡各种用户体验目标，如最大化视频质量（即最高平均比特率）、最小化卡顿事件（即客户端播放缓冲区为空的场景）、保持视频质量流畅性（即避免码率持续波动）。然而，这些目标本质上是相互冲突的。例如，在带宽有限的网络上，持续请求高码率的视频块，将最大限度地提高视频质量，但可能会增加视频卡顿的概率。相反地，在不同的网络上，选择网络在任何时候都能支持的视频码率，可能会导致频繁的视频质量波动，从而降低用户观看的平滑度。更复杂的是，不同用户对这些用户体验因素的偏好有很大差异。

③ 给定块的码率选择会对视频播放器的状态产生连带影响。例如，选择高码率可能会耗尽播放缓冲区，并迫使后续的视频块以低码率传输（以避免视频卡顿）。此外，当考虑视频平滑度时，当前的码率选择将直接响应下一时刻的码率选择决策，这使得 ABR 算法将不太倾向于改变视频码率。

④ ABR 算法的控制决策是粗粒度的，仅限于给定的视频码率选项。在控制决策过程中可能存在这样的情况：估计的吞吐量刚好低于一个视频码率，但远高于另一个可用视频码率。在类似情况下，ABR 算法必须决定是优先考虑更高的视频质量，还是优先考虑视频卡顿带来的风险。

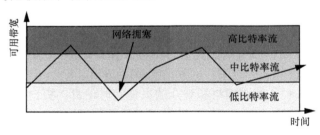

图 7-6　ABR 算法决策过程

目前，ABR 算法可以划分为以下 4 类。

① 基于缓存的 ABR 算法。客户端请求的视频码率仅仅根据当前客户端的缓存占用情况进行决策。这类算法的目标是保证客户端的播放缓存占总缓存空间的比例在一个合适的范围内，进而在客户端的视频卡顿和视频质量之间达到平衡。这种类型的算法包括基于缓存的算法（Buffer-Based Algorithm，BBA）[9]和基于缓存占用的李雅普诺夫算法（Buffer Occupancy based Lyapunov Algorithm，BOLA）。

② 基于吞吐量的 ABR 算法。客户端根据历史的网络吞吐量记录估计下一时刻的网络吞吐量，并以此为依据决策下一时刻请求的视频码率。这类算法包括：公平高效稳定自适应算法（Fair, Efficient, and Stable Adaptive Algorithm，FESTIVE）[10]、

跨会话状态预测器（Cross Session Stateful Predictor，CS2P）和具有探测和适应（Probe and Adapt，PANDA）能力的算法。

③ 基于质量的 ABR 算法。客户端使用历史网络吞吐量记录和当前的缓存占比联合预测下一时刻需要向流媒体服务器请求的视频码率。这类型的算法包括：模型预测控制（Model Predictive Control，MPC）[11]算法、鲁棒的模型预测控制（Robust Model Predictive Control）算法、增强型基于缓存占用的李雅普诺夫算法（Buffer Occupancy based Lyapunov Algorithm-Enhanced，BOLA-E）、带反馈的线性化自适应流控制器（Feedback Linearization Adaptive Streaming Controller，ELASTIC）和新型适应性和缓存管理的算法（New Adaptation and Buffer Management Algorithm，ABMA+）。

④ 基于强化学习的 ABR 算法。根据当前的环境状态信息使用强化学习算法训练一个神经网络，可以实现视频块在不同网络环境下的码率选择。这类算法包括：冥想盆（Pensieve）[12]、热点感知的 DASH（Hotspot-Aware DASH，HotDASH）[13]、视频质量感知的速率控制（Video Quality Aware Rate Control，QARC）[14]和视频码率自适应系统（Video Adaptation Bitrate System，Vabis）[8]。

前 3 类算法都是基于规则的 ABR 算法，需要不断地进行迭代并且不能泛化到不同的网络状况和多样的用户体验目标上，因此这些算法仅可以建立基于当前环境的码率选择模型。例如，MPC 算法的核心是刻画一个当前环境的最优用户体验。与使用固定规则的算法相比，MPC 算法可以执行得更好，但是其性能依赖于当前环境，对吞吐量的预测错误比较敏感。近来一些研究者也引入了新的强化学习方法来对 ABR 算法进行设计，可以在复杂的视频和网络场景中，根据输入自动调整算法参数获取一个最优的视频码率。例如，文献[4]提出了一个 ABR 选择算法框架：深度播放（DeepCast），针对网络和观众的大量实时信息，提出了一种基于数据驱动的深度强化学习解决方案，可以自动学习最佳的策略。

7.1.3 基于强化学习的超低时延传输算法

随着实时交互式直播的兴起，超低时延已经成为最迫切的需求，很多 ABR 算法也在降低流媒体服务时延方面得到了广泛的应用。当前超低时延传输的 ABR 算法是为流媒体传输框架中基于视频块的方法设计的，其特点是码率切换决策仅可以在视频块的边界被执行，码率切换操作仅当整个视频块被完整下载后才能被执行。这将使得环境的变化不能及时触发码率切换。解决此问题的最简单的方法是在流媒体传输框架中采用基于帧的方法，可以实现更加细粒度的码率决策和码率切换，但是会出现 I 帧不能对齐的问题。I 帧的对齐对于视频传输是至关重要的，传输时的码率切换过程如图 7-7 所示，b_{t-1} 表示 $t-1$ 时刻决策的码率，b_t 表示 t 时刻决策的码率，b_{t+1} 表示 $t+1$ 时刻决策的码率，b_{t+2} 表示 $t+2$ 时刻决策的码率。

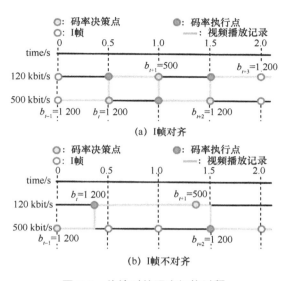

图 7-7　传输时的码率切换过程

由于码率切换操作仅可以在 I 帧位置执行，I 帧不对齐问题将会导致码率决策与码率切换不同步。由于最优视频码率与当前的环境状态信息强相关，这将导致码率切换时刻的最优码率不一定是码率决策时刻的最优码率。基于视频块的流媒体传输框架可以以时延为代价，通过转码服务器实现不同码率视频流的 I 帧对齐，但基于帧的流媒体传输框架不可以。因此，可以在基于强化学习的 ABR 算法中构建一个 Vabis[8]，其架构如图 7-8 所示，很好地解决 I 帧不对齐问题，并且获取最优的用户体验。

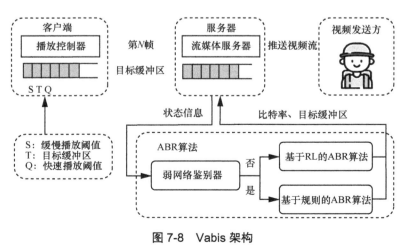

图 7-8　Vabis 架构

在 Vabis 的服务器端，基于强化学习的 ABR 算法可以根据可观察到的状态信息自适应地选择下一帧的视频码率，巧妙地解决 I 帧不对齐所带来的码率决策和码率执行不匹配问题。由于强化学习算法在弱网环境中的学习会更加保守，Vabis 专门针对弱网环境设计了一个基于规则的 ABR 算法。在客户端，作者设计了 3 种时延控制机制来实现基于帧的细粒度控制：慢播、快播和跳帧，由网络历史数据驱动的仿真器来评估 Vabis 的性能。

强化学习模型如图 7-9 所示，强化学习模型的核心组件包括状态信息 s，动作决策 a 和回报 r。在某个时刻 t，首先智能体基于当前的环境状态 s 选择一个动作 a_t，然后环境执行动作 a_t 并转移到新的状态 $s_{(t+1)}$ 并且计算该状态转移过程中获取到的回报 r_t。最后，强化学习模型根据经验元组 $(s_t, a_t, r_t, s_{(t+1)})$，通过梯度迭代策略对神经网络参数进行更新。强化学习模型输入的状态信息 $s_t = (q_t, b_t, g_t, d_t, o_t, m_t, n_t, u_t)$。其中：$t$ 表示每个决策时间点；q_t 表示当前时刻客户端获取到的视频质量；b_t 表示播放器在当前时刻的播放缓存；g_t 表示当前时刻目标缓存的大小，其中，目标缓存是衡量播放器快播和慢播的基础，当播放器的播放缓存大于目标缓存时，客户端执行快播放，当客户端的播放缓存小于目标缓存时，客户端执行慢播放，以降低客户端的卡顿率；d_t 表示客户端和流媒体服务器之间被预估的可控时延，它可以被表示为服务器最新帧的到达时间和客户端当前的客户时间之间的差值；o_t 表示当前时刻被预估的网络吞吐量；m_t 表示过去 4 个网络吞吐量记录的平均值；n_t 表示服务器缓存中被预估的帧的数目，可以被表示为 $n_t = (d_t - g_t) \cdot \text{frame\_rate}$，其中 frame_rate 为视频每秒钟帧的数目；u_t 表示下一时刻网络吞吐量增长的概率。u_t 的计算方法如下：首先定义 4 种相邻网络吞吐量记录的变化模式，分别为"上_上_上""上_下_上""下_上_上"和"下_下_上"；然后，在过去 1 000 个历史网络吞吐量记录中，通过窗口大小为 4 的滑动窗口记录这 4 种模式出现的概率；最后，根据当前时刻过去的 3 个网络吞吐量记录，预测网络吞吐量在下一时刻增长的概率。在状态 s_t、动作 a_t 下的策略用 $\pi_\theta(s_t, a_t)$ 表示，在状态 s_t 下对策略能收到的长期回报值的估计是 $v^{\pi_\theta}(s_t)$。

强化学习模型中的动作 a_t 表示智能体在某个决策点 t 基于服务器和客户端所观察到的状态信息对于下一帧所作出的决策。动作 a_t 可以是连续值的，也可以是离散值的。由于视频码率是有限且离散的，所以 Vabis 中的动作 a_t 也是离散值的，并且与视频码率相对应。

回报 r_t 表示当前动作的执行对下一时刻状态转移和未来状态转移产生的累计折扣收益。由于码率调整的最终目标是实现整体用户体验最优，每一次动作执行所产生的收益应当等于当前用户体验的增益。根据目前的用户体验模型，Vabis 的回报函数包括了与用户体验有关的几个指标：高视频质量、低视频卡顿率、高视频码率切换平滑度和超低的端到端时延。用户体验模型可以由式（7-1）～式（7-3）表示。

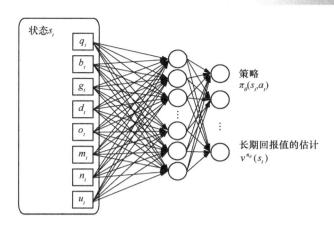

图 7-9　强化学习模型

$$\text{QoE} = \text{QoE}_1 + \text{QoE}_2 \qquad (7\text{-}1)$$

$$\text{QoE}_1 = -\delta \sum_{n=1}^{N} \left| R_{n+1} - R_n \right| \qquad (7\text{-}2)$$

$$\text{QoE}_2 = \sum_{n=1}^{N} \sum_{f=1} (\alpha R_{n,f} - \beta T_{n,f} - \gamma L_{n,f}) \qquad (7\text{-}3)$$

其中：N 表示全部决策点的数量；R_n 表示第 n 个决策点的视频码率；R_{n+1} 表示第 $n+1$ 个决策点的视频码率；$R_{n,f}$ 表示第 n 个决策点和第 $n+1$ 个决策点之间的第 f 帧的视频码率；$T_{n,f}$ 表示下载码率为 $R_{n,f}$ 的第 f 帧的卡顿持续时间；如果客户端的播放缓存为空，则 $T_{n,f}$ 等于下载第 f 帧的下载持续时间，否则，$T_{n,f}$ 等于 0；$L_{n,f}$ 表示下载码率为 $R_{n,f}$ 的第 f 帧的端到端传输时延，可以用流媒体服务器最新一帧的到达时间和客户端当前物理时间差来表示；系数 α 表示视频每一帧的长度；系数 β、γ、δ 分别表示卡顿、时延和码率切换的惩罚权重；QoE_1 表示从码率切换上得到的用户体验，是对所有决策时间点间视频码率前后变化量以 δ 加权的和的相反数；QoE_2 表示从高视频质量、低视频卡顿率和低端到端时延上得到的用户体验，是对所有决策时间点间所有帧的以 α 加权视频码率减去以 β 加权的卡顿持续时间再减去以 γ 加权的端到端传输时延之后结果的总和。最终用户体验 QoE 的计算是对 QoE_1 和 QoE_2 进行求和。

　　Vabis 与现有的 ABR 算法的用户体验指标性能在仿真环境中得到了评估与对比，涉及不同的视频场景和网络场景，实验结果如图 7-10 所示，Vabis 相对于其他 ABR 算法，平均时延降低了 32%~77%，平均用户体验提高了 28%~67%。目前，该原型系统在东信北邮信息技术有限公司的视频会议和视频彩铃中进行了真实的部署，相对于现有的 ABR 算法，性能有明显的提升。

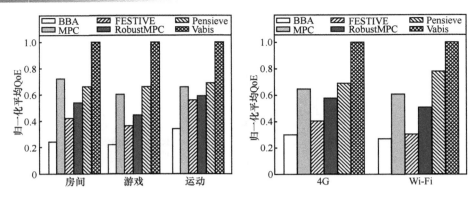

图 7-10　Vabis 与现有的 ABR 算法在不同场景下的实验结果

7.2　个性化的流媒体传输

7.2.1　个性化用户体验

在传统应用和网络服务中，带宽、时延、抖动、丢包率等网络层参数与码率、帧频等应用层参数一同构成了服务质量（Quality of Service，QoS）的评价指标。然而，QoS 指标是从业务侧的角度对服务技术能力和质量所进行的刻画，它既不能够综合评价业务传输的控制过程和其质量，也不能体现用户侧的客观指标和主观感受。

与以服务端为主的 QoS 不同，用户体验质量（Quality of Experience，QoE）从终端的角度来对用户的综合服务体验进行评价。QoE 是指在当前状态和用户特点的情况下，用户所享受到的服务对于用户期望的完成程度。不同于完全取决于客观指标的 QoS，QoE 是一项综合评价指标，是用户对在与服务交互的过程中产生的体验的主观感受。服务侧的高 QoS 并不一定能为用户带来最优的实际 QoE。

QoE 评估涉及多个维度，可大致划分为用户层面、服务层面和环境层面，如图 7-11 所示。在用户层面，用户的偏好、服务期望、行为习惯以及对服务内容的主观感受等都将对用户体验的评价产生影响；在服务层面，网络的带宽、时延、抖动、编解码效率以及缓冲等也是直接影响用户体验的因素；而在环境层面，服务的软硬件运行环境、通信环境等也会对用户实际 QoE 产生不可忽略的改变。

不难看出，QoE 的评估对于实时流媒体乃至互联网媒体提供商来说都极为重要。目前 QoE 评估主要面临的问题是如何通过将互联网视频实体的各种相关属性关联起来，对隐性的用户体验进行预测。对于各种视频媒体服务来说，如视频点播（Video on Demand，VoD）、直播和社交媒体等，其最为重要的目标便是减少用户流失率，而用户流失率又与 QoE 紧密相关。如何从用户的角度出发，抓住关键的 QoE 问题，是当前流媒体系统管理和内容分发策略的关键之处。

图 7-11　QoE 评估的 3 个维度

用户层面的 QoE 刻画是流媒体系统的一个难点。视频的码率、帧频、缓冲次数等维度的信息可以通过服务端、网络以及客户端的监测进行实时测量，而诸如用户的服务期望、历史行为（暂停、切换码率和回放等操作）以及用户对媒体质量的感性认知和偏好等都是传统方法和模型中难以精确量化和度量的因素。除此之外，如何挖掘和体现用户的个性化偏好也是目前亟待解决的问题。用户的需求和偏好并不能直接通过当前网络系统的状态和属性直接得到显性表征，而是需要服务侧、网络侧和用户终端协同起来，一同对当前服务状态、网络能力和用户的历史行为进行数据分析，实现对用户的隐性偏好和个性化需求的挖掘和刻画，以建立起一个更为合理的个性化 QoE 模型。

此外，流媒体会话的时序特性也使得其 QoE 评估问题更为复杂。媒体会话的时间序列动态特征与 QoE 有着极为紧密的联系，反映了用户通过实时的感知触发行为来与系统进行交互的过程。时间序列中不仅包含了用户的隐式反馈的交互行为，更包含了因用户行为而产生的系统性能事件。例如，网络状态的波动将可能导致当前媒体会话出现卡顿、丢包等事件，此时将可能引发用户的一系列反馈操作（例如暂停、切换码率等），这些用户的行为交互又将进一步引发系统的一系列临时性能事件（例如转码、缓冲等），从而对系统的动态和时序特性产生更为深远的影响。同时，每个系统事件和用户事件之间的时间顺序和时差也会对时序特性的刻画产生一定的影响。能否对不同的媒体会话事件有针对性地选择合理的时间步长和时差粒度，也对模型评估的准确性和健壮性至关重要。

针对上述问题，目前的 QoE 评估模型主要分为两种，分别为基于最优化数学建模的方法和基于机器学习的方法。在基于最优化数学建模的方法中，首先将多种影响因素的特征参数选取出来，然后建立数学模型，最后以最佳预测性能为导向确定模型的参数。此类方法所设计出来的 QoE 评估模型通常采用指数或对数的形式。例如，在最早将 QoE 评估纳入到 DASH 应用中的文献[15]中，根据初始时延、重缓冲率以及播放时长等因素，将 QoE 量化为了一种线性模型。在平均主观评分预测（Estimated

Mean Opinion Score，eMOS）模型[16]中，研究员们则将重缓冲事件、计数和视频编码码率作为主要的影响因素，并分别建立了 3 个不同影响因素与平均主观评分（Mean Opinion Score，MOS）之间的指数模型，并将 3 个模型进行线性组合得到了最终的 QoE 预测模型。文献[17]也采用了多个指数模型的线性组合，分别建立了 QoE 与视频压缩、初始时延和再缓冲时间之间的关系。总体而言，由于参考的参数非常有限，该类模型中只能考虑到少数几个影响因素而无法对复杂的系统特征与 QoE 之间的关系进行有效地刻画，因而其准确率往往较低。在动态的自适应流媒体服务中，这类 QoE 模型也通常无法有效地指导客户端的比特率选取决策。在基于机器学习的方法中，主要是利用大量的训练数据样本来建立起各种影响因素与主观评价结果之间的映射关系。和基于最优化数学建模的方法相比，基于机器学习的方法可以对各种复杂的 QoE 影响因素进行较为合理的表征，并在许多案例中实现了较高准确度。最近几年，许多文献是按照这一思路开展的研究。文献[18]利用了机器学习建立的 QoE 预测模型来指导动态自适应流媒体服务中客户端的比特率选择。文献[19]中的可靠传输中的渐进式下载和适应性音视频流服务基于比特流的参数化质量评估（Parametric Bitstream-Based Quality Assessment of Progressive Download and Adaptive Audiovisual Streaming Services over Reliable Transport，P. NATS）建立了随机森林模型，从重缓冲位置、重缓冲事件、帧率和视频质量 4 个角度对 QoE 进行分析。文献[20]中提出了基于反向传播随机梯度下降（Stochastic Gradient Descent Back Propagation，SGD-BP）算法的多层神经网络来建立 QoE 模型。可以看出，基于机器学习的方法由于对系统内的多个影响因素进行了综合考量和建模，可以通过大量的样本数据训练得到较为准确的结果。

然而，当前基于机器学习的 QoE 评估模型虽然已经综合考虑了系统内的多种复杂影响因素，但是依然不能有效地解决 QoE 评估问题。比如，当前这类模型还不能对用户的主观感受度以及个性化偏好进行挖掘和刻画，也不能对流媒体会话过程中的用户反馈交互、系统性能事件等一系列时序数据和特性进行表征。而基于强化学习的方法则可以为 QoE 评估问题的解决提供新的研究思路和研究方法。在针对大规模高维输入数据的抽象表征问题、未知环境交互的策略选择问题以及高维数据的参数优化等问题中，强化学习都能够取得较优的结果。在 QoE 评估问题中，强化学习也能够被用来对用户层、服务层和环境层的多参数高维度的抽象、针对用户隐式反馈交互的服务策略优化以及用户个性化的高维数据表征等问题进行求解。

7.2.2　基于强化学习的个性化 QoE 设计

近年来，互动式众包直播得到了蓬勃发展，并在商业上取得了巨大成功。与传统的直播服务不同，众包直播的特点是广播方有大量的视频内容，观众方有高度多样化的内容观看环境和个人偏好，以及观众个性化的 QoE 需求（如对流媒体时延、频道切换时延和比特率的个人偏好）。如何灵活、低成本地满足广大观众异质化、个性化的 QoE 需求是众包直播所面临的前所未有的挑战。

文献[21]提出了边缘辅助的人群直播框架——深度播放（DeepCast），该框架来源于网络和观众的大量实时信息，在网络系统边缘进行智能决策，以最小的系统成本满足众多观众个性化的 QoE 需求。而针对计算复杂度过高的难点，采用了一种基于数据驱动的深度强化学习解决方案，可以自动学习最佳的适合观众调度和转码选择的策略。据文献[21]所称，DeepCast 是第一个将 DRL 应用于人群广播服务并提供个性化 QoE 优化的边缘辅助框架。

DeepCast 采用了当前效果最佳的深度强化学习模型之一的异步优势演员评论家（Asynchronous Advantage Actor Critic，A3C）模型[22]，并针对了观众实时动态增减的情况将状态空间分解为 3 部分，分别为系统占用、用户编排和当前请求。其中：系统占用包含了入口带宽 b^i、出口带宽 b^o 和计算资源 c 共 3 部分；用户编排 $\text{tab} = (e, h, v)$ 则包含了服务当前用户的边缘节点 e、频道 h 和媒体版本 v；当前请求则包含了当前用户的位置信息 loc、请求频道 h_r、请求媒体版本 v_r 和当前用户的个性化 QoE 权重 $\alpha_1^{(u)}$、$\alpha_2^{(u)}$、$\alpha_3^{(u)}$。故模型的状态输入可以表示为 $s_t = \{b^i, b^o, c, \text{tab}, \text{loc}, h_r, v_r, \alpha_1^{(u)}, \alpha_2^{(u)}, \alpha_3^{(u)}\}$。

当智能体收到状态 s_t 时，需要采取行动 a_t 来为当前系统内的用户进行编排和分配。每个智能体的动作空间可以表示为 $\{1, 2, 3, \cdots, E, c\}$，其中当 $a_t = j$ 时，代表将当前用户请求分配到边缘服务器 j 上。由于状态空间中资源的连续性，在状态空间和动作空间之间存在无数种可能组合形式。DeepCast 采用了一个神经网络来对策略 π 进行表征，其相关的神经网络参数为 θ。那么深度强化模型的策略就可以表示为 $\pi(a_t | s_t; \theta) \to [0, 1]$，代表在当前状态 s_t 时采取动作 a_t 的概率，深度强化学习的学习策略图如图 7-12 所示。

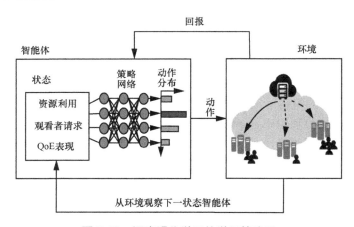

图 7-12　深度强化学习的学习策略图

在智能体处于状态 s_t 而采取行为 a_t 后，环境也将向智能体给出相应的反馈回报 r_t。DeepCast 模型中也在回报函数中对多种影响因素进行了综合考量，其回报函数可以表示为式（7-4）。

$$r_t = -\alpha\left(\alpha_1^{(u)}\mathcal{D}^{(u)(t)} + \alpha_2^{(u)}\mathcal{L}^{(u)(t)} + \alpha_3^{(u)}\mathcal{B}^{(u)(t)}\right) - \beta\left(\mathcal{C}_T^{(u)(t)} + \mathcal{C}_B^{(u)(t)}\right) \qquad (7\text{-}4)$$

其中，$\mathcal{D}^{(u)(t)}$、$\mathcal{L}^{(u)(t)}$、$\mathcal{B}^{(u)(t)}$、$\mathcal{C}_T^{(u)(t)}$ 和 $\mathcal{C}_B^{(u)(t)}$ 分别代表了用户 u 在时间 t 时的流媒体时延、切换时延、码率错配、转码开销和带宽开销，$\alpha_1^{(u)}$、$\alpha_2^{(u)}$、$\alpha_3^{(u)}$ 是当前请求中包含的用户的个性化 QoE 权重，α 和 β 是用来平衡 QoE 和系统成本的参数。

通过 3 个真实数据集的学习和训练，与传统架构和方法相比，DeepCast 能够减少至少 40%的系统代价，并且其 QoE 表现也优于其他仅考虑部分 QoE 指标或系统成本的方法，用户的 QoE 可以提升 30%~40%。

7.3 新场景下的流媒体传输展望

随着 4G、5G、Wi-Fi 和移动技术的持续发展，移动短视频应用正在快速地占领人们的工作和生活。与传统的长视频场景中用户可以提前下载视频并且可离线观看的方式不同，短视频只能在线观看[23-25]。这种观看方式对短视频应用提出了独一无二的挑战。短视频应用的分辨率较小，说明视频帧的细节较少，纹理更简单，因此用户观看短视频，更加关注视频内容与自己喜好的一致性，更加关注视频是否卡顿。与此同时，用户对于视频的质量、视频的码率切换平滑度和视频的传输时延要求反而不高。

短视频的另一个新特点是，用户偏好在公共交通中进行观看。由于公共交通的高速移动性和周围建筑物遮挡导致的无线信道衰落，用户的网络状况通常不稳定。又由于网络服务提供商有复杂且多样的切换策略，用户在公共交通中观看短视频时会出现无法连接的现象，明显地影响了用户的观看体验。此外，在移动通勤场景中，移动通信的路径是相对可预测的，可以提前预加载用户感兴趣的短视频到下一个基站，进而降低用户的等待时间。然而，如果预加载内容是用户不满意的，预加载模式将降低网络资源的利用率、降低用户体验。高精度的推荐和预加载系统可能成为短视频技术的难点与关键。

目前的视频推荐算法可以粗略划分为以下两类：传统的推荐方法和基于深度学习的方法。传统的推荐方法包括协同过滤、基于内容的推荐算法和混合推荐算法等。这些算法目前已经在很多推荐任务中被证明是快速且有效的。基于深度学习的方法，例如卷积神经网络、时序神经网络、长短期记忆网络等，则已经在很多其他复杂任务中被证明是有效的。视频内容推荐算法可以采用多类异构数据作为输入,结合深度强化学习建立端到端模型去自动训练预测模型,缓解视频推荐过程中的数据稀疏问题,同时解决冷启动问题。

虚拟现实[26-27]是另一种新兴的媒体交互形式,将彻底改变人类和世界之间的互动方式。虚拟现实通过高度互动的虚拟组件将全球社区的人们联系在一起,从而超越地理边界。在虚拟现实应用中,人们的感知能力可以根据分辨率、视野、刷新率和虚拟现实交互时延来评估。这些参数将影响不同用户在不同应用程序中获得沉浸式虚拟现实体验所需的服务质量要求。用户体验的要求因人而异,可能与年龄、健康和职业等因素相关。未来,可以利用深度强化学习方法对虚拟现实的分辨率、视野、刷新率、交互时延等关键参数和指标进行优化决策,进一步提高虚拟现实业务的用户体验。

参考文献

[1] Microsoft. Smooth streaming protocol v20140502[EB].

[2] Apple. http live streaming[EB].

[3] Adobe. http dynamic streaming[EB].

[4] CICCO L, COFANO G, MASCOLO S. A hybrid model of the Akamai adaptive streaming control system[J]. Nonlinear Analysis: Hybrid Systems, 2016, 21: 139-154.

[5] HOOFT J, PETRANGELI S, WAUTERS T, et al. An HTTP/2 push-based approach for low-latency live streaming with super-short segments[J]. Journal of Network and Systems Management, 2018, 26(1): 1-28.

[6] ZHANG T, REN F, CHENG W, et al. Towards influence of chunk size variation on video streaming in wireless networks[J]. IEEE Transactions on Mobile Computing, 2020, 19(7): 1715-1730.

[7] HUGHES K, SINGER D. Information technology–multimedia application format (MPEG-A)–part 19: common media application format (CMAF) for segmented media[J]. ISO/IEC, 2017, 23(15): 1-19.

[8] FENG T, SUN H, QI Q, et al. Vabis: video adaptation bitrate system for time-critical live streaming[J]. IEEE Transactions on Multimedia, 2020, 22(11): 2963-2976.

[9] HUANG T Y, JOHARI R, MCKEOWN N, et al. A buffer-based approach to rate adaptation: evidence from a large video streaming service[J]. ACM SIGCOMM Computer Communication Review, 2014, 44(4): 187-198.

[10] JIANG J, SEKAR V, ZHANG H. Improving fairness, efficiency, and stability in HTTP-based adaptive video streaming with Festive[J]. IEEE/ACM Transactions on Networking, 2014, 22(1): 326-340.

[11] YIN X, JINDAL A, SEKAR V, et al. A control-theoretic approach for dynamic adaptive video

streaming over HTTP[J]. ACM SIGCOMM Computer Communication Review, 2015, 45(5): 325-338.

[12] MAO H, NETRAVALI R,ALIZADEH M. Neural adaptive video streaming with PENSIEVE[C]// Proceedings of the Conference of the ACM Special Interest Group on Data Communication. New York: ACM Press, 2017: 197-210.

[13] SENGUPTA S, GANGULY N, CHAKRABORTY S, et al. HotDASH: hotspot aware adaptive video streaming using deep reinforcement learning[C]//2018 IEEE 26th International Conference on Network Protocols. Cambridge: IEEE Computer Society, 2018: 165-175.

[14] HUANG T, ZHANG R X, ZHOU C, et al. QARC: Video quality aware rate control for real-time video streaming via deep reinforcement learning[C]//26th ACM International Conference on Multimedia. New York: ACM Press, 2018: 1208-1216.

[15] MOK R, CHAN E, CHANG R. Measuring the quality of experience of HTTP video streaming[C]//Proceedings of the 12th IFIP/IEEE International Symposium on Integrated Network Management. Piscataway: IEEE Press, 2011: 23-27.

[16] GRIGORIOU E, ATZORI L, PILLONI V. A novel strategy for quality of experience monitoring and management [C]//2017 IEEE Global Communications Conference. Piscataway: IEEE Press, 2017.

[17] DUANMU Z, KAI Z, MA K, et al. A quality-of-experience index for streaming video[J]. IEEE Journal of Selected Topics in Signal Processing[J]. 2017, 11(1): 154-166.

[18] LIU J, TAOX, LU J. QoE-oriented rate adaptation for DASH with enhanced deep Q-learning[J]. IEEE Access, 2019, 7(5): 8454-8469.

[19] ROBITZA W, GARCIA M N, RAAKE A. A modular HTTP adaptive streaming QoE model—candidate for ITU-T P.1203 ("P.NATS")[C]//2017 9th International Conference on Quality of Multimedia Experience. Piscataway: IEEE Press, 2017: 1-6.

[20] LV C, HUANG R, ZHUANG W, et al. QoE prediction on imbalanced IPTV data based on multi-layer neural network[C]//2017 13th International Wireless Communications and Mobile Computing Conference. Piscataway: IEEE Press, 2017: 818-823.

[21] WANG F, ZHANG C, WANG F, et al. Intelligent edge-assisted crowdcast with deep reinforcement learning for personalized QoE[C]//IEEE INFOCOM 2019-IEEE Conference on Computer Communications. Piscataway: IEEE Press, 2019: 910-918.

[22] MNIH V, BADIA A P, MIRZA M, et al. Asynchronous methods for deep reinforcement learning[C]//International Conference on Machine Learning. New York: ACM Press, 2016: 1928-1937.

[23] ZHANG Y C, LI P M , ZHANG Z L, et al. AutoSight: distributed edge caching in short video network[J]. IEEE Network. 2020, 34(3): 194-199.

[24] YONEZA WA T, WANG Y, KAWAI Y, et al. A cooking support system by extracting difficult scenes for cooking operations from recipe short videos[C]//Proceedings of the 27th ACM International Conference on Multimedia. New York: ACM Press, 2019: 2225-2227.

[25] MCCORD A, COCKS B, BARREIROS A, et al. Short video game play improves executive func-

tion in the oldest old living in residential care[J]. Computers in Human Behavior, 2020, 108: 106337.

[26] KÄMÄRÄINEN T, SIEKKINEN M, EERIKÄINEN J, et al. CloudVR: Cloud accelerated interactive mobile virtual reality[C]//Proceedings of the 26th ACM International Conference on Multimedia. New York: ACM Press, 2018: 1181-1189.

[27] HU F, DENG Y, SAAD W, et al. Cellular-connected wireless virtual reality: requirements, challenges, and solutions[J]. IEEE Communications Magazine, 2020, 58(5): 105-111.

第 8 章
基于强化学习的自组织网络

8.1 网联自动驾驶

当前，人工智能和物联网的发展十分迅猛，而自动驾驶是这两大领域中最受学者们关注的垂直应用技术。自动驾驶技术在实现车辆自动控制的同时，还可以结合智能化的车联网（Internet of Vehicles，IoV）调度与科学的交通网规划，达成缓解交通拥堵时间、降低碳排放的效果。

车联网的初衷是通过远程信息服务和智能化控制算法来解决用户需求。如今，随着万物智能互联和人工智能技术的发展，汽车行业的智能化和信息化成为未来发展的重要方向。与传统的无线传感器网络相比，自动驾驶对网络的要求更为严格，尤其是在安全保障等方面上。在复杂多变的交通条件下，高速运行的自动驾驶车辆为了完成复杂的驾驶任务，对网络通信提出了保障超低时延和超高可靠性的双重要求。下面将介绍深度强化学习技术在网联自动驾驶的车载通信任务规划和车载任务调度方面的应用。

8.1.1 车载通信任务

车联网是一个庞大的交互式网络，包含车辆位置、速度和行驶路线等信息，可以实现对车辆的高效调度和管理。在 IoV 内，涉及大量终端之间的通信过程，主要包括车对车（Vehicle to Vehicle，V2V）通信、车对路侧单元（Vehicle to Road Side

Unit，V2R）通信和车对行人（Vehicle to Person，V2P）通信。同时，随着无线通信网、互联网、物联网等多网合一与万物互联的不断推进，5G 车联网也将承载越来越多不同类型的服务，不仅承载传统的车辆位置信息和车辆控制信息，还将承载驾驶员和乘客所需的各种多媒体业务。其中，视频媒体业务将成为显要的数据流量来源。因此，如何在大量数据传输的背景下，同时考虑车联网的移动性和实时性、提高车辆的通信质量，是 5G 车联网所面临的重要挑战。具体地，高速公路场景下的 V2R 通信及车载计算任务是应对上述挑战的研究重点[1-2]。

为了提高车辆与路侧单元（Road Side Unit，RSU）之间的通信效率，文献[3]提出了一种深度强化学习方法，用于优化车辆网络中基于主动缓存的自动车辆控制。首先，该方法将自主车辆系统和主动缓存系统分别建模为独立的马尔可夫决策过程。其次，该方法提出了一种基于深度 Q 学习的无模型算法，以寻找有效的自动车辆控制策略和主动缓存策略，以期能够有效地维护 V2R 通信中高质量的用户体验。

在 V2R 通信中，对路侧单元的布放和存储要求比较高。现阶段，V2R 通信中的数据内容分发和缓存内搜索主要基于 RSU 进行部署。RSU 一般建在道路两侧，可以利用专用的短距离通信技术与车载单元进行通信，一般具有数据传输、接收和存储功能。在 V2R 通信过程中，用户一般向覆盖其位置的 RSU 发出数据请求，然后 RSU 从互联网上下载数据并通过无线信道传输给用户，这个过程会造成一定的传输时延。

解决这一问题的方法之一是应用主动式缓存技术。主动式缓存的核心思想是主动地在基站的缓存存储器中获取和存储数据内容[4]。如果路侧单元具有主动缓存的能力，在目标用户到达之前，提前为用户存储相关数据，用户就可以直接从路侧单元中获取所需的内容，而不必再花费时间从互联网上获取，这样可以大大降低传输时延。但是，RSU 的存储容量和覆盖范围都是有限的。如何在 RSU 中对内容进行合理的存储、提高 RSU 的缓存利用率是 V2R 通信中亟待解决的问题。针对这个问题，文献[3]主要研究了主动缓存管理中数据包的缓存数量。在车辆运行过程中，如果车速过快，RSU 的信息接收可能会不完整；如果车速过慢，行驶效率就会很低，缓存的内容全部传输完毕，但车辆仍在 RSU 的覆盖范围内。因此，在保证安全的情况下，自动控制车速是提高通信效率的另一个有效方案。文献[3]还研究了车辆速度和行驶车道选择的控制策略。针对 RSU 的缓存和内容分发，文献[5]利用网络编码实现多个 RSU 之间的高效数据分发和传播。Zhang 等[6]研究了由传统宏基站和 RSU 缓存组成的异构车联网的高效规划问题。在文献[7]中，作者研究了在高速公路场景下 RSU 的部署问题，考虑了无线干扰、交通流分布和车速等因素，设计了最大化网络吞吐量的 RSU 部署方案。

图 8-1 所示为系统场景示意，一条高速公路部署有多个 RSU，其中每个 RSU 都可以看作一个带缓存的基站。为了简化模型，只考虑单向车道。首先对道路进行单元划分，即把行驶路段的起点到终点的距离每 1 m 划分为 1 个网格，并将其划分

为 L 个网格。假设每辆车的长度为 3 个格子（即 3 m），且首末端位于格子点上，每个路段都可以被无线网络覆盖。在本方案中，RSU 用一个有序集 $B = \{1,2,\cdots,F\}$ 表示。自动驾驶的车辆用 K 表示，干扰车辆用一个集合 $G = \{1,2,\cdots,N\}$ 表示。自动驾驶车辆及其干扰车辆在图 8-1 中分别用深灰色和浅灰色表示。

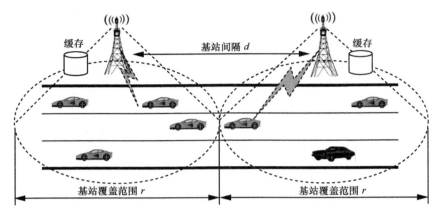

图 8-1　系统场景示意

模型假定干扰车辆 G_i 的相对速度 $v_{G_i}^t$ 服从均匀分布，从 $\{0,1,2,3\}$（米每时隙）中选取，其中 1 表示在一个时隙中前进了 1 格。自动驾驶车辆 K 的车速 v_K^t 受模型智能体的控制，取值范围也为 $\{0,1,2,3\}$（米每时隙）。RSU 会主动储存用户所需数据：当车辆 K 从相邻基站驶入当前基站 B_j 时，当前基站会根据历史信息主动缓存一定量的数据供车辆 K 使用，同时上一个基站 B_{j-1} 释放相应的数据。决策模型希望达成以下目标：使得车辆以最快的速度到达终点；尽量减少每个 RSU 的缓存缺失；保持车辆行驶在给定的车道、避免车辆发生碰撞；在行驶过程中尽可能多地接收重要的核心数据包。

数据传输场景限定在 3GPP 信道，中心频率为 5.9 GHz。在 t_x 时刻，车辆 K 的状态为 $s_K^{t_x}$、车速为 $v_K^{t_x}$。其中 $s_K^{t_x}$ 包括：① 当前车辆左右两侧是否为可行驶车道；② 同一车道与相邻车道在安全距离内是否有干扰车辆。状态的元素 $M_{K,ij}^{t_x}$ 表示以车辆 K 为中心的附近 9×9 格子范围内的对应位置 i, j 上是否有车辆，如果有，则相应元素置 1，否则置 0。模型采用深度强化学习算法进行训练，使用神经网络来拟合动作值函数。即首先输入状态和动作，通过迭代运算使神经网络输出的预测值 Q 无限接近 MDP 计算的目标值。

针对高速公路上有数据请求任务的车辆自动控制问题，作者在 DDPG、定数缓存法和随机动作选择法这 3 个方法之间进行了比较。具体而言，车辆控制模型的 DQN 有 4 个隐藏层，分别为 16、16、16 和 6 个单元，前 3 层使用 ReLU 函数作为激活函数，第 4 层使用线性函数。在训练时，可以使用 Adam 优化算法学习车辆控制模型的神经网络参数，学习率可以设置为 10^{-3}。缓存控制的 DQN 有 3 个隐藏层，分别为 128、64 和 100 个单元。前 2 层使用 ReLU 函数作为激活函数，第 3 层使用线性函数。在训练时，可以使用 Adam 优化算法来学习缓存控制的神经网络参数，学习率可以设置为 10^{-3}。通过上述算法结构，结合实验结果表明，该算法可以有效地解决车辆自动控制和主动缓存的问题，提高用户的 QoE 性能。

8.1.2　车载资源分配

由于车联网环境的高动态性，传统的资源优化技术无法满足车联网对动态通信、计算和存储资源优化管理的要求，而人工智能算法通过自学习可以自适应地获得动态资源分配方案。因此，采用人工智能技术对车联网资源进行动态优化是车联网领域的一大研究重点[8]。

车物（Vehicle-to-Everything，V2X）互联包括 V2V、车对基础设施（Vehicle-to-Infrustructure，V2I）和 V2P 这三大核心部分的互联。借助 V2X 技术，车联网可以在智能汽车及其配套的智能硬件间通过对信息的交换和共享实现智能调度和车物合作，最终大大提高道路安全水平乃至智能化水平。随着车联网的快速发展，车辆的服务需求与车联网的通信、计算和存储资源之间的矛盾日益突出，许多文献研究了车联网的资源优化技术。文献[9]通过联合使用许可频谱和非许可频谱，构建了基于 5G 的车联网智能卸载框架。文献[10]提出了一种软件定义的空间–空中–地面一体化网络架构，采用分层结构来支持各种车联网业务。文献[11]利用多智能体强化学习算法给出了物联网中 V2V 和 V2I 频谱共享方法。文献[12]从理论和实践两方面研究了基于 SDN 的物联网资源管理问题。文献[10]介绍了一种云平台，以简化网络部署、运行和管理。

虽然目前的研究中关于车辆云计算和雾计算资源优化配置的工作很多，但是很少同时考虑车辆云系统的效益、成本、网络 QoS 和车辆用户的 QoE，以实现车联网以及车辆云系统的长期收益最大化。为此，Liang 等[13]提出了一种基于半马尔可夫决策过程（Semi-Markov Decision Process，SMDP）的自适应车辆云/雾资源分配模型。SMDP 是按事件触发的，而 MDP 是按相等的离散时间间隔触发的。由于车辆服务请求的到来可以在任意时间到达，所以 SMDP 更适合高动态的车辆环境。另外，在此之前的研究通常假设整个运营期间服务占用的资源不变，没有根据资源的使用情况变化对资源进行二次分配，以尽可能提高资源利用效率，保证系统 QoS 和车辆用户 QoE。此外，为了提高重要业务请求的 QoE，作者借鉴通信中专门预留保护通道的方法，为重要业务请求预留了一些资源。下文将详细讨论文献[13]提出的车联网资源分配模型下的动态资源分配算法。

车联网资源分配整体架构如图 8-2 所示，由于移动设备的资源有限，当车辆将服务请求上传至与 RSU 关联的车辆云进行计算时，RSU 首先为服务请求分配通信资源，然后车辆云系统为服务请求分配计算资源。

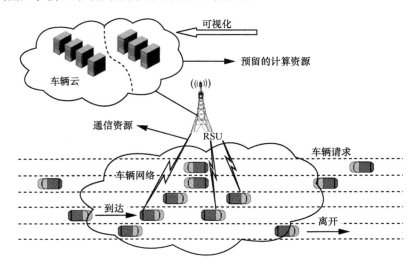

图 8-2　车联网资源分配整体架构

模型采用虚拟单位（Virtual Unit，VU）来代表整个车辆云系统中最小的资源单位，包括车辆云系统中处理车辆服务请求所需的计算和存储资源。假设系统中有 M 个 VU 和两种服务请求：重要服务请求 p（例如，对实时路况信息、车辆防撞信息等的请求）与普通服务请求 q，可分配给服务请求的 VU 数量为 l，其中 $l < M, l \in \{1, 2, \cdots, L\}$。假设重要服务请求和普通服务请求的到达率服从泊松分布，平均率分别为 λ_p 和 λ_q。请求的处理时间服从指数分布，平均出发率 λ_l 是一个关于所分配 VU 数量的函数。因此，$1 / \lambda_l$ 表示给定 VU 分配方案下的服务的平均处理时间。同时，假设所有车辆都在当前云的覆盖范围内，所有的云资源都参与资源的二次分配。模型将车辆–云计算系统的资源分配动态优化过程建模为 SMDP，接下来分别讨论系统状态、事件发生、动作和回报函数。

为了尽可能地满足优先级较高的重要服务请求，模型根据所设定的预留比例 T_h，为重要服务请求预留一些资源。保留比例是指保留资源 $(MT_h) / (1 + T_h)$ 与剩余资源的比例 $M / (1 + T_h)$。由于车辆云计算环境中服务请求的到达是动态变化的，在实施对重要服务请求的保护策略时，很难预测预留资源的数量。因此，需要根据环境的变化自适应地调整预留比例 T_h。

S 代表系统状态，主要包含车辆服务的请求事件（到达或离开）和被车联网系统中不同服务占用中的 VU 数量。s_{pi} 和 s_{qj} 代表分配给重要服务请求 i 个 VU 资源和

普通服务请求 j 个 VU 资源，其中 $i \in \{n_p, n_{p+1}, \cdots, L_p\}$，$j \in \{n_q, n_{q+1}, \cdots, L_q\}$，$n_p$ 和 n_q 分别代表 VU 取当前状态最小值时分配给重要服务请求和普通服务请求的数量，L_p 和 L_q 分别代表可以分配给重要服务请求和普通服务请求的 VU 数量的上限。具体而言，对于服务请求到达的事件可以表示为：$e_{ar} \in \{e_{ar}^p, e_{ar}^q\}$；对于服务离开的事件可以表示为 $e_d \in \{e_d^{pi}, e_d^{qj}\}$，其中 e_d^{pi} 表示释放了 i 个占用的 VU 资源，e_d^{qj} 表示释放了 j 个占用的 VU 资源。因此，$e \in \{e_{ar}, e_d\}$ 代表所有事件。因为在事件触发时有一个资源重新分配的特殊动作，所以如果在固定的时间间隔 τ_{int} 内没有事件发生，则根据云中的资源使用情况对云中的服务进行重新分配，增加 VU 数量。使用超时 $timeout = 0$ 表示事件发生在固定时间间隔内，否则 $timeout = 1$。系统状态可以用式（8-1）表示。

$$\begin{cases} S_{ar} = \left\{ s \mid s = \left\langle \cdots, s_{p(i-1)}, s_{pi}, \cdots, s_{qj}, \cdots, s_{q(j+1)}, \cdots, e_{ar} \right\rangle \right\} \\ S_d = \left\{ s \mid s = \left\langle \cdots, s_{p(i-1)}, s_{pi}, \cdots, s_{qj}, \cdots, s_{q(j+1)}, \cdots, e_d, timeout \right\rangle \right\} \\ S \in \left\{ S_{ar}, S_d \right\} \end{cases} \tag{8-1}$$

其中，S_{ar} 表示服务到达事件发生时的状态，S_d 表示服务离开事件发生时的状态。状态空间应受以下条件约束。

$$\sum_{i=n_p, j=n_q}^{L_p, L_q} \left(s_{pi} \times i + s_{qj} \times j \right) \leqslant M \tag{8-2}$$

对于模型中对动作的定义，可以从车联网的状态出发进行考虑。一般而言，新的服务请求到达时，车联网系统可能无法满足当前服务对最小 VU 值的要求，因此需要对资源进行重新分配。由此，可以把状态定义为两大类：s^+（服务请求到达）和 s^-（服务请求离开），两者的数学表示如式（8-3）所示。

$$\begin{cases} s^+ = \left\{ \left(s_{ar}^p \middle| M - \sum_{i=n_p, j=n_q}^{L_q, L_q} \left(s_{pi} \times i + s_{qj} \times j \right) < n_p \right) \right. \\ \qquad \left. \left(s_{ar}^q \middle| \dfrac{M}{1+T_h} - \sum_{i=n_p, j=n_q}^{L_q, L_q} \left(s_{pi} \times i + s_{qj} \times j \right) < n_q \right) \right\} \\ s^- = \left\{ S_d \middle| \left(M - \sum_{i=n_p, j=n_q}^{L_q, L_q} \left(s_{pi} \times i + s_{qj} \times j \right) > VU_{th}^p, timout = 1 \right) \right. \\ \qquad \left. \left(\dfrac{M}{1+T_h} - \sum_{i=n_p, j=n_q}^{L_q, L_q} \left(s_{pi} \times i + s_{qj} \times j \right) > VU_{th}^q, timout = 1 \right) \right\} \end{cases} \tag{8-3}$$

其中，VU_{th}^p 和 VU_{th}^q 分别代表重要服务和普通服务执行特殊动作时闲置资源数量的阈值。

对于处在 s^+ 状态的系统，如果控制器选择接收服务请求，则执行二次资源分配机制中收缩的特殊动作 $a_{\text{wit}}(s^+) = a_{\text{ar}}^- \& a_{\text{ar}}^-$。为了满足当前服务请求 VU 的最小数量，根据系统的状态，从正在运行的服务中选择一个或多个服务，并从它们中释放一些资源，执行动作 $a_{\text{ar}}^- \in \{a_{pi}^{-l}, a_{qi}^{-l}\}$，$a_{pi}^{-l}$ 表示从占用 i 个 VU 的重要服务中释放 l 个 VU，a_{qi}^{-l} 表示从占用 i 个 VU 的普通服务中释放 l 个 VU。而对于处在 s^- 状态的系统，控制器则会决定增加相应的服务，对应的动作为 $a_{\text{ar}}^+ \in \{i, j\}$。如果根据系统状态和长期效益，拒绝了车辆服务请求，则不为其分配 VU，则相应的动作为 $a(S_{\text{d}}) = 0$。当车辆服务离开时，被占用的 VU 会被释放，此时执行的动作为 $a(S_{\text{d}}) = -1$。此时，控制器可以决定进行次级资源扩展动作 $a_{\text{exp}}(s^-) \in \{a_{pi}^{+l}, a_{qi}^{+l}\}$，$a_{pi}^{+l}$ 表示为占用 i 个 VU 的重要服务增加分配 l 个 VU，a_{qi}^{+l} 表示为占用 i 个 VU 的普通服务增加分配 l 个 VU。总而言之，模型的动作函数可以表示为式（8-4）。

$$a(s) = \begin{cases} \{0, i, j\} & , \quad e \in \{e_{\text{ar}}^p, e_{\text{ar}}^q | s \neq s^+\} \\ \{0, a_{\text{wit}}(s^+)\} & , \quad e \in \{e_{\text{ar}}^p, e_{\text{ar}}^q | s = s^+\} \\ -1 & , \quad e \in \{e_{\text{d}}^{pi}, e_{\text{d}}^{qi} | s \neq s^-\} \\ \{-1, a_{\text{exp}}(s^-)\} & , \quad e \in \{e_{\text{d}}^{pi}, e_{\text{d}}^{qi} | s = s^+\} \end{cases} \tag{8-4}$$

根据系统的状态和相关行为，整个系统的收益可视为 $z(s, a)$，包括系统收益、支出和附加消耗 3 类，如式（8-5）所示。

$$z(s, a) = x(s, a) - y(s, a) - \text{ext}(s, a), e \in \{e_{\text{ar}}, e_{\text{d}}\} \tag{8-5}$$

其中：$x(s, a)$ 是车辆用户在满足车辆服务请求时获得的收益；$y(s, a)$ 是通过评估服务使用的 VU 数量而产生的系统成本；$\text{ext}(s, a)$ 是二次资源分配机制带来的额外成本。评价服务因使用的 VU 数量产生的系统收益 $x(s, a)$ 应考虑以下因素：车辆用户为使用云资源所支付的费用；立即处理重要服务请求获得的回报；服务请求占用的 VU 成本；量化的用户 QoE 和系统 QoS。正在运行的服务从资源扩展过程中得到的回报与服务的重要性成正比，与运行服务占用的资源量成反比。因此，综合回报可以表示为式（8-6）。

$$x(s, a) = \begin{cases} 0 & , \quad e \in \{e_{\text{d}}^{pi}, e_{\text{d}}^{qi}\} \\ \left\{ \dfrac{1}{s_{pi}} w_{\text{d}}^p r_{\text{d}}^{+l}, \dfrac{1}{s_{qj}} w_{\text{d}}^q r_{\text{d}}^{+l} \right\} & , \quad a(s) = a_{\text{exp}}(s^-) \\ \{c_{\text{rej}}^p, c_{\text{rej}}^q\} & , \quad a(s) = 0, e \in \{e^{pi}, e^{qj}\} \\ R + I_v + i r_v + M \dfrac{T_h}{T_h + 1} r_{T_h} & , \quad a(s) = i, e = e_{\text{ar}}^q \\ I_v + j r_v & , \quad a(s) = j, e = e_{\text{ar}}^q \end{cases} \tag{8-6}$$

其中，R 是立即处理重要服务请求获得的回报，I_v 是通过对用户的 QoE 和系统的 QoS 变化进行评估得到的回报，r_v 是服务请求占用的 VU 成本，c_{rej}^p 和 c_{rej}^q 分别代表拒绝重要服务请求和拒绝普通服务请求的成本，w_d^p 和 w_d^q 分别代表离开事件发生时重要服务请求和普通服务请求的权重系数，r_d^{+l} 为离开事件发生时执行 $a_{\exp}(s^-)$ 增加 l 种资源配置的回报，r_{T_h} 表示系统为重要的服务请求保留的资源，以提高重要服务的 QoE。系统的成本函数由式（8-7）表示。

$$y(s,a) = t(s,a)h(s,a), a \in a(s) \tag{8-7}$$

其中，$t(s,a)$ 代表系统做出决策 a 和当前状态 s 过渡到下一个状态的平均预期时间，$h(s,a)$ 表示平均预期时间。

服务资源的扩张将对系统未来的长远利益产生影响，服务增加分配 l 个 VU 将带来一些损失 c_d^{+l}。当系统处于资源预留状态 s^{T_h} 时，不能够保障普通服务的 VU 需求。与此同时，还会产生一些额外花销，可以表示为式（8-8）。

$$\text{ext}(s,a) = \begin{cases} c_d^{+l} & , \quad a(s) = a_{\exp}(s^-), e \in \left\{ e_d^{pi}, e_d^{qj} \mid s = s^- \right\} \\ M\dfrac{T_h}{T_h+1}c_{T_h} & , \quad a(s) = 0, e = \left\{ e^q \mid s = s^{T_h} \right\} \\ \left\{ \dfrac{1}{s_{pi}}w_{\text{ar}}^p c_{\text{ar}}^{-l}, \dfrac{1}{s_{qj}}w_{\text{ar}}^q c_{\text{ar}}^{-l} \right\} & , \quad e \in \left\{ e^p, e^q \mid s = s^+ \right\} \end{cases} \tag{8-8}$$

其中，c_{ar}^{-l} 代表如果服务减少 l 个 VU 将带来的成本，w_{ar}^p 和 w_{ar}^q 分别代表重要服务和普通服务的权重系数，c_{T_h} 代表实施保留策略，降低普通服务的 QoE 成本。

完成对模型的建模和量化后，需要对模型进行训练，以使模型学会如何解决资源分配问题。该模型 Model(s,a) 表示为关于系统环境的 MDP 过程，对环境中状态转换概率进行统计估计。模型 Model(s,a) 根据从与环境交互过程中获得的真实经验进行更新。每次控制器获得真实经验时，都会把 $\langle s_t, a_t, s_{t+1}, x_{t+1} \rangle$ 元组放到模型 Model(s,a) 的经验池中。基于模型的强化学习过程如图 8-3 所示。基于模型的强化学习算法通过异步求解贝尔曼（Bellman）最优方程获得最优策略。当控制器不能获得环境的状态转换概率时，通过不断迭代更新动作值函数，获得近似最优策略。

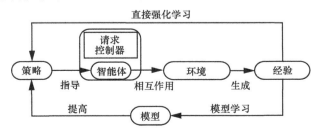

图 8-3　基于模型的强化学习过程

在学习过程中，如果可以遍历无数次，即环境中的每一个状态动作对都得到观测，那么当动作值函数收敛时，可以得到最优动作值函数，如式（8-9）所示。

$$Q_*(s,a) = \max_\pi Q_\pi(s,a) \tag{8-9}$$

其中，π 表示策略，由最优行动值函数可以得到最优策略 π_*，如式（8-10）所示。

$$\pi_*(a|s) = \begin{cases} 1 & , \quad a = \underset{a \in a(s)}{\operatorname{argmax}} Q_*(s,a) \\ 0 & , \qquad \text{其他} \end{cases} \tag{8-10}$$

8.2 无人机网络概述

在 5G 及 B5G 网络中，由于实际应用需求的快速增长，基于无人机（Unmanned Aerial Vehicle，UAV）的辅助通信网络受到了工业界和学术界的广泛关注[14]。通过使用当前的无线技术（例如 Wi-Fi 和 LTE），UAV 可以提供与地面用户的通信连接，称为无人机基站（Unmanned Aerial Vehicle Base Station，UAV-BS）。与地面静态基站相比，UAV-BS 可以动态调整其自身位置，以便快速部署到目标区域。安装在无人机上的移动基站可以作为现有蜂窝系统的补充，帮助实现更高的通信效率和覆盖范围，也可以作为移动中继基站，为缺少地面通信覆盖范围的偏远地区或紧急情况提供通信服务。另外，安装在无人机上的移动基站具有很高的天线高度，可以与地面用户建立视线（Line of Sight，LoS）连接。天线高度是影响无线通信覆盖范围的主要因素之一。抬高天线可以减少地形对无线电波传播的影响，安装在无人机上的移动基站具有获取更高的 LoS 的机会。

然而，多无人机网络的实际应用面临一定的挑战。第一，单个无人机的通信范围有限，无法覆盖所有目标区域，这使得多个无人机必须合作才能完成任务。第二，无人机的部署需要很高的成本，然而我们往往无法部署足够的无人机来覆盖整个目标区域。这要求对于无人机的飞行路径做出合理规划。第三，无人机受其有限电量的限制，不能长时间飞行，因此它们需要节省能量以延长其工作时间。第四，对整体通信网络的性能表现优化可能涉及多个目标，这使整个问题变得十分复杂。第五，多 UAV 网络的复杂性使人类难以实现实时控制，但是在实际环境中，无人机需要根据环境状况即时应对紧急情况。因此，每个 UAV 智能体都需要根据自己的传感器信息做出决策。

基于传感器信息进行自主控制的 UAV 辅助通信网络可以视为自组织网络[8]。

在自组织网络中，多智能体深度强化学习是用于复杂控制任务的有效解决方案。在 MADRL 中，为每个智能体（如 UAV）分配了一个独立的深度神经网络，以进行自主决策。具有独立神经网络的 UAV 智能体避免了集中控制的可伸缩性问题，并节省了与中心控制节点之间进行通信的开销。在本节中，我们通过 3 个具体场景：无人机通信资源调度、无人机公平效率覆盖和无人机传感数据收集来说明深度强化学习技术在无人机辅助通信网络中的应用。这些应用通过基于经验数据的自我学习，自组织地涌现出了超出人类预期的网络行为，得到了更有效的网络优化方法。

8.2.1　无人机通信资源调度

由于 UAV 高度的机动性和自适应性需求，难以应用传统的基于规则的资源分配方法，多智能体深度强化学习为 UAV 辅助的通信网络中的智能资源管理提供了一个有前景的解决方案。但是，对于基于多智能体深度强化学习优化资源配置的 UAV 网络来说，如何指定合适的目标（回报函数）并进行策略探索（Exploration）与策略利用（Exploitation）之间的权衡是具有挑战性的问题。在本节中，考虑多 UAV 协作的下行链路无线网络，其中多个 UAV 尝试同时与地面用户通信。在该场景下，每个 UAV 都按照预定的轨迹飞行，并假定所有无人机都在没有中央控制器协助的情况下与地面用户通信。

考虑图 8-4 所示的在离散时间轴上运行的多 UAV 下行链路通信网络，该网络由 M 个单天线 UAV $\mathcal{M} = \{1,\cdots,M\}$ 和 L 个单天线用户 $\mathcal{L} = \{1,\cdots,L\}$ 组成。地面用户在半径为 r 的圆形区域内随机分布。多个无人机在该区域上空飞行，并从空中直接以目视信道与地面用户进行通信。所有无人机可使用的总带宽 W 分为 K 个正交子信道，而每个 UAV 占用的子信道之间可能会相互重叠。此外，基于预先编程的飞行轨迹，UAV 可以在没有人工干预的情况下自主飞行。如图 8-4 所示，有 3 架基于预定轨迹的在目标区域上飞行的 UAV。本节介绍如何在综合考虑地面用户、功率水平和子信道选择的情况下，对多 UAV 网络资源分配进行动态设计[19]。另外，假设所有 UAV 都在没有中央控制器协助的情况下进行通信，并且不能够对无线通信环境进行全局感知。换句话说，需要利用局部感知信息对 UAV 和用户之间的信道状态信息（Channel State Information，CSI）进行估计。

在同一子信道上运行的其他 UAV 会对当前 UAV 到地面的传输产生干扰。令 $c_m^k(t)$ 表示子信道的指示器，如果 UAV m 在时隙 t 占用子信道 k，则 $c_m^k(t) = 1$；否则，$c_m^k(t) = 0$。其满足式（8-11）。

$$\sum_{k \in \mathcal{K}} c_m^k(t) \leqslant 1 \tag{8-11}$$

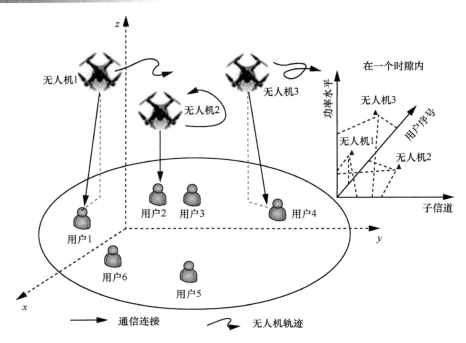

图 8-4　多智能体无人机网络示意

单个无人机只能在每个时隙占用一个子信道。令 $a_m^l(t)$ 为用户指示器，如果用户 l 在时隙 t 中由无人机 m 服务，则 $a_m^l(t)=1$；否则，$a_m^l(t)=0$。综上所述，UAV m 和用户 l 之间在时隙 t 通过子信道 k 所进行的通信的信噪比（SINR）$\gamma_{m,l}^k(t)$ 可以由式（8-12）给出。

$$\gamma_{m,l}^k(t) = \frac{G_{m,l}^k(t)a_m^l(t)c_m^k(t)P_m(t)}{I_{m,l}^k(t)+\sigma^2} \qquad (8\text{-}12)$$

其中，$G_{m,l}^k(t)$ 定义为时隙 t 中无人机 m 和用户 l 之间的通信在子信道 k 上的信道增益，σ^2 代表信道噪声，$P_m(t)$ 表示无人机 m 在时隙 t 中选择的发射功率，$I_{m,l}^k(t)$ 是无人机 m 与用户 l 在子信道 k 上进行通信时受到的干扰，$I_{m,l}^k(t) = \sum\limits_{j\in\mathcal{M}, j\neq m} G_{j,l}^k(t)c_m^k(t)P_j(t)$，其中 j 代表无人机集合 $\mathcal{M}$ 中任意一个不同于无人机 m 的无人机，容易得到 $G_{j,l}^k(t)$ 是时隙 t 中无人机 j 和用户 l 之间的通信在子信道 k 上的信道增益，$P_j(t)$ 是无人机 j 在时隙 t 中选择的发射功率。综上所述，$I_{m,l}^k(t)$ 是在时隙 t 中除无人机 m 以外所有其他无人机 j 与用户 l 进行的通信在用户 l 处汇集的功率 $G_{j,l}^k(t)c_m^k(t)P_j(t)$ 的总和。因此，在任何时隙 t，无人机 m 的 SINR 可以表示为式（8-13）。

$$\gamma_m(t) = \sum_{l \in \mathcal{L}} \sum_{k \in \mathcal{K}} \gamma^k_{m,l}(t) \tag{8-13}$$

在本节的场景中，UAV 采用离散发射功率控制[15]。每个 UAV 与各自连接的用户通信的发射功率值可以表示为向量 $\boldsymbol{P} = \{P_1, \cdots, P_J\}$，其中 J 是可选发射功率值的数量。对于每个无人机 m，可以定义一个二进制变量 $p^j_m(t), j \in J$，如果无人机 m 选择在时隙 t 以功率 P_j 发送，则 $p^j_m(t) = 1$，否则，$p^j_m(t) = 0$。无人机 m 在每个时隙 t 只能选择一个可以满足式（8-14）条件的功率。

$$\sum_{j \in J} p^j_m(t) \leqslant 1, \forall m \in \mathcal{M} \tag{8-14}$$

考虑以下针对无人机传输的调度策略：任何在时隙 t 开始传输的无人机必须在时隙 $t + T_s$ 时完成信息传输并选择新策略，其中 T_s 是预设的决策周期，但是无人机不知道其在网络中停留的准确时间。这就要求设计一种能够优化多无人机网络的长期能效性能的在线学习算法。如果每个无人机以最大功率工作，那么它对其他无人机的干扰会增加。因此，需要合理地考虑如何在吞吐量和功耗之间进行折中[16]。回报函数定义了学习问题的目标，因此，其应当能够有效地表示智能体在各个任务目标之间的权衡。对于无人机传输调度而言，有必要从吞吐量和功耗方面对回报函数进行建模。为了使无人机能提供可靠的通信，需要联合用户状态、功率水平和子信道状态进行动态决策，确保无人机提供的 SINR 不小于预定阈值。具体而言，这一针对 SINR 的约束可以表示为式（8-15）。

$$\gamma_m(t) \geqslant \overline{\gamma}, \forall m \in \mathcal{M} \tag{8-15}$$

其中，$\overline{\gamma}$ 表示由无人机服务的用户的目标 QoS 阈值。由此，也可以定义无人机 m 的状态 $s_m(t)$，如果无人机 m 可以满足用户的 SINR 要求，即 $\gamma_m(t) \geqslant \overline{\gamma}$，则 $s_m(t) = 1$，否则，$s_m(t) = 0$。在时隙 t，如果满足约束式（8-15），则无人机获得回报 $R_m(t)$，如式（8-16）所示。

$$R_m(t) = \begin{cases} \dfrac{W}{K} \text{lb}(1 + \gamma_m(t)) - \omega_m P_m(t) &, \quad \gamma_m(t) \geqslant \overline{\gamma} \\ 0 &, \quad \text{其他} \end{cases} \tag{8-16}$$

其中，W 是无人机的带宽，K 为正交子信道数量，ω_m 是单位功率水平的成本，$P_m(t)$ 表示无人机 m 在时隙 t 中选择的发射功率。可以看到，回报函数为吞吐量和功耗成本之间的差值。当无人机与地面用户之间无法成功进行通信时，回报将为零。在任何时隙 t，无人机 m 的瞬时回报取决于以下两方面内容。

① 观察到的信息：无人机 m 的单个用户选择、子信道选择和功率水平选择的

决策，即 $a_m(t) \in \mathcal{L}$、$c_m(t) \in \mathcal{K}$ 和 $p_m(t) \in P$；这 3 个信息的元组可以视为无人机 m 的动作 $\theta_m(t) = (a_m(t), c_m(t), p_m(t)) \in \Theta_m$，$\Theta_m$ 是无人机 m 的动作空间。另外，无人机 m 的瞬时回报还与当前信道增益 $G_{m,l}^k(t)$ 有关。

② 未观察到的信息：其他 UAV 选择的子信道、功率水平以及信道增益。

为了简化问题，这里省略无人机的固定功耗，例如控制器单元和数据处理的功耗[17]。无人机在飞行过程中的轨迹是预先定义并且固定的，因此可以假设无人机在每个时隙中都可以至少满足一个用户的 QoS 要求。如果抛开这个假设，也就是说某些 UAV 无法满足哪怕一个用户的 QoS 要求，那么从通信网络的角度来看，这些无人机实质上是没有效用的。在这种情况下，需要对回报函数进行更复杂的建模，以确保通信网络中无人机的有效性。

我们可以使用一种基于独立学习（Independent Learning，IL）[18]的多智能体强化学习（Multi-Agent Reinforcement Learning，MARL）算法来解决无人机之间的资源分配问题[19]。具体而言，每个无人机运行标准的 Q 学习以学习其最佳 Q 值，并同时确定最佳策略。Q 学习的更新规则如式（8-17）所示。

$$Q_m^{t+1}(s_m, \theta_m) = Q_m^t(s_m, \theta_m) + \alpha^t \left\{ r_m^t + \delta \max_{\theta_m' \in \Theta_m} Q_m^t(s_m', \theta_m') - Q_m^t(s_m, \theta_m) \right\} \quad (8\text{-}17)$$

其中，对于每个无人机 m，其智能体对给定状态 s_m、给定动作 θ_m 的 Q 值的估计从迭代前 t 时刻的 $Q_m^t(s_m, \theta_m)$ 更新成迭代后 $t+1$ 时刻的 $Q_m^{t+1}(s_m, \theta_m)$，RL 折扣因子为 δ。s_m' 表示下一状态，θ_m' 表示动作空间 Θ_m 中的一个取得 $Q_m^t(s_m', \theta_m')$ 最大化时的不特定下一动作，r_m^t 是 t 时刻无人机 m 的立即回报。当在线更新时，可以取 $r_m^t = R_m(t)$，$s_m = s_m(t)$，$\theta_m = \theta_m(t)$，$s_m' = s_m(t+1)$，$\theta_m' = \theta_m(t+1)$。为了帮助 Q 学习过程收敛，学习率 α^t 随时间以学习率衰减因子 c_α 按照 $\alpha^t = 1/(t + c_\alpha)$ 的方式在迭代过程中进行衰减。

MARL 算法可以从相应的动作值递归地获得最佳动作值函数。每个无人机在基于 IL 的 MARL 算法中独立运行 Q 学习程序。因此，对于每个无人机 m，$m \in \mathcal{M}$，基于独立学习的多智能体强化学习算法如算法 8-1 所示。仿真结果表明，基于独立学习的多智能体强化学习算法可以在信息交换开销和系统性能之间进行平衡。此外，还可以考虑设计针对多无人机合作的、具有部分信息交换的联合学习算法。如果将无人机的部署和轨迹的优化并入多无人机网络中，也能够进一步提高多无人机网络的能源效率。

算法 8-1 基于独立学习的多智能体强化学习算法

1: 初始化；

2: 设置 $t = 0$ 并且初始化参数 RL 折扣因子 δ 和学习率衰减因子 c_α；

3: for $m \in \mathcal{M}$

4:　　初始化动作值对 $Q_m^t(s_m, \theta_m) = 0$，初始化策略 $\pi_m(s_m, \theta_m) = \dfrac{1}{|\Theta_m|}$；

5:　　初始化状态 $s_m = s_m(t) = 0$；

6: end for

7: if $t < T$

8:　　for $m \in \mathcal{M}$

9:　　更新学习率 α_t；

10:　　根据策略 $\pi_m(s_m)$ 选择一个动作 θ_m；

11:　　测量接收端实现的 SINR；

12:　　if $\gamma_m(t) \geqslant \bar{\gamma}$

13:　　　设置 $s_m(t) = 1$；

14:　　else

15:　　　设置 $s_m(t) = 0$；

16:　　end if

17:　　更新即时回报 r_m^t；

18:　　更新动作值对 $Q_m^{t+1}(s_m, \theta_m)$；

19:　　更新策略 $\pi_m(s_m, \theta_m)$；

20:　　更新 $t = t + 1$ 和状态 $s_m = s_m(t)$；

21:　　end if

22: end for

8.2.2　无人机公平效率覆盖

　　无人机在通信网络中的部署和飞行轨迹设计是一个关键问题。本节将考虑图 8-5 的多无人机通信服务覆盖场景：一组无人机以团队长期协作的形式提供有效的通信服务覆盖，其中每个无人机都配备了接入网络能力，例如 Wi-Fi 或 LTE 技术，可帮助它们在没有蜂窝网络支持的情况下进行互联（当紧急情况出现时，蜂窝信号塔或网络可能会中断）。这样的话，可以灵活选择一个无人机作为接入点，以便与外部网络之间传输数据。因此，每个无人机都需要至少与另一个无人机保持连接性，以免与外部网络断开连接。为了简化问题，兴趣点（Point of Interest，PoI）被用来代表目标覆盖区域的标识点，无人机作为基站向一组地面 PoI 提供数据服务；当 PoI 被无人机覆盖时，可以认为目标区域被无人机覆盖。

　　在多无人机通信服务覆盖问题中，无人机的通信范围、服务覆盖范围以及电池容量均是有限的，其场景如图 8-5 所示。同时，由于难以对无人机进行人为实时控制，因此需要无人机以完全分布式的形式实现独立决策的控制策略。无人机控制策略的目标是在尽可能减少能耗的情况下，导航无人机为目标区域提供长期的通信覆盖。首先，无人机价格昂贵，通常不可能大量部署，并且无法对无人机进行静态部署，因此，无人机需要不断飞行来覆盖不同的 PoI。其次，无人机飞行需要消耗能量，因此，需要在节能与覆盖范围之间的进行折中。然后，无人机之间始终保持连接的要求可能会限制其移动，难以实现更好的 PoI 覆盖范围。最后，地面用户应当获得公平的覆盖服务，而不是某些用户被长期覆盖，另一些用户不被覆盖，即应当考虑地理公平性。

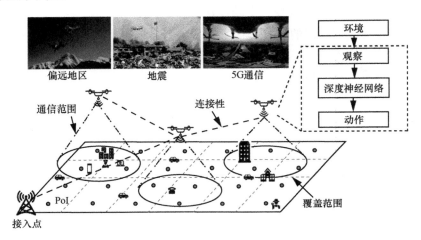

图 8-5　多无人机通信服务覆盖场景示意

我们考虑 N 架无人机在特定高度的平面上飞行，并为 K 个单元的目标区域内的用户提供通信服务。在指定时间范围内，无人机需要尽可能地覆盖 PoI，并通过轨迹控制来降低能耗。

为了评估无人机网络的性能，使用相对应的覆盖率得分来度量 PoI k 的覆盖率，如式（8-18）所示。

$$c^k(T) = \frac{T^k}{T}, k \in 1, \cdots, K \qquad (8\text{-}18)$$

$$T_k = \sum_{t=1}^{T} t_k \qquad (8\text{-}18a)$$

$$t_k = \begin{cases} 1, & \text{代表点被至少一个无人机覆盖} \\ 0, & \text{其他} \end{cases} \qquad (8\text{-}18b)$$

其中：K 为目标区域的单元数量，即 PoI 的数量；T^k 表示第 k 个 PoI 的覆盖时间。

第 k 个 PoI 可以同时被多个无人机覆盖。PoI 的平均覆盖率得分 $\bar{c}$ 定义了多个无人机的覆盖效果，可表示为式（8-19）。

$$\bar{c} = \frac{\sum_{k=1}^{K} c^k(T)}{K} \qquad (8\text{-}19)$$

但是，依据平均覆盖率得分的定义，无人机可以通过长时间覆盖部分 PoI 来达到相同的性能。这使无人机为了避免消耗更多能量而放弃了另外一部分 PoI。无人机团队需要注意避免这样不公平的覆盖结果。换句话说，即使平均覆盖率得分相等，也希望覆盖更多的 PoI，而不希望忽略某些 PoI。因此，相应的公平指数[20]如式（8-20）所示。

$$f(T) = \frac{\left(\sum_{k=1}^{K} c^k(T)\right)^2}{K \sum_{k=1}^{K} \left(c^k(T)\right)^2} \qquad (8\text{-}20)$$

无人机的控制策略需要在使能耗最小的同时，最大化 PoI 的总覆盖率和公平指数。这是一项非常具有挑战性的任务。在单个时间步 t 中的总体性能如式（8-21）所示。

$$\zeta_t = \frac{f_t\left(\sum_{k=1}^{K} \Delta c_t^k\right)}{\sum_{i=1}^{N} \Delta e_t^i} \qquad (8\text{-}21)$$

其中，$\Delta c_t^k = c^k(t) - c^k(t-1)$ 是 PoI k 的增量覆盖得分，$\Delta e_t^i = e_t^i - e_{t-1}^i$ 是无人机 i 的增量能耗，单个时间步的公平指数 $f_t = f(t)$。整个任务过程的能源效率如式（8-22）所示。

$$E_T = \frac{f_T\left(\sum_{k=1}^{K} c^k(T)\right)}{\sum_{i=1}^{N} e_T^i} \qquad (8\text{-}22)$$

其中，全覆盖时间 T 内的公平指数 $f_T = f(T)$，e_T^i 是无人机 i 在全覆盖时间 T 内的能耗。

由于无人机公平效率覆盖问题比较复杂，需要对深度强化学习模型的状态、动作以及回报函数进行精细设计。状态设计部分：定义 $o(t)$ 为 UAV 在时间步 t 观察到的状态，共由如下 8 部分组成。

① $\chi_t^i \in \{0,1\}$ 表示 UAV i 是否保持与其余 UAV 的连接。

② $t^i \in [0,T]$ 表示 UAV i 所得知的当前时间。

③ e_t^i 表示 UAV i 在时间步 t 的能耗。

④ $c_t^k \in [0,1]$ 表示在时间步 t 针对 PoI k 的覆盖率得分。

⑤ $n_t^k = n^k$，n^k 是覆盖第 k 个 PoI 的 UAV 的个数。

⑥ p_t^k 表示 UAV i 所感知到的第 k 个 PoI 的位置信息。

⑦ p_t^j 表示 UAV i 所观察到的其通信范围内 UAV j 的位置信息。

⑧ e_t^j 表示 UAV i 的能耗。

UAV 基于如上观察到的状态进行决策，定义 a 为 UAV 能够采取的动作，由如下 2 部分组成。

① $\omega_t^i \in (0,2\pi]$ 表示 UAV i 的飞行方向。

② $v_t^i \in [0,1]$ 表示 UAV i 的飞行速度，其飞行速度最大为 $v_{\max}$。如果 $v_i^t = 0$，则表示 UAV i 在当前位置悬停。

对于回报函数来说，UAV i 在每个时间步 t 得到的立即回报 $r_i(t) = \zeta_t$，其中 ζ_t 是式（8-21）中给出的总体性能评价，同时鼓励增加无人机覆盖的公平性和减少无人机的运行能耗。在状态、动作和回报函数定义完成以后，可以使用深度确定策略梯度（DDPG）或是信赖域策略优化（TRPO）等算法进行学习和求解。

与此同时，还有其他一些文献的思路可供参考。文献[21]中首先提出了多无人机通信服务覆盖的场景下基于单智能体深度强化学习的覆盖和连接节能控制方案。具体而言，该方案是基于最新的演员评论家模型的 DDPG，可有效处理无人机的连续动作空间问题。另外，在通信覆盖范围、公平性、能耗和连接性方面进行了综合考虑，从而最大限度地提高了新型能源效率功能。仿真结果表明，该方案在 4 个指标（包括平均覆盖率、公平性指数、平均能耗和能源效率）方面显著并始终优于两种常用的基线方法（随机算法和贪婪算法）。在文献[22]中，为了进一步提高模型的性能，引入了一种新的 DRL 算法——信赖域策略优化[23]和一种新的结构——神经网络特征嵌入[22]，并将 DRL 算法带入传统通信控制中常见的平均场理论方法中。在一些文献中，通信网络中的分布式策略可以建模为平均场博弈（Mean Field Game，MFG）。例如，文献[24]使用平均场理论建模大量小区参与者之间的干扰问题，将可感知干扰的流量卸载和功率控制策略制定为 MFG，从而简化了分析过程并减轻了分布式干扰的影响，进而提出了具有更高能量和频谱效率的解决方案。文献[25]用 MFG 对无人机控制问题进行建模，将复杂的无人机交互简化为哈密顿-雅可比-贝尔曼方程（Hamilton-Jacobi-Bellman Equation，HJB 方程）和福克尔-普朗克-柯尔莫哥洛夫方程（Fokker-Planck-Kolmogorov Equation，FPK 方程），提出了一种被称为平均场信赖域策略优化算法的新型 MARL 算法来求解这组 HJB/FPK 方程，有效地解决了 UAV 的复杂控制问题。平均场信赖域策略优化算法将 DRL 集成到 MFG 的方程式解决方案中，这为 MFG 的实际应用提供了新思路。同时，文献[22]证明了平均场信赖域策略优化算法可以收敛到纳什均衡（Nash Equilibrium，NE）。文献[26]讨论了在使用单个 UAV 基站的情况下，基于无人机之间相互干扰的具有能耗约束的公平覆盖问题，提出了一种基于 Q 学习的方法，除了增加公平性和用户覆盖范围外，还可以使 UAV-BS 之间的冲突和对地面用户的干扰最小化。

8.2.3　无人机传感数据收集

如今，无线传感器网络在涉及我们生活的各个方面都发挥着至关重要的作用。无线传感器网络主要由传感器节点组成，这些传感器节点通过无线通信链路相互连接。由于可以帮助提供可靠的连接性，UAV 的使用在无线物联网系统中非常有效。另外，由于其机动性和灵活性，无人机可以在支持地面通信收发方面发挥重要作用，比如在偏远地区或对于时延不敏感的应用中。

UAV 网络避免了传感数据的远程传输，也避免了从传感器节点到接收器的多跳中继。实际上，无人机可以作为飞行的移动数据收集器，从分散的传感器收集数据并转发到中心节点[27]。此外，空基数据收集方法拥有更高的 LoS 视线机会和更好的信道质量，从而提供了更广的通信范围和更低的时延。然而，无人机在通信网络中的应用仍然面临着一些限制，例如无人机有限的电池容量[28]。为了解决电量的问题，无人机可以在短时间内执行任务，然后再回到充电站为电池充电[29]。此外，无人机还可能需要在低空飞行或是与低发射功率传感器通信。因此，需要在收集数据时优化无人机的导航和调度，同时考虑例如电池限制、通信通道、地面节点的地理位置和避障等不同方面。

在本节中，将介绍 DRL 在 UAV 辅助的无线传感网信息收集方面的应用[30]。在由自主决策 UAV 管理的给定 3D 地理区域中随机部署的 K 个无线传感器，负责收集在给定的时间周期 τ 内每个节点生成的数据，如图 8-6 所示[30]。传感器组定义为 W，且每个传感器结点配备一个单向天线。传感器节点 w_k 发送一个消息 m_k 到蜂窝基站或是中央数据收集单元。传感器节点 w_k 由参数 s_{tk}、 p_{tk} 和 p_{rk} 定义，它们分别表示传感器获取数据的时间（例如，表明 m_k 应当被收集的时刻）、无人机应收集消息 m_k 的时间和消息的收集优先级。 s_{tk} 和 p_{tk} 的值可能会视具体应用而定。例如， s_{tk} 和 p_{tk} 分别等于 0 和 Γ 时，代表着消息 m_k 随时可以被收集。在实践中，消息 m_k 仅在从传感器获取数据后的特定时间窗口内可用，否则数据将丢失。对于时延不敏感的应用程序，不需要严格的实时数据收集，但是，这并不一定意味着等待时间容限是无限的。因此，无人机应当自主制定调度方案，以确保在最短的时间内收集所有分配的传感器的数据。

图 8-6　无人机从 4 个结点自动收集信息

假设每个传感单元都具有其 3D 地理位置，可表示为 $loc_{w_k}=(x_{w_k},y_{w_k},z_{w_k})$。无人机定义为 d，其当前位置为 $loc_d=(x_d,y_d,z_d)$，电池电量为 b_d，容量为 $\overline{b_d}$，充电电量为 c_d。在开始时，将无人机放置在充电站 w_0，位置可表示为 $loc_{w_0}=(x_{w_0},y_{w_0},z_{w_0})$。通常，无人机可以处于 3 种可能的模式。

① 在充电站 w_0 等待：在这种情况下，无人机将需要留在充电站，以便进行电池充电。

② 从传感器节点 w_k 收集消息：UAV d 应该位于 $\{loc_{w_k}\}$ 附近，以便能够从传感器节点 w_k 接收数据。

③ 从 w_k 飞行到 w_k'，其中 $k\neq k'$：无人机为了覆盖另一个位置的传感器进行飞行，或是返回充电站 w_0。

我们可以将深度强化学习技术整合到无人机网络中，以最大化总回报为目标，实现从分散的传感器收集数据这一复杂任务，方法的组成部分如图 8-7 所示。

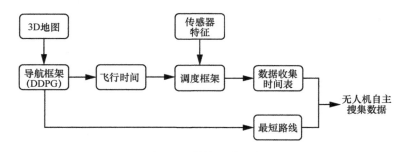

图 8-7　导航互联网络

首先，可以基于 DDPG 模型建模路径规划方案，其目标是在 3D 地图中找到从任何起点到任何目的地的无人机所需遵循的最安全、最快的路线，同时避免障碍。

除了路线外，还提供了无人机从位置 d_1 到另一个位置 d_2 所要经过的总距离 $\Delta^{\Phi}(d_1, d_2)$ 以及相应的飞行时间 ft_{d,w_k}，可以表示为式（8-23）。

$$ft_{d,w_k} = \frac{\Delta^{\Phi}(d, w_k)}{V_d} \tag{8-23}$$

其中，V_d 为 UAV 的平均飞行速度。

其次，考虑无人机本身属性、传感器和充电站的功能，以确定有效的调度。调度框架将自动确定无人机需要在哪个时刻返回充电站以重新加载电池，同时使数据收集时间最小化。在有障碍物的环境中，无人机必须避开障碍物并自主导航以尽快到达目的地。如图 8-8 所示，当无人机的高度小于障碍物的高度时，需要选择动作以使无人机越过障碍物。

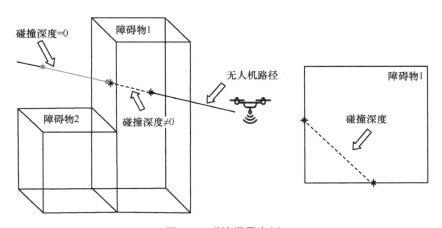

图 8-8　碰撞场景实例

因此，对回报函数 f_r 进行建模，以使其鼓励无人机到达其目的地，同时在潜在碰撞时对其进行惩罚。因此，回报函数由两个部分组成：目标引导回报和障碍罚分。目标引导回报 f_{gui} 用于激励无人机尽快达到其目标，而障碍罚分 f_{obp} 则负责提醒无人机保持一定的安全距离。回报函数如式（8-24）所示。

$$f_r\big(\Delta(d, d_2), \sigma\big) = (1-\beta) f_{\text{gui}}\big(\Delta(d, d_2)\big) + \beta f_{\text{obp}}(\sigma) \tag{8-24}$$

$$f_{\text{gui}}\big(\Delta(d, d_2)\big) = \exp\!\big(-5\Delta(d, d_2)^2\big) \tag{8-24a}$$

$$f_{\text{obp}}(\sigma) = \exp(-100\sigma) - 1 \tag{8-24b}$$

其中：$\Delta(d,d_2)$ 表示无人机从当前位置到目的地 d_2 的距离；σ 表示碰撞深度；β 是一个变量，调节 f_{obp} 和 f_{gui} 之间的平衡。根据碰撞深度 σ 对障碍罚分进行建模，以保持连续形式而非离散形式的回报函数，这种设计的效率更高，可以帮助模型收敛。当碰撞深度较大时，无人机会受到较大的惩罚，而较小的碰撞深度会导致较小的惩罚。这种方法的使用有助于无人机在训练过程中有效地学习如何调整飞行轨迹以避免障碍。

参考文献

[1] LIU J, WAN J, ZENG B, et al. A Scalable and quick-response software defined vehicular network assisted by mobile edge computing[J]. IEEE Communications Magazine, 2017, 55(7): 94-100.

[2] LU H, LIU Q, TIAN D, et al. The cognitive internet of vehicles for autonomous driving[J]. IEEE Network, 2019, 33(3): 65-73.

[3] ZHU Z, ZHANG Z, YAN W, et al. Proactive caching in auto driving scene via deep reinforcement learning[C]//2019 11th International Conference on Wireless Communications and Signal Processing. Piscataway: IEEE Press,2019: 1-6.

[4] ZHOU S, GONG J, ZHOU Z, et al. GreenDelivery: proactive content caching and push with energy-harvesting-based small cells[J]. IEEE Communications Magazine, 2015, 53(4): 142-149.

[5] ALIGGMN, RAHMAN M A, CHONG P H J, et al. On efficient data dissemination using network coding in multi-RSU vehicular Ad Hoc networks[C]//2016 IEEE 83rd Vehicular Technology Conference. Piscataway: IEEE Press, 2016: 1-5.

[6] ZHANG S, ZHANG N, FANG X, et al. Cost-effective vehicular network planning with cache-enabled green roadside units[C]//IEEE International Conference on Communications. Piscataway: IEEE Press, 2017:1-6.

[7] WU T J, LIAO W, CHANG C J. A cost-effective strategy for roadside unit placement in vehicular networks[J]. IEEE Transactions on Communications, 2012, 60(8):2295-2303.

[8] LUONG N C, HOANG D T, GONG S, et al. Applications of deep reinforcement learning in communications and networking: a survey[J]. IEEE Communications Surveys and Tutorials, 2019, 21(4): 3133-3174.

[9] NING Z, DONG P, WANG X, et al. When deep reinforcement learning meets 5G-enabled vehicular networks: a distributed offloading framework for traffic big data[J]. IEEE Transactions on Industrial Informatics, 2019, 16(2): 1352-1361.

[10] ZHANG N, ZHANG S, YANG P, et al. Software defined space-air-ground integrated vehicular networks: challenges and solutions[J]. IEEE Communications Magazine, 2017, 55(7): 101-109.

[11] LIANG L, YE H, LI G Y. Spectrum sharing in vehicular networks based on multi-agent reinforcement learning[J]. IEEE Journal on Selected Areas in Communications, 2019, 37(10): 2282-2292.

[12] FONTES R D R, CAMPOLO C, ROTHENBERG C E, et al. From theory to experimental evalua-tion: resource management in software-defined vehicular networks[J]. IEEE access, 2017, 5: 3069-3076.

[13] LIANG H, ZHANG X, HONG X, et al. Reinforcement learning enabled dynamic resource alloca-tion in the Internet of Vehicles[J]. IEEE Transactions on Industrial Informatics, 2020, 17(7): 4957-4967.

[14] ZHANG L, ZHAO H, HOU S, et al. A survey on 5G millimeter wave communications for UAV-assisted wireless networks[J]. IEEE Access, 2019, 7: 117460-117504.

[15] ZHENG J, CAI Y, LIU Y, et al. Optimal power allocation and user scheduling in multicell net-works: base station cooperation using a game-theoretic approach[J]. IEEE Transactions on Wire-less Communications, 2014, 13(12): 6928-6942.

[16] ASHERALIEVA A, MIYANAGA Y. An autonomous learning-based algorithm for joint channel and power level selection by D2D pairs in heterogeneous cellular networks[J]. IEEE transactions on communications, 2016, 64(9): 3996-4012.

[17] URAGUN B. Energy efficiency for unmanned aerial vehicles[C]//2011 10th International Con-ference on Machine Learning and Applications and Workshops. Piscataway: IEEE Press, 2011, 2: 316-320.

[18] MATIGNON L, LAURENT G J, LE FORT-PIAT N. Independent reinforcement learners in coop-erative Markov games: a survey regarding coordination problems[J]. Knowledge Engineering Re-view, 2012, 27(1): 1-31.

[19] CUI J, LIU Y, NALLANATHAN A. Multi-agent reinforcement learning-based resource allocation for UAV networks[J]. IEEE Transactions on Wireless Communications, 2020, 19(2): 729-43.

[20] JAIN R K, CHIU D M W, HAWE W R. A quantitative measure of fairness and discrimination for resource allocation in shared computer systems[R]. Eastern Research Laboratory, Digital Equip-ment Corporation, Hudson, MA, 1984.

[21] LIU C H, CHEN Z, TANG J, et al. Energy-efficient UAV control for effective and fair communi-cation coverage: a deep reinforcement learning approach[J]. IEEE Journal on Selected Areas in Communications, 2018, 36(9): 2059-2070.

[22] CHEN D, QI Q, ZHUANG Z, et al. Mean field deep reinforcement learning for fair and efficient UAV control[J]. IEEE Internet of Things Journal, 2020, 8(2): 813-828.

[23] SCHULMAN J, LEVINE S, ABBEEL P, et al. Trust region policy optimization[J]. Proceedings of Machine Learning Research, 2015, 37: 1889-1897.

[24] ZHANG Y, YANG C, LI J, et al. Distributed interference-aware traffic offloading and power con-trol in ultra-dense networks: mean field game with dominating player[J]. IEEE Transactions on Vehicular Technology, 2019, 68(9): 8814-8826.

[25] ABEYWICKRAMA H V, HE Y, DUTKIEWICZ E, et al. A reinforcement learning approach for fair user coverage using UAV mounted base stations under energy constraints[J]. IEEE Open Journal of Vehicular Technology, 2020, 1: 67-81.

[26] HUTTENRAUCH M, ADRIAN S, NEUMANN G. Deep reinforcement learning for swarm systems[J]. Journal of Machine Learning Research, 2019, 20(54): 1-31.

[27] JIANG B, HUANG G, WANG T, et al. Trust based energy efficient data collection with unmanned aerial vehicle in edge network[J]. Transactions on Emerging Telecommunications Technologies, 2020, 33(6): 3942.

[28] ZENG Y, ZHANG R, LIM T J. Wireless communications with unmanned aerial vehicles: opportunities and challenges[J]. IEEE Communications Magazine, 2016, 54(5): 36-42.

[29] GHAZZAI H, MENOUAR H, KADRI A. On the placement of UAV docking stations for future intelligent transportation systems[C]//2017 IEEE 85th Vehicular Technology Conference. Piscataway: IEEE Press, 2017.

[30] BOUHAMED O, GHAZZAI H, BESBES H, et al. A UAV-assisted data collection for wireless sensor networks: Autonomous navigation and scheduling[J]. IEEE Access, 2020, 8: 110446-110460.

名词索引